高等学校计算机类专业系列教材

软件质量与测试

主 编 孟磊

副主编 张姝 李航 孙阳 吴鹏

西安电子科技大学出版社

★ 内容简介 ★

本书共分 10 章。第 1 章阐述了软件测试发展史、软件测试的概念以及相关原则等方面的知识；第 2 章介绍了软件测试基本技术，包括白盒测试技术和黑盒测试技术；第 3 章至第 6 章按照软件测试流程分别详细介绍了单元测试、集成测试、系统测试和验收测试；第 7 章讨论了面向对象的软件测试；第 8 章介绍了 3 款主流的软件测试工具；第 9 章介绍了软件质量和质量保证；第 10 章介绍了软件测试管理的相关内容。

本书可作为高等院校计算机类专业的教材或教学参考书，也可作为计算机爱好者的自学用书。

图书在版编目(CIP)数据

软件质量与测试/孟磊主编. —西安：西安电子科技大学出版社，2015.3(2023.1 重印)
ISBN 978-7-5606-3667-2

Ⅰ. ① 软…　Ⅱ. ① 孟…　Ⅲ. ① 软件质量—质量管理—高等学校—教材　② 软件—测试—高等学校—教材　Ⅳ. ① TP311.5

中国版本图书馆 CIP 数据核字(2015)第 047907 号

策　　划　李惠萍
责任编辑　李惠萍
出版发行　西安电子科技大学出版社(西安市太白南路 2 号)
电　　话　(029)88202421　88201467　　　　邮　　编　710071
网　　址　www.xduph.com　　　　　　　电子邮箱　xdupfxb001@163.com
经　　销　新华书店
印刷单位　广东虎彩云印刷有限公司
版　　次　2015 年 3 月第 1 版　　2023 年 1 月第 2 次印刷
开　　本　787 毫米×1092 毫米　1/16　印 张 16
字　　数　377 千字
印　　数　3001～3500 册
定　　价　35.00 元
ISBN 978－7－5606－3667－2/TP

XDUP 3959001-2
如有印装问题可调换

前　言

当前，软件工程专业教学中普遍存在的问题是：学生在学习时，学的知识不知道干什么用；到应用时，用的知识不知道去哪里找；即使找到，也不知道具体应该怎么做。究其原因是现有教材大量地沿用了传统的计算机科学专业教材，在形式上更倾向于"学科性"导向的思路，侧重于理论知识的灌输，缺乏对学生技能的训练，从而偏离了软件工程专业"工程化"的核心。

解决这些问题的有效方法就是选用面向工作能力的知识与技能并重的教材，配合实训进行教学。

本书编写立足于"工程实践性"、"应用系统化"和"岗位胜任力"，在项目真实性、工程系统化、内容模块化和教辅支持度等方面都能很好地满足教学需求。

本书共分 10 章。第 1 章阐述了软件测试发展史、软件测试相关概念以及相关原则等方面的知识；第 2 章介绍了软件测试基本技术，包括白盒测试技术和黑盒测试技术；第 3 章至第 6 章按照软件测试流程分别详细介绍了单元测试、集成测试、系统测试和验收测试；第 7 章讨论了面向对象的软件测试；第 8 章介绍了 3 款主流的软件测试工具；第 9 章介绍了软件质量和质量保证；第 10 章介绍了软件测试管理的相关内容。

书中的每一章都是一个基本组织单元，每个单元都是面向工作能力的，以问题解决为中心。单元内容的组织结构包括：

● 学习目标，通过将学习目标分解为了解、理解、掌握三个认知层次，说明对知识的领会程度和对技能的掌握水平。学习目标的描述包括：了解事实和术语，理解概念，掌握原理、步骤和技术，具备应用策略、技巧和工具的技能。

● 知识点，包括陈述性知识和程序性知识两类。陈述性知识是显性知识，注重对理论性知识的储备，主要说明"是什么"(事实、术语)和"为什么"(概念、原理)；程序性知识是隐性知识，注重对实用性知识的掌握，主要说明"怎样做"(步骤、技术)和"怎样做得更好"(模式、经验)。

● 范例(个别章未给出)，通过对实际工作中案例的示范性说明，帮助学习者更好地领会知识点并获得解决问题的技能。示范性说明包括面对问题时知识应用的策略、技术运用的技巧和工具使用的方法。

● 习题，对本单元知识的掌握情况进行回顾测试，通过进一步练习提高学习者的技能应用水平。

本书由孟磊主编，张姝、李航、孙阳、吴鹏任副主编。本书的编写得到了沈阳师范大学软件学院全体同仁的大力支持，在此表示衷心感谢。

由于编者水平有限，时间仓促，尽管我们尽了最大的努力，但书中仍难免有不妥之处，恳请读者批评指正。

编　者

2014 年 11 月

目 录

第1章 软件测试概述 1

1.1 什么是软件测试 1

1.1.1 软件测试发展 1

1.1.2 软件测试定义 2

1.1.3 软件测试目标 2

1.2 软件测试基础 3

1.2.1 软件测试主要内容 3

1.2.2 软件测试过程模型 7

1.2.3 软件测试分类 11

1.3 软件测试原则 12

习题 14

第2章 软件测试技术 15

2.1 白盒测试技术 15

2.1.1 静态测试方法 16

2.1.2 逻辑覆盖方法 21

2.1.3 基本路径方法 24

2.1.4 其他白盒测试技术 27

2.2 黑盒测试技术 28

2.2.1 等价类划分法 29

2.2.2 边界值分析法 31

2.2.3 因果图分析法 40

2.2.4 决策表分析法 42

2.2.5 场景分析法 45

习题 47

第3章 单元测试 50

3.1 单元测试计划 51

3.1.1 单元测试概述 51

3.1.2 单元测试环境构成 52

3.1.3 单元测试的重要性 52

3.1.4 单元测试计划内容 53

3.2 单元测试设计 54

3.2.1 自顶向下 54

3.2.2 自底向上 55

3.2.3 孤立单元测试 55

3.3 单元测试实现 55

3.3.1 模块接口测试 55

3.3.2 数据结构测试 56

3.3.3 路径测试 56

3.3.4 错误处理测试 57

3.3.5 边界测试 57

3.4 单元测试执行 57

3.4.1 单元测试用例规格 57

3.4.2 单元测试用例设计 58

3.4.3 单元测试报告 62

习题 64

第4章 集成测试 65

4.1 集成测试计划 66

4.1.1 确定测试范围 66

4.1.2 角色划分 66

4.1.3 集成测试计划内容 67

4.2 集成测试设计 72

4.2.1 非增值式集成 72

4.2.2 增值式集成 73

4.2.3 三明治式集成 74

4.2.4 高频集成测试 75

4.3 集成测试的实现 75

4.3.1 分析集成测试对象 75

4.3.2 确定集成测试接口 76

4.4 集成测试执行 79

4.4.1 集成测试执行步骤 79

4.4.2 集成测试执行通过准则 80

4.4.3　集成测试报告 80

习题 81

第5章　系统测试 82

5.1　系统测试计划 82

5.1.1　系统测试计划概述 82

5.1.2　系统测试计划内容 83

5.1.3　做好系统测试计划 86

5.2　系统测试方法 89

5.2.1　性能测试 89

5.2.2　压力测试 91

5.2.3　容量测试 92

5.2.4　健壮性测试和安全性测试 93

5.2.5　兼容性测试 94

5.3　系统测试设计 95

5.3.1　用户层的测试设计 95

5.3.2　应用层设计 97

5.3.3　功能层设计 98

5.4　系统测试执行 98

5.4.1　系统测试自动化 98

5.4.2　功能测试执行 99

5.4.3　性能测试执行 101

5.4.4　系统测试用例编写 103

习题 106

第6章　验收测试 107

6.1　验收测试计划 108

6.1.1　验收测试概述 108

6.1.2　验收测试原则 108

6.1.3　验收测试计划模板 108

6.2　验收测试过程 109

6.2.1　验收测试内容 109

6.2.2　验收测试步骤 110

6.3　验收测试设计 111

6.3.1　正式验收测试 111

6.3.2　α测试 111

6.3.3　β测试 112

6.4　验收测试执行 113

6.4.1　验收测试实施 113

6.4.2　验收测试报告 115

习题 116

第7章　面向对象的软件测试 117

7.1　面向对象相关概念 118

7.1.1　对象 118

7.1.2　类 119

7.1.3　封装 120

7.1.4　继承 121

7.1.5　多态 122

7.2　面向对象测试模型 122

7.2.1　面向对象分析的测试 123

7.2.2　面向对象设计的测试 125

7.2.3　面向对象编程的测试 126

7.3　面向对象测试流程 127

7.3.1　UML 127

7.3.2　面向对象的单元测试 136

7.3.3　面向对象的集成测试 137

7.3.4　面向对象的系统测试 140

习题 140

第8章　软件测试工具 141

8.1　单元测试工具JUnit 141

8.1.1　JUnit简介 141

8.1.2　JUnit的作用 141

8.1.3　JUnit3.8使用方法 143

8.2　功能测试工具QTP 147

8.2.1　QTP简介 147

8.2.2　录制/执行测试脚本 151

8.2.3　建立检查点 156

8.2.4　参数化 161

8.2.5　QTP常用公共函数说明 165

8.2.6　QTP常用VBScript函数 177

8.3　性能测试工具LoadRunner 184

8.3.1　LoadRunner简介 184

8.3.2　LoadRunner的安装 184

8.3.3　LoadRunner组件与流程 188

8.3.4　LoadRunner使用 189

习题 195

第9章 软件质量和质量保证 196

9.1 软件质量 196

  9.1.1 软件质量定义 196

  9.1.2 软件质量模型 197

9.2 软件度量 200

  9.2.1 软件度量概述 200

  9.2.2 软件度量目标 200

  9.2.3 软件度量维度 201

  9.2.4 软件度量的方法体系 202

9.3 软件能力成熟度(CMM)模型 204

  9.3.1 CMM 概述 204

  9.3.2 CMM 详解 206

9.4 软件质量保证 209

  9.4.1 概述 209

  9.4.2 SQA 与软件测试的关系 213

习题 214

第 10 章 软件测试管理 215

10.1 测试过程管理 215

  10.1.1 测试过程管理定义 215

10.1.2 测试计划阶段 216

10.1.3 测试设计阶段 218

10.1.4 测试执行阶段 218

10.1.5 测试报告阶段 219

10.2 测试配置与进度管理 219

  10.2.1 配置的必要性 219

  10.2.2 配置测试内容 220

  10.2.3 测试进度管理 222

10.3 测试缺陷管理 225

  10.3.1 缺陷管理定义 225

  10.3.2 缺陷管理方法 226

  10.3.3 缺陷管理流程 226

  10.3.4 如何加强缺陷处理

    (以 i-Test 为例) 227

习题 230

附录 LoadRunner 函数大全 231
参考文献 248

第 1 章　软件测试概述

学习目标 ✍

- 了解软件测试的定义。
- 理解软件测试层次。
- 掌握软件测试研究的主要内容。

社会的不断进步和计算机科学技术的快速发展，使计算机软件在工业控制、医疗、通信、交通、金融、军事、航天航空等方面的应用越来越广泛和深入。作为计算机的主要组成部分，计算机软件在其中起着至关重要的作用，软件产品的质量是否符合要求自然成为人们共同关注的焦点。软件测试是保障软件质量的重要手段，也是软件从开发到使用的最后一道屏障，是软件工程的重要组成部分。运用软件测试提供的规范化的分析设计方法，可以尽量避免软件错误的发生和消除已经发生的 Bug，使程序中的 Bug 率达到尽可能低的程度，为最终消除软件危机提供强有力的技术保障。所以，随着软件工程技术的发展，软件规模增大，软件测试在软件开发过程中的作用显得越来越重要。

1.1　什么是软件测试

1.1.1　软件测试发展

软件测试是伴随着软件的产生而发展的。早期软件开发过程中，软件复杂程度较低，规模相对较小，软件开发过程混乱，相当随意。软件开发人员根本没办法区分"调试"和"测试"，往往把软件的调试过程就等同于测试了。另外，软件测试也不是贯穿于软件开发整个生命周期的，而是在代码已经编完了，象征性地测试一下，由于留给软件测试的时间已经非常少了，因此也起不了什么作用。

1972 年在北卡罗来纳大学举行了首届软件测试正式会议。1975 年 John Good Enough 和 Susan Gerhart 在 IEEE 上发表了《测试数据选择的原理》一文，将软件测试确定为一种研究方向。1979 年 Myers 在《The Art of Software Testing》中明确软件测试的目的是 "find errors in software"，一个好的测试是 "find errors that not been found"。20 世纪 80 年代早期，"质量"概念逐渐被人们关注，软件测试定义发生了很大改变，测试不单纯是一个发现错误的过程，而且包含软件质量保证的内容，为此也制定了若干标准。20 世纪 90 年代，测试工具的使用盛行起来。到了 2002 年，Rick 和 Stefan 在《系统的软件测试》一书中对软件测试做了进一步定义：测试是为了度量和提高被测软件的质量，对被测试软件进行的工程设计、实施和维护的整个生命周期过程。时至今日，软件测试已经成为软件开发必不可少的一部分，软件测试部门也已经成为软件公司的常设部门。

1.1.2 软件测试定义

简单地说，软件测试就是利用测试技术和测试工具按照测试方案和流程对软件产品进行功能和性能测试，测试中可能要根据需要编写不同的测试工具，设计和维护测试系统，要对测试方案可能出现的问题进行分析和评估。执行测试用例后，需要跟踪故障，以确保开发的产品适合需求。

IEEE 对软件测试有如下定义：“使用人工和自动手段来运行或测试某个系统的过程，其目的在于检验其是否满足规定的需要或是弄清楚预期结果与实际结果之间的差别。”这个定义至少包含两层含义：其一就是测试一个软件系统除了人工手段外，有些情况还需要借助自动化的测试工具作为辅助；其二就是在进行软件测试之前要有非常明确的预期结果。

1.1.3 软件测试目标

软件测试是软件工程的重要组成部分，而测试的目的主要有两个方面：一是提高软件的质量；二是对软件进行验证和确认。

软件产品和其他产品一样具有产品的质量，质量好坏关系到产品能否达到最初设计的需求，满足用户使用和运行的需要。作为软件产品的最低质量要求，必须保证在设定的运行环境下，软件能正确运行和实现预定的功能。软件产品的质量有一定的特殊性，与硬件产品不一样，软件产品的质量是不能被直接测量的，只能通过对影响软件产品质量的各种因素的评估来间接体现软件产品的质量。

软件质量通常可以大体从以下三个方面进行衡量。

(1) 软件的功能：包括软件执行的正确性、可用性和一致性。软件实现的功能情况体现了软件对外界所展示出的外在质量并可以用软件需求规格说明书来衡量。

(2) 软件的性能：包括软件的灵活性、可重用性和可维护性，体现了软件产品是否有较好的可扩展性。因此，作为软件产品的测试，应尽可能涵盖这些相关的因素，来获得对软件产品质量的综合评价。当然，有不同用途的软件产品，对质量的要求也不尽相同。

(3) 软件的规范：包括执行效率、代码可测试性、文档记录的完备性和结构化程度，这些能标示出软件开发过程中质量控制的好坏。

对软件进行确认和验证是软件测试的另一个主要目标。IEEE 中对二者分别进行了定义。确认是指对系统或组件的初期评估过程，以确定软件产品在对应的开发阶段是否满足该阶段启动时所对应的要求。常见的确认流程有单元测试、集成测试、系统测试、验收测试等。验证则定义为对系统或组件的末期评估过程，以确定软件在开发过程中或结束阶段是否满足了特定的要求。常见的验证技术包括形式化方法、错误导入、依赖性分析、灾难分析和风险分析等方法。软件的确认和验证已融入到了整个开发过程中的各个阶段，对软件开发过程中的正确性保证有着重要的作用。

除了上述两个主要的测试目标外，软件的性能测试、可靠性测试以及安全测试也是经常被提及的测试内容。

软件性能测试通常涉及对资源的使用、吞吐量、反应时间、平均或最大等待时间等因素。性能的测试可以帮助确定软件系统的瓶颈，以及对系统性能进行比较和评估。软件的可靠性则是指系统工作无故障的概率，是与软件许多方面相联系的。软件毕竟不同于硬件，对其可靠性进行直接的量化非常困难，而测试则是一种非常有效的取样方法，可用于对软件的可靠性进行测量和评估。测试可以获得失效数据，用于建立失效估计模型以进一步对数据进行分析，或通过当前可靠性的分析来对软件将来的行为进行预测。压力和负载测试是当前网络应用测试中常用的手段，用于测试在一定约束条件下系统所能承受的并发用户量，以确定系统的负载承受力。软件的质量、可靠性总是和软件的安全紧密相关的，软件中的缺陷可能被入侵者所利用形成安全漏洞。随着网络的发展，软件安全问题已越来越严重。安全测试的目标包括查找和消除软件中可能导致安全隐患的缺陷，验证安全措施的有效性，以及确定软件系统中易于遭受安全攻击的薄弱环节。

1.2 软件测试基础

1.2.1 软件测试主要内容

1. 软件工程与软件测试

发达国家在发展软件的过程中曾经走过不少弯路，受过许多的挫折，至今仍然经受着"软件危机"的困扰。人们开发优质软件的能力大大落后于计算机硬件日新月异的进展和社会对计算机软件不断增长的需求，这种状况已经严重妨碍了计算机技术的进步。为了摆脱软件危机，一门新的学科——软件工程产生并逐渐发展起来。几十年来软件工程的发展大致经历了如下几个阶段。

第一阶段——软件危机。

20 世纪中期，计算机的使用刚刚从军用领域转向民用领域，那时编写程序的工作被视同为艺术家的创作。当时的计算机硬件非常昂贵，编程人员追求的是如何在有限的处理器能力和存储器空间的约束下，编写出执行速度快、代码少的程序。程序中充满了各种各样让人迷惑的技巧。这时的软件开发非常依赖于开发人员的聪明才智。

到了 20 世纪 60 年代，计算机的应用范围得到较大扩展，对软件系统的需求和软件自身的复杂度急剧上升，传统的软件开发方法无法适应用户在质量、性能等方面对软件的需求。这就产生了所谓的"软件危机"。

从 20 世纪 60 年代中期到 70 年代中期是计算机系统发展的第二个时期，这一时期软件开始作为一种产品被广泛使用，出现了"软件工厂"，专门应别人的需求写软件。这一阶段软件开发的方法基本上仍然沿用早期的个体化软件开发方式，但软件的数量急剧增多，软件需求日趋复杂，维护的难度越来越大，开发成本高得惊人，而失败的软件开发项目却屡见不鲜。"软件危机"就这样开始了！

"软件危机"使得人们开始对软件及其特性进行更深一步的研究，改变了早期对软件的不正确看法。早期那些被认为是优秀的程序常常很难被别人看懂，通篇充满了程序技巧。现在人们普遍认为优秀的程序除了功能正确、性能优良之外，还应该容易看懂、容易使用、容易修改和扩充。

1968 年，北大西洋公约组织(NATO)的计算机科学家在联邦德国召开的国际学术会议上第一次提出了"软件危机"这个名词。概括来说，软件危机包含两方面问题：一是如何开发软件，以满足不断增长、日趋复杂的需求；二是如何维护数量不断膨胀的软件产品。

软件不同于硬件，它是计算机系统中的逻辑部件而不是物理部件。软件样品即是产品，开发过程也就是生产过程。软件不会因使用时间流逝而"老化"或"用坏"。软件具有可持续运行的行为特性，在编出程序代码并在计算机上试运行之前，软件开发过程的进度情况较难衡量，软件质量也较难评价，因此管理和控制软件开发过程十分困难。软件质量不能根据大量制造的相同物体的品质来度量，而是与每一个组成部分的不同物体的品质紧密相关，因此，在运行时所出现的软件错误几乎都是在程序开发时期就存在而一直未被发现的，改正这类错误通常意味着改正或修改原来的程序设计，这就在客观上使得软件维护远比硬件维护困难。软件是一种信息产品，具有可扩展性，不属于刚性生产，与通用性强的硬件相比，软件更具有多样化的特点，更加接近人们的应用。

随着计算机应用领域的扩大，99%的软件应用需求已不再是定义良好的数值计算问题，而是难以精确描述且富于变化的非数值型应用问题。因此，当人们的应用需求变化发展的时候，往往要求通过改变软件来使计算机系统满足新的需求，维护用户业务的延续性。为解决这个问题，1968 年 NATO 会议上首次提出"软件工程"(Software Engineering)的概念，提出把软件开发从"艺术"和"个体行为"向"工程"和"群体协同工作"转化。其基本思想是应用计算机科学理论和技术以及工程管理原则和方法，按照预算和进度，实现满足用户要求的软件产品的定义、开发、发布和维护的工程。自此，催生了一门新的学科——软件工程。

第二阶段——传统软件工程。

为迎接软件危机的挑战，人们进行了不懈的努力。这些努力大致上是沿着两个方向同时进行的。

一是从管理的角度，希望实现软件开发过程的工程化。这方面最为著名的成果就是提出了"瀑布式"生命周期模型(简称瀑布模型)。它是在 60 年代末"软件危机"后出现的第一个软件生命周期模型，如图 1-1 所示。

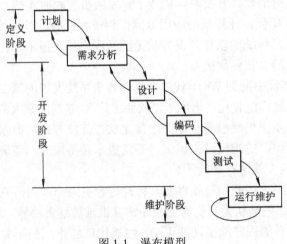

图 1-1　瀑布模型

后来，又有人针对该模型的不足，提出了快速原型法(见图 1-2)、螺旋模型(见图 1-3)、喷泉模型(见图 1-4)等，对"瀑布式"生命周期模型进行补充。现在，它们在软件开发的实践中被广泛采用。

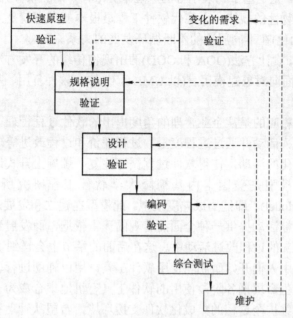

图 1-2　快速原型法

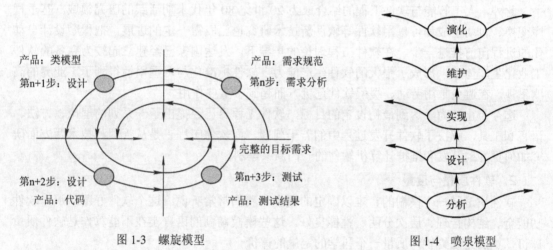

图 1-3　螺旋模型　　　　　　　　　　　　　　　图 1-4　喷泉模型

软件工程发展的第二个方向，侧重于对软件开发过程中详细分析、设计方法的研究。这方面比较重要的成果就是在 20 世纪 70 年代风靡一时的结构化开发方法，即 PO(Procedure Oriented，面向过程的开发或结构化方法)以及结构化的分析、设计和相应的测试方法。

软件工程的目标是研制开发与生产出具有良好的软件质量和费用合理的产品。费用合理是指软件开发运行的整个开销能满足用户要求的程度，软件质量是指该软件能满足明确的和隐含的需求能力的有关特征和特性的总和。软件质量可用六个特性来作评价，即功能性、可靠性、易使用性、效率、可维护性、易移植性。

第三阶段——现代软件工程。

软件不是纯实物的产品，其中包含着人的因素，其中存在很多易变的因素，不可能像理想的物质生产过程，完全基于物理学等的原理来完成。早期的软件开发仅考虑人的因素，传统的软件工程强调物性的规律，而现代软件工程最根本的考虑就是人跟物的关系，就是人和机器(工具、自动化)在不同层次的不断循环发展的关系。

面向对象的分析、设计方法(OOA 和 OOD)的出现使传统的开发方法发生了翻天覆地的变化。随之而来的是面向对象建模语言(以 UML 为代表)、软件复用、基于组件的软件开发等新的方法和领域。

与上述开发方法相应的是从企业管理的角度提出的软件过程管理。即关注于软件生存周期中所实施的一系列活动并通过过程度量、过程评价和过程改进等对所建立的软件过程及其实例进行不断优化的活动，使得软件过程循环往复、螺旋上升式地发展。其中最著名的软件过程成熟度模型是美国卡内基梅隆大学软件工程研究所(SEI)建立的 CMM (Capability Maturity Model)，即能力成熟度模型。此模型在建立和发展之初，主要目的是为大型软件项目的招投标活动提供一种全面而客观的评审依据，而发展到后来，又同时被应用于许多软件机构内部的过程改进活动中。这在后面的章节中会详细讲解。

在软件开发过程中人们开始研制和使用软件工具，用以辅助进行软件项目管理与技术生产，人们还将软件生命周期各阶段使用的软件工具有机地集合成为一个整体，形成能够连续支持软件开发与维护全过程的集成化软件支援环境，希望从管理和技术两方面解决软件危机问题。

此外，人工智能与软件工程的结合成为 20 世纪 80 年代末期活跃的研究领域。基于程序变换、自动生成和可重用软件等软件新技术研究也已取得一定的进展，把程序设计自动化的进程向前推进一步。在软件工程理论的指导下，发达国家已经建立起较为完备的软件工业化生产体系，形成了强大的软件生产能力。软件标准化与可重用性得到了工业界的高度重视，在避免重用劳动、缓解软件危机方面起到了重要作用。

迄今为止，为了达到最初设定的目标，软件工程界已经提出了一系列的理论、方法、语言和工具，解决了软件开发过程中的若干问题，而软件工程正是从管理和技术两方面研究如何更好地开发和维护计算机软件的一门新兴学科。

2．软件质量与度量

软件质量是一个模糊的、难以确定的概念。我们常常听说：这个软件好用，那个软件功能全、结构合理、层次分明、性能良好。这些模模糊糊的语言实在不能算作是软件质量评价，更加无法给软件质量一个科学的定量的评价。

在我国，软件产品质量低下，企业缺乏竞争力，更是一个长期困扰软件企业的问题。信息产业部在"十五"计划中，把提高软件产品质量、实现软件的产业化发展、加速软件产业和国际的接轨作为我国软件发展的重要目标。2000 年 6 月国务院颁发了《鼓励软件产业和集成电路产业发展的若干政策》。该文件的第五章第十七条明确提出："鼓励软件出口型企业通过 GB/T19000，ISO9000 系列质量保证体系认证和 CMM(能力成熟度模型)认证。"

按照如上标准对软件进行评价主要涉及下面几点：

- 软件需求是衡量软件质量的基础，不符合需求的软件就不具备质量。设计的软件应在功能、性能等方面都符合要求，并能可靠地运行。

- 软件结构良好，易读、易于理解，并易于修改、维护。
- 软件系统具有友好的用户界面，便于用户使用。
- 软件生存周期中各阶段文档齐全、规范，便于配置、管理。

随着竞争的日益激烈，国内软件企业越来越意识到提高软件产品质量和客户满意度对于企业生存和发展的战略意义，因此研究和应用软件质量度量技术，建立企业的软件质量保障体系已成为一个迫切而重要的任务。

1.2.2 软件测试过程模型

1. V 模型

传统的瀑布型软件开发中，仅仅把软件测试作为需求分析、概要设计、详细设计和编码之后的一个阶段，对如何进行软件测试没有进一步的描述。尽管有时测试工作会占用整个项目周期一半的时间，但仍然有人认为测试只是一个收尾工作，而不是主要的过程，V模型就是针对瀑布型软件开发的一种补充。

V 模型是由 Paul Rook 于 20 世纪 80 年代后期提出的，并在英国国家计算中心文献中发布。V 模型在欧洲尤其是在德国得到了广泛的应用，也被德国定为信息技术系统的开发标准。V 模型可以说是瀑布模型的扩展，它根据瀑布模型的阶段来划分，对每个阶段进行有针对性的测试，由于这种划分方式简单易懂，因而 V 模型被广泛应用。值得注意的是，V 模型并不针对某种开发模型或是某种开发方法，它是按照软件生存周期中的不同阶段划分的，因此不能认为它只适合于瀑布模型。

早期的 V 模型展示了在软件生命周期中何时开始测试，准确地说，就是什么时候开始执行测试。它反映了测试活动与其他生命周期各活动的关系，描述了基本的开发过程和测试行为，非常明确地标明测试过程存在的不同级别，并清楚地描述了这些测试阶段和开发过程中各个阶段的对应关系。如图 1-5 所示，箭头代表了整个生命周期的流程，左边是开发过程各个阶段，右边是与之对应的测试过程各个阶段。

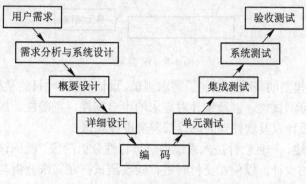

图 1-5 V 模型

由图 1-5 可知，软件测试不再是开发过程的一个收尾工作、一个可有可无的阶段了。测试工作要有组织分步骤以及系统地展开。所以 V 模型的贡献就是提高了软件测试地位，明确了各个阶段的内容。

2. W 模型

软件开发过程各个阶段都可能产生错误，根据国外学者统计，需求分析阶段产生的 Bug 占总 Bug 量的 60%以上，编码错误仅占 40%不到。另外，软件错误还具有传递性，即需求分析产生的 Bug 没有被及时发现，会依次传递到设计和开发中，并且被放大。比如，在分析设计时产生的错误，如果在编码结束后的测试中才被发现，其处理的代价约为在分析设计阶段发现和解决错误代价的 10 倍；如果这个错误在产品交付使用后才被发现和解决，其代价要超过 100 倍。因此，测试工作越早进行，发现和解决错误的代价越小，风险越小。根据这个观点，Evolutif 公司提出了相对于 V 模型更科学的 W 模型。

V 模型的局限性在于没有明确地说明对软件的早期测试，无法体现"尽早地和不断地进行软件测试"的原则。在 V 模型中增加软件各开发阶段应同步进行的测试，演化为 W 模型，如图 1-6 所示。在 W 模型中不难看出，开发是"V"，测试是与此并行的"V"。基于"尽早地和不断地进行软件测试"的原则，在软件的需求和设计阶段的测试活动应遵循 IEEE1012-1998《软件验证与确认(V&V)》的原则。W 模型是 V 模型的发展，强调的是测试伴随着整个软件开发周期，而且测试的对象不仅仅是程序，需求、功能和设计同样要测试。测试与开发是同步进行的，从而有利于尽早地发现问题。

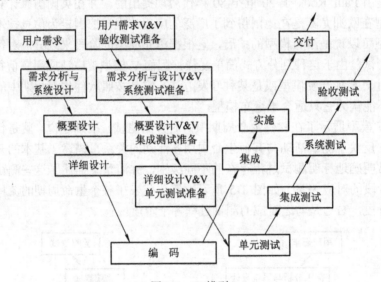

图 1-6　W 模型

W 模型是在 V 模型的基础上增加了需求测试、设计测试等，目的是确保需求的完整性、一致性、准确性和可测试性，以及设计对需求的可追踪性、正确性、规范性。也就是说软件需求、软件概要设计以及软件详细设计都需要进行测试。

根据 W 模型所述，一旦软件进入系统调研可行性分析阶段，就应该根据软件需求文档要求进行验收测试的设计，以便在交付时进行验收测试；在需求分析与系统设计阶段，就要进行需求分析测试，并进行系统测试设计，为接下来的系统测试做准备；在概要设计完成后，应对概要设计文档进行测试，并进行集成测试设计，以便进行集成测试；在进行详细设计后，应对详细设计文档进行测试，并进行单元测试设计，以便在模块完成后进行单元测试。

应用 W 模型就可以做到在每个阶段的开发活动完成后，即进行测试设计，测试和开发同步进行，将测试工作贯穿于软件开发的各个阶段，从而更有利于尽早发现问题。另外，通过 W 模型我们认识到软件测试不仅仅是程序测试，而应贯穿于软件开发的整个生命周期。在软件测试过程中，需求分析、概要设计、详细设计以及程序编码等各阶段所得到的文档都是软件测试的对象。

3. H 模型

不管是 V 模型还是 W 模型，都是把软件开发看作是需求、设计和编码等一系列的串行活动。而实际上，虽然这些活动之间存在互相牵制的关系，但在大部分时间内，它们可以交叉进行。虽然在软件开发过程中期望有清晰的需求、设计和编码阶段，但实践告诉我们，严格的阶段划分只是一种理想状态，相应的测试之间不存在严格的次序关系，同时各层次之间也存在反复触发、迭代和增量关系。

为了解决以上问题，有专家提出了如图 1-7 所示的 H 模型。H 模型中，软件测试过程活动完全独立，贯穿于产品的整个生命周期，与其他流程并发地进行。某个测试点准备就绪时，就可以从测试准备阶段进行到测试执行阶段。软件测试可以尽早地进行，并且可以根据被测对象的不同而分层次进行。

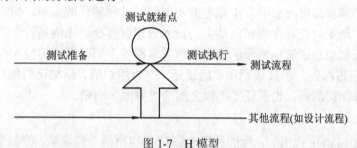

图 1-7　H 模型

图 1-7 中示意了在整个生产周期中某个层次上的一次测试"微循环"。图 1-7 中标注的其他流程可以是任意的开发流程，例如设计流程或者编码流程。也就是说，只要测试条件成熟了，测试准备活动完成了，测试执行活动就可以进行了。

H 模型揭示了一个原理：软件测试是一个独立的流程，贯穿产品整个生命周期，与其他流程并发地进行。H 模型指出软件测试要尽早准备，尽早执行。不同的测试活动可以是按照某个次序先后进行的，但也可能是反复的，只要某个测试达到测试就绪点，测试执行活动就可以开展。

采用 H 测试模型至少有以下三个好处：

(1) 有利于测试的分工，从而降低成本，提高效率。

首先，H 模型强调软件测试准备和测试执行分离。准备阶段和执行阶段有不同的测试活动。例如，测试准备活动包括测试需求分析、测试计划、测试分析、测试编码、测试验证等，而测试执行活动则包括测试运行、测试报告、测试分析等。准备阶段和执行阶段有不同的工作侧重点，不同的测试活动也需要不同的知识和技能。显而易见，测试的设计人员比执行人员有更高的能力要求。如果一个测试设计人员同时被指派去执行测试，那既是人力资源的浪费，也可能挫伤设计人员的创造性和积极性。所以，软件测试分工带来的第一个直接好处就是降低人力成本。第二个直接好处就是提高效率。分工带来的间接的长期好处是，软件测试可以成为一个有职业前景的职位，这有利于吸引人才以此作为自己的职业目标，从而形成软件测试领域的人力积累和良性循环。

(2) 有利于认识到测试的复杂性，从而赢得重视和尊重。

H 模型可以促使人们充分认识到软件测试的复杂性。这里的复杂不是指技术上的复杂，而是指过程上的复杂。正如传统的软件开发被简化为编程一样，软件测试也常常被简化为运行一下被测的软件，观察是否有异常的运行结果。软件测试也有不同的阶段，有不同的活动，而且这些阶段和活动要被组成一个系统才能有效地运作。没有组织的、非结构化的软件测试除了浪费时间和金钱外，几乎不可能有实质性的产出。认识到复杂性才可能得到足够的重视和必要的尊重。重视主要来自于管理层，而尊重则主要来自于平行的其他流程的人员，例如编程人员。尽管测试是一个独立的流程，但它必须被置于整个软件生产的流程系统中，作为一个有机的组成部分，并与其他流程有效地交互，才可能发挥作用。

(3) 有利于了解测试投入的去向，从而得到测试效益的公正评判。

第三个理由与一个长期存在的"测试怪圈"有关。测试经理总是抱怨测试上投入不够；测试人员要么被看作是"无所事事"，要么被看作"忙而无功"；而管理层则因为测试上的投入没有一个可视的结果而拒绝加大投入；更糟糕的是，软件的质量问题遭用户投诉，使得组织的声誉和利润都每况愈下。H 模型并不能扭转这种糟糕的局面，但它有助于跟踪测试投入的流向。例如，在各个测试活动上的投入分别有多少，比例是否合理，哪些是用于测试准备的，而如果由于其他流程的差错导致重做准备，那么浪费的投入有多少，这些都可以通过 H 模型跟踪到。在 H 模型中，测试是一个有组织的、结构化的独立流程，既保证了自身的有序和结构清晰，也保证了流程之间的"界面"清晰。

4．X 模型

X 模型是由 Marick 提出的，他的目标是弥补 V 模型的一些缺陷，例如交接、经常性的集成等。

如图 1-8 所示，X 模型的左边描述的是针对单独程序片段所进行的相互分离的编码和测试，此后将进行频繁的交接，通过集成最终合成为可执行的程序。右边上半部分为这些可执行程序还需要进行的测试。已通过集成测试的成品可以进行封板并提交给用户，也可以作为更大规模和范围内集成的一部分。多根并行的曲线表示变更可以在各个部分发生。

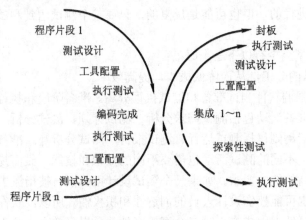

图 1-8　X 模型

X 模型还定位了探索性测试(右下方)。这是不进行事先计划的特殊类型的测试,诸如"我这么测一下结果会怎么样?",这一方式往往能帮助有经验的测试人员在测试计划之外发现更多的软件错误。

　　V 模型的一个强项是它对需求角色的明确确认,而 X 模型没有这么做,这大概是 X 模型的一个不足之处。而且由于 X 模型从没有被文档化,即还没有完全从文字上成为 V 模型的全面扩展,所以其内容一开始需要从 V 模型的相关内容中进行推断。

1.2.3　软件测试分类

　　软件测试是一项复杂的系统工程,从不同的角度考虑可以有不同的划分方法,对测试进行分类是为了更好地明确测试的过程,了解测试究竟要完成哪些工作,尽量做到全面测试。

1.　按测试方式分类

　　按软件测试方式分类可将测试分为静态测试和动态测试。

　　(1) 静态测试主要是对代码的审查和检查,这个阶段通常可以发现一半以上的 BUG。

　　(2) 动态测试通常是需要运行程序进行测试,这种方式对大型软件尤为重要。

2.　按测试方法分类

　　按测试方法分类主要将测试分为白盒测试和黑盒测试。

　　(1) 白盒测试也称结构测试或逻辑驱动测试,是指基于一个应用代码的内部逻辑知识,即基于覆盖全部代码、分支、路径、条件的测试。它知道产品的内部工作过程,通过测试来检测产品内部动作是否按照需求规格说明书的规定正常进行,按照程序内部的结构测试程序,检验程序中的每条通路是否都能按预定要求正确工作,而不管它的功能。白盒测试的主要方法有逻辑驱动、基路测试等,主要用于软件验证。白盒测试需全面了解程序内部逻辑结构、对所有逻辑路径进行测试,因此它是穷举路径测试。在使用这一方法时,测试者必须检查程序的内部结构,从检查程序的逻辑着手,得出测试数据。但是贯穿程序的独立路径数是天文数字,而且即使每条路径都测试了仍然可能有错误。因为:第一,穷举路径测试决不可能查出程序因违反了设计规范而产生的错误;第二,穷举路径测试不可能查出程序中因遗漏路径而产生的错误;第三,穷举路径测试可能发现不了一些与数据相关的错误。白盒测试可以借助一些工具来完成,如 JUnit Framework、Jtest 等。

　　(2) 黑盒测试是指不考虑内部设计和代码的任何知识,而基于需求说明书和功能性的测试。黑盒测试也称功能测试或数据驱动测试,它是在已知产品所应具有的功能的基础上,通过测试来检测每个功能是否都能正常使用。在测试时,把程序看作一个打不开的黑盒子,在完全不考虑程序内部结构和内部特性的情况下,测试者在程序接口进行测试,只检查程序功能是否按照需求规格说明书的规定正常使用,程序是否能准确地接收输入数据并产生正确的输出信息,并且保持外部信息(如数据库或文件)的完整性。黑盒测试方法主要有等价类划分、边界值分析、因果图、错误推测等,主要用于软件确认测试。黑盒测试重点在于程序外部结构,不考虑内部逻辑,针对软件界面和软件功能进行测试。黑盒测试法是穷举输入测试,只有把所有可能的输入都作为测试用例使用,才能以这种方法查出程序中所有的错误。实际上测试用例有无穷多个,人们不仅要测试所有合法的输入,而且还要对那些不合法但是可能的输入进行测试。黑盒测试也可以借助一些工具，如 LoadRunner、QuickTestPro、Rational Robot 等。

3．按测试过程分类

按照测试过程划分主要将测试分为单元测试、集成测试、系统测试和验收测试四个流程。

(1) 单元测试是对软件中的基本组成单位进行的测试，如一个类、一个方法等。它是软件动态测试的最基本的部分，也是最重要的部分之一，其目的是检验软件基本组成单位的正确性。因为单元测试需要知道内部程序设计和编码的细节知识，一般应由程序员而非测试员来完成，往往需要开发测试驱动模块和桩模块来辅助完成单元测试。因此应用系统有一个设计得很好的体系结构就显得尤为重要。一个软件单元的正确性是相对于该单元的规约而言的，因此，单元测试以被测试单位的规约为基准。单元测试的主要方法有控制流测试、数据流测试、排错测试、分域测试等。

(2) 集成测试是在软件系统集成过程中所进行的测试，其主要目的是检查单元测试之后各单元之间的接口是否正确。它根据集成测试计划，一边将软件各单元组合成越来越大的系统，一边运行该系统，以分析所组成的模块是否正确，各组成部分是否能协同工作。集成测试的策略主要有自顶向下、自底向上以及三明治式集成等几种。

(3) 系统测试是对已经集成好的软件系统进行的彻底测试，以验证软件系统的正确性和性能等满足其需求所指定的要求。检查软件的行为和输出是否正确并非一项简单的任务，因此，系统测试应该按照系统测试计划进行，其输入、输出和其他动态行为应该与软件需求规格说明书进行对比。软件系统测试方法很多，主要有功能测试、性能测试、兼容性测试等。

(4) 验收测试用于向软件的使用者展示该软件系统满足用户的需求。它的测试数据通常是系统测试的测试数据的子集。所不同的是，验收测试现场常常有软件系统的购买者代表在场，甚至于验收测试就在软件安装使用的现场展开。这是软件在投入使用之前的最后测试。

1.3 软件测试原则

软件测试从不同的角度出发会派生出两种不同的测试原则。从用户的角度出发，就是希望通过软件测试能充分暴露软件中存在的问题和缺陷，从而考虑是否可以接受该产品。从开发者的角度出发，就是希望测试能表明软件产品不存在错误，已经正确地实现了用户的需求，确立人们对软件质量的信心。

掌握软件测试的基本原则有助于测试人员进行高质量的测试，尽早、尽可能多地发现缺陷，并负责跟踪和分析软件中的问题，对存在的问题和不足提出质疑和改进，从而持续改进测试过程。

原则一：缺陷是测试出来的。

缺陷是测试出来的，但测试不能证明系统不存在缺陷。测试可以减少软件中存在缺陷的可能性，但即使通过测试没有发现任何缺陷，也不能证明软件或系统是完全正确的，或者说是不存在缺陷的。

原则二：穷尽测试是不可能的。

穷尽测试是不可能的，当满足一定的测试出口准则时测试就应当停止。考虑到所有可能输入值和它们的组合，以及结合所有不同的测试前置条件，我们没有可能进行全部测试。在实际测试过程中，测试人员无法执行"天文"数字的测试用例。所以说，每个测试都只能是抽样测试。因此，必须根据测试的风险和优先级，控制测试工作量，在测试成本、收益和风险之间求得平衡。

原则三：测试越早越好。

根据统计表明，在软件开发生命周期早期引入的错误占软件过程中出现的所有错误(包括最终的缺陷)数量的 50%～60%。此外，IBM 的一份研究结果表明，缺陷存在放大趋势。如需求阶段的一个错误可能会导致 N 个设计错误，因此，越是测试后期，为修复缺陷所付出的代价就会越大。因此，软件测试人员要尽早地且不断地进行软件测试，以提高软件质量，降低软件开发成本。

原则四：缺陷的集群效应。

Pareto 原则表明"80%的错误集中在 20%的程序模块中"。实际经验也证明了这一点。通常情况下，大多数的缺陷只存在于测试对象的极小部分中，缺陷并不是平均分布的。因此，如果在一个地方发现了很多缺陷，那么通常在这个模块中可以发现更多的缺陷。测试过程中要充分注意错误集群现象，对发现错误较多的程序段或者软件模块，应进行反复的深入的测试。

原则五：测试活动依赖于测试内容。

对于每个软件系统，其测试策略、测试技术、测试工具、测试阶段以及测试出口准则等的选择，都是不一样的。同时，测试活动必须与应用程序的运行环境和使用中可能存在的风险相关联。因此，没有两个系统可以以完全相同的方式进行测试。比如，对关注安全的电子商务系统进行测试，与一般的商业软件测试的重点是不一样的，它更多关注的是安全测试和性能测试。

原则六：没有失效不代表系统可用。

系统的质量特征不仅仅是功能性要求，还包括了很多其他方面的要求，比如稳定性、可用性、兼容性等。假如系统无法使用，或者系统不能完成客户的需求和期望，那么这个系统的研发是失败的，同时在系统中发现和修改缺陷也是没有任何意义的。在开发过程中用户的早期介入和接触原型系统就是为了避免这类问题的发生。有时候，可能产品的测试结果非常完美，可最终的客户并不满意，因为，这个测试结果完美的产品可能并不是客户真正想要的产品。

原则七：测试必须遵守需求。

提供软件的目的是为了帮助用户完成预定的任务，并满足用户的需求。这里的用户并不特指最终的软件使用者，比如我们可以认为系统测试人员是系统需求分析和设计的客户。软件测试的最重要的目的之一是发现缺陷，因此测试人员应该在不同的测试阶段站在不同用户的角度去看问题，系统中最严重的问题是存在那些无法满足用户需求的错误。

原则八：测试贯穿于整个生命周期。

由于软件的复杂性和抽象性，在软件生命周期的各个阶段都可能产生错误，测试的准备和设计必须在编码之前就开始，同时为了保证最终的质量，必须在开发过程的每个阶段都保证其过程产品的质量。因此不应当把软件测试仅仅看作是软件开发完成后的一个独立阶段的工作，应当将测试贯穿于整个生命周期始末。软件项目一启动，软件测试就应该介入，而不是等到软件开发完成再进行。在项目启动后，测试人员在每个阶段都应该参与相应的活动，或者说在每个开发阶段，测试都应该对本阶段的成果物进行检查和验证。比如在需求阶段，测试人员需要参与需求文档的评审。

习 题

1. 软件测试是如何定义的？
2. 软件测试模型有哪些？
3. 试述软件测试各分类情况。
4. 软件测试原则有哪些？

第 2 章　软件测试技术

学习目标 ✍

- 了解黑盒测试和白盒测试的区别。
- 理解逻辑覆盖以及路径测试的过程。
- 掌握白盒测试和黑盒测试相关技术。
- 具备解析白盒测试和黑盒测试问题的能力。

通过上一章的讲解可以知道，软件测试的重要性毋庸置疑，但企业对软件测试的投入却是十分有限的，如何能以最少的代价，在最短时间内完成测试，同时又能尽可能多地发现软件里的缺陷，提升软件质量，是一个既矛盾又现实的问题。这个问题的核心实际上是软件技术的问题。软件测试的策略、技术和方法是多种多样的，一个好的测试策略能使测试工作事半功倍，而一个错误的方法会把软件的测试工作引入歧途，造成资源的巨大浪费。

本章将从静态和动态两个角度全面介绍软件测试中的白盒和黑盒测试。

2.1　白盒测试技术

白盒测试又称结构测试、逻辑驱动测试或基于程序代码内部结构的测试。它要求测试工程师能深入测试程序代码的内部结构、逻辑设计等，就像我们要修理手机，需要拆机器，观察手机电路板的设计、液晶屏的构成等。白盒测试需要测试工程师具备很深的软件开发功底，精通相应的开发语言，一般的初级测试工程师需要经过长时间的积累才能胜任。图2-1 是白盒测试的示例图，相对于测试工程师来说，软件产品的内部构成是透明的。

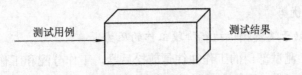

图 2-1　白盒测试示例

白盒测试主要对程序模块进行如下检查：

- 对软件程序的所有独立的执行路径至少测试一遍；
- 对所有的逻辑覆盖，取"真"与取"假"的两种情况都能至少测试一遍；
- 测试内部数据结构的正确性，等等。

白盒测试与黑盒测试两类方法对比如表 2-1 所示。

表 2-1　黑盒与白盒测试对比

项　目		白　盒　测　试	黑　盒　测　试
测试规划		根据程序的内部结构，如语句的控制结构、模块间的控制结构以及内部数据结构等进行测试	根据需求规格说明，即针对功能、性能、可用性、用户界面及体现它们的输入数据与输入数据之间的对应关系，特别是针对功能进行测试
特点	优点	能够对程序内部的特定结构进行覆盖测试	能站在使用者的立场上进行测试
	缺点	无法检验程序的外部特性 无法对未实现需求规格说明的程序内部欠缺部分进行测试	不能测试程序内部特定结构
方法举例		逻辑覆盖 路径测试 程序插桩 域测试 符号测试	等价类划分 边值分析 因果图测试 判定表

2.1.1　静态测试方法

静态测试是基于期望属性、专业经验、通用标准来对交付物的特征进行详细检查的一种测试方法。所谓交付物，也就是静态测试的测试对象，是不同种类的产品交付件，即一切项目过程文档，例如用户手册、产品需求规格说明书、开发设计说明书(详细设计说明书、数据库设计说明书)、源代码以及测试文档。

1. 静态测试的特点

(1) 静态测试在查找错误和分析错误原因等方面是其他方法所不能替代的。

(2) 静态测试的目的是确保存留在交付物中的缺陷被尽早发现和处理，尽可能在软件开发生命周期的早期阶段关闭缺陷产生的源头。

2. 静态测试的优势

1) 静态测试有助于缓解测试执行阶段工作的压力

传统测试方法，测试部门的工作往往是前松后紧，工作分配和工作压力极不平衡。前面松的时候经常无事可做，而后面紧张时，经常要加班加点。造成这种现象的原因就在于，测试人员还只是把测试开发完成后的软件成品当做主要测试工作的内容，并没有把前期的用于开发软件的精髓——需求、设计文档当作测试对象来花时间和精力进行测试。运用静态测试后：

- 可以加深对项目的理解，使测试计划和测试设计质量都得到提高；

● 使得测试用例全面、有效，从"等问题"转变为有目的地"找问题"；

● 提前对项目软件的理解，减少了测试执行时的摸索时间，从而加快测试进度；

● 提前发现问题，降低缺陷修复、回归测试以及沟通等的成本，同时降低开发项目风险，减轻测试执行时的压力。

2) 静态测试可有效缓解因工期和人力因素对项目的影响

目前软件项目普遍都存在项目周期短和人力资源不足的情况。在这种情况下，往往会延长开发时间、压缩设计和测试执行的时间，以保证项目能如期完成。项目自身抵抗风险的能力下降，某些高风险的缺陷一旦在测试阶段暴露，将可能会导致设计被推翻，需求被迫变更，大量的代码重写和之前测试工作的徒劳，严重影响项目质量和项目进度，让项目陷入恶性循环。运用静态测试后：

● 可以提前发现设计问题，协同开发一起做好功能设计，避免项目走弯路；

● 可以完善测试设计，明确描述分歧，细化处理功能，提高编码质量和测试质量；

● 可以在一定程度上缓解项目工期压力和人力资源压力。

3) 静态测试有助于测试准备阶段对测试人员的绩效评估

传统测试在测试准备阶段，测试经理除了通过测试用例对测试人员的工作情况进行评估外，很难有其他方法对其绩效进行了解。而测试设计和测试用例的产出相对滞后，这样就给测试经理提前预警带来了难度，一旦到了测试准备阶段后期才发现问题，就会让测试准备工作陷入被动的境地。运用静态测试以后：

● 每天可以对每位测试人员按功能模块提交的静态测试问题数进行统计；

● 每周都可以为每位测试人员应提交的静态测试问题数目制定目标；

● 每周可以对每位测试人员的静态测试问题质量进行评估和总结，营造积极进取的测试团队氛围。

3. 静态测试方法的代码检查

代码检查可从如下两方面理解：

定义：代码检查是一系列规程和错误检查技术的集合。通常地，该过程更加注重发现错误而不是纠正错误。

成员组成：一个代码检查小组通常由四个角色构成：一是发挥协调作用的主持人，二是负责程序编码的开发者，三是负责代码检查的测试人员，四是记录人员。其中，发挥协调作用的小组成员需要明确程序流程，但无需了解程序细节。协调人主要负责为代码检查分发材料、安排进程，记录发现的所有错误，确保所有错误随后得到改正。

一般地，代码检查过程如下：

(1) 代码检查的时间和地点的选择应避免所有的外部干扰；

(2) 代码检查会议的理想时间应在 90～120 分钟之内；

(3) 多数代码检查应按照每小时大约阅读 150 行代码的速度进行；

(4) 对大规模软件的检查应安排多个代码检查会议同时进行，每个代码检查会议处理一个或几个模块/子程序。

除此之外，代码检查过程应是合理、有效的。正确的检查应符合以下要求：

一方面：提出的建议应针对程序本身，而不是程序开发人员，即软件中存在的错误不应被视为编写程序的人员本身的错误，并且这些错误应被看做是任何程序员都有可能犯的错误；

另一方面：程序开发人员必须怀着对待测程序负责的态度对待错误检查。对整个过程采取积极和建设性的态度，代码检查的目标是发现程序中的错误，从而提高程序的质量。

基于以上原因，代码检查结果应该在最大程度上进行保密，且仅限于参与者范围内部。下面的范例为一段小程序在进行代码检查之前要做的代码检查表。

范例

问题描述：计算水果超市苹果打折后的价格。

伪代码：

1. DiscountApple()

2. Input applePrice， discountPercent

3. discount = applePrice*discountPercent/100

4. discountApple = applePrice-discount

5. Display discountApple

6. STOP

测试数据：

输入：applePrice = 100；discountPercent = 5(表示 5%)

正确结果：discount = 5，discountApple = 95

代码检查表如表 2-2 所示。

表 2-2 代码检查表

LN	discount	discountPercent	discountApple	applePrice	Input/OutPut
1					
2		5		100	Price=100 discountPercent=5
3	100*5/100=5				
4			100−5=95		
5					discountPrice=95
6					

4．静态测试方法的代码走查

广义上讲，代码走查是以小组为单元进行集中阅读代码的一系列错误检查的活动集合。代码走查同样采用持续一至两个小时的不间断会议形式。就代码走查的小组成员的构成而言，一般可由三至五人组成。其中一人扮演主持人的角色，一人担任记录员(负责记录所有查处的错误)，一人担任测试人员。最佳的成员组合应该为：

- 经验丰富的程序员；
- 程序设计师；
- 维护程序的人员；
- 测试部测试员；

- 来自该软件编程小组的程序员。

代码走查与代码检查的不同之处是，代码走查任务的参与者之一"充当了计算机"，即被指定为测试人员的小组成员将带着一些书面的测试用例参加会议，会议期间，与会人员将测试数据沿着程序的逻辑结构进行模拟运行，并记录程序状态。

特别需要指出的是，上述书面测试用例必须结构简单、数量较少。提供用例的目的不在于其本身对于测试的关键所在，而是它提供了启动代码走查和质疑程序员逻辑思路及其设想的手段。这是因为在大多数的代码走查过程中，很多问题是在向程序员提问的过程中发现的，而不是由测试用例本身直接发现的。

5. 静态测试方法之同行评审

软件企业提高产品质量不再仅仅通过软件测试人员的努力，而是越来越多地按照"测试前行"的理念配合同行评审。其目的是为了高效地从软件工作产品中识别并消除缺陷。

1) 评审类型

基于 CMMI(Capability Maturity Model Integration)模型，同行评审可分为以下三类：

(1) 正式评审。正式评审是指在完成一个工作产品后对其进行评审，目的在于定位并去除工作产品中的缺陷。正式评审由经过同行评审培训的项目经理或 PPQA(Process and Product Quality Assurance)主持，规模在 3～7 人之间为宜。

(2) 技术审查。技术审查又称内部审查，通常由技术负责人或项目经理负责，三人以上参加，目的在于通过对开发人员的工作产品的技术审查，提出改进意见。

技术审查一般是在工作产品形成的早期进行或在完成了某部分独立的工作产品时进行，也可在书写草案遇到问题时就其中专门的一两项问题讨论和审查。此外，亦可检查工作产品与规程、模板、计划、标准的符合性或者变更是否被正确执行。

审查范围根据需求的优先级通常由管理人员确定，主要是静态质量分析和编程规则检查。技术审查通常为小型讨论会，由作者主持，主要是评估和提高工作产品的质量或教育参加者。

2) 评审对象

同行评审中的评审对象包括所有软件开发的中间和最终工作产品，一般包括：

- 产品需求规格说明书；
- 用户界面规范及设计；
- 架构设计、概要设计、详细设计；
- 源代码；
- 测试计划、设计、用例及步骤；
- 项目计划，包括开发计划、配置管理计划和质量保证计划等。

所有涉及的评审内容，应该在编制的项目计划或开发计划中体现，不应该也不能是临时性的安排。

3) 评审过程

根据同行评审的重要程度，正式评审、技术审查和走查三种形式的流程以及成果物的使用力度不尽相同，但其主要步骤和内容大体一致，参见图 2-2 所示的同行评审过程。

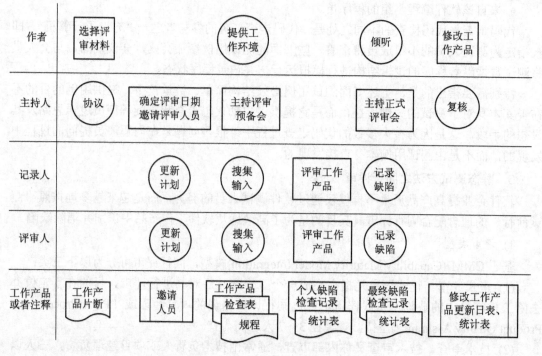

图 2-2　同行评审过程示意图

4) 评审流程

一般地，评审流程包括下述基本步骤：

(1) 预备。为了保证评审质量，通常需要召开预备会议。会议期间，由作者向评审组概要介绍评审材料，例如讲解本工作产品的目标，及其相关的实现细节、开发标准等，并允许甚至鼓励评审组成员动手查看工作产品，或者查看开发过程中所用到的检查单等。此类会议的召开可以有效保证作者提交工作产品的质量。会议结束时将文档分发给每位与会者，下发的材料应该控制在 2 小时之内审核完成为宜。文档可以包括：

- 要审查的工作产品；
- 参考文档；
- 工作产品评审检查表；
- 工作产品审阅情况记录表。

评审主持人负责根据具体情况确定什么时间开始真正的评审会议。

(2) 审查。在预备会和正式评审会之间，评审小组成员将对工作产品进行彻底检查，并依据相关标准和准则评审工作产品，记录发现的缺陷、问题种类与严重程度、测试所用的时间等。

(3) 评审。在预定的正式评审时间内，评审小组成员依次对产品进行检查。每位评审人员在一定时间内指出问题，并与作者确定问题和定义问题的严重程度。应特别指出的是，评审过程只发现错误，无需现场改正错误。

会议中，记录员详细记录每一个已达成共识的缺陷，包括缺陷的位置，简短描述缺陷、缺陷类别、该缺陷的发现者等。未达成共识的缺陷也将被记录下来，并加入"待处理"或者 TBD 标示。评审主持人将指派作者和评审员在会后处理评审会议中未能解决的问题。

(4) 书写评审报告。评审主持人根据记录员的记录及自身总结，需要在 24 小时内写出评审报告，内容包括：

- 根据评审专家个人的输入创建总的问题清单；
- 加入会议中发现的问题；
- 剔除经确认属于重复或者无效的问题；
- 共同确定需要修改的问题及修改的程度。

(5) 返工。作者根据评审报告的决议，负责解决和确定所有的缺陷和问题。

(6) 跟踪。评审组长必须确保所提出的每个问题都得到了圆满解决。此外，必须仔细检查对文档进行的每个修正，以确保没有注入新的错误。

2.1.2　逻辑覆盖方法

逻辑覆盖测试通过对程序逻辑结构的遍历实现程序的覆盖，从覆盖源代码的不同程度可以分为以下五种覆盖：语句覆盖、判定覆盖、条件覆盖、判定-条件覆盖、条件组合覆盖。

先看一下具体例子：

```
IF ((A > 1) AND (B = 0)) THEN
        X = X/A
IF ((A = 2) OR (X > 1)) THEN
        X = X + 1
```

一般做白盒测试时，不会直接根据源代码，而是根据流程图来设计测试用例和编写测试代码，在没有设计文档时，要根据源代码画出流程图如图 2-3 所示。

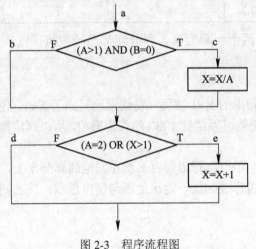

图 2-3　程序流程图

由流程图可知，可能的路径共有四条，分别是：$L_1(a \to c \to e)$；$L_2(a \to b \to d)$；$L_3(a \to b \to e)$；$L_4(a \to c \to d)$。

1. 语句覆盖

1) 概念

设计若干个测试用例，运行所测程序，使得每条可执行语句至少被执行一次。在本例中，可执行语句是指 L_1、L_2、L_3、L_4 中的任意一条。

2) 测试用例

L_1 正好满足语句覆盖的条件。可以设计如下的输入数据：

A=2，B=0，X=4

这样，通过一个测试用例即达到了语句覆盖的标准，当然，测试用例(或测试用例组)并不是唯一的。

3) 测试的充分性

假设第一个判断语句 IF(A>1 AND B=0)中的"AND"被程序员错误地写成了"OR"，即 IF(A>1 OR B=0)，使用上面设计出来的一组测试用例来进行测试，仍然可以达到100%的语句覆盖，所以语句覆盖无法发现上述逻辑错误。

在五种逻辑覆盖中，语句覆盖是最弱的。

2．判定覆盖

1) 概念

设计足够多的测试用例，使得被测试程序中的每个判断的"真"、"假"分支至少被执行一次。在本例中共有两个判断 IF(A>1 AND B=0)(记为 A_1)和 IF(A=2 OR X>1)(记为 A_2)。

2) 测试用例

测试用例如表 2-3 所示。

表 2-3　　判定覆盖测试用例

数据	A_1	A_2	路径
{ A=3，B=0，X=3}	T	F	L_3
{ A=2，B=1，X=2 }	F	T	L_4

以上测试用例使得两个判断的真、假分支都已经被执行过，所以满足了判断覆盖的标准。

3) 测试的充分性

假设第一个判断语句中的 X>1 被程序员错误地写成了 X<1，使用上面设计出来的一组测试用例来进行测试，仍然可以达到100%的判定覆盖，所以判定覆盖也无法发现上述逻辑错误。

跟语句覆盖相比：由于可执行语句要么就在判定的真分支上，要么就在假分支上，所以，只要满足了判定覆盖标准，就一定满足语句覆盖标准，反之则不然。因此，判定覆盖比语句覆盖强。

3．条件覆盖

1) 概念

设计足够多的测试用例，使得被测试程序中的每个判断语句中的每个逻辑条件的可能取值至少被满足一次。

在本例中有两个判断 IF((A>1) AND (B=0))(记为 A_1)和 IF((A=2) OR (X>1))(记为 A_2)，共计四个条件 A>1(记为 T_1)、B=0(记为 T_2)、A=2(记为 T_3)和 X>1(记为 T_4)。

2) 测试用例

测试用例如表 2-4 所示。

表 2-4　条件覆盖测试用例

数据	T_1	T_2	T_3	T_4	A_1	A_2	路径
{A=2,　B=1,　X=1}	T	F	T	F	F	T	L_3
{A=1,　B=0,　X=2}	F	T	F	T	F	T	L_3

以上测试用例使得四个条件的各种可能取值都满足了一次，因此，达到了 100%条件覆盖的标准。

3) 测试的充分性

上面的测试用例同时也达到了 100%判定覆盖的标准，但并不能保证达到 100%条件覆盖标准的测试用例(组)都能达到 100%的判定覆盖标准。既然条件覆盖标准不能 100%达到判定覆盖的标准，也就不一定能够达到 100%的语句覆盖标准了。

4. 判定−条件覆盖

1) 概念

设计足够多的测试用例，使得被测试程序中的每个判断本身的判定结果(真假)至少被满足一次，同时，每个逻辑条件的可能值也至少被满足一次，即同时满足 100%判定覆盖和100%条件覆盖的标准。

2) 测试用例

测试用例如表 2-5 所示。

表 2-5　判定−条件覆盖用例

数据	T_1	T_2	T_3	T_4	A_1	A_2	路径
{A=2,　B=0,　X=4}	T	T	T	T	T	T	L_1
{A=1,　B=1,　X=1}	F	F	F	F	F	F	L_2

以上测试用例使得所有条件的可能取值都被满足了一次，而且所有的判断本身的判定结果也都被满足了一次。

3) 测试的充分性

达到 100%判定−条件覆盖标准，就一定能够达到 100%条件覆盖、100%判定覆盖和100%语句覆盖。

5. 条件组合覆盖

1) 概念

设计足够多的测试用例，使得被测试程序中的每个判断的所有可能条件取值的组合至少被满足一次。

注意：

(1) 条件组合只针对同一个判断语句内存在多个条件的情况，让这些条件的取值进行笛卡尔乘积组合。

(2) 不同的判断语句内的条件取值之间无需组合。

(3) 对于单条件的判断语句，只需要满足自己的所有取值即可。

2) 测试用例

测试用例如表 2-6 所示。

表 2-6　条件组合覆盖用例

数　据	T_1	T_2	T_3	T_4	A_1	A_2	路径
{A=2，　B=0，X=4}	T	T	T	T	T	T	L_1
{A=2，　B=1，X=1}	T	F	T	F	F	T	L_3
{A=1，　B=0，X=3}	F	T	F	T	F	T	L_3
{A=1，　B=1，X=1}	F	F	F	F	F	F	L_2

3) 测试的充分性

100%满足条件组合标准，就一定满足 100%条件覆盖标准和 100%判定覆盖标准。

2.1.3　基本路径方法

基本路径测试法是在程序控制流图的基础上，通过分析控制构造的环路复杂性，导出基本可执行的路径集合，从而设计测试用例的方法。设计出的测试用例要保证在测试中程序的每个执行语句至少被执行一次。

1．程序控制流图

程序控制流图(可简称流图)是对程序流程图进行简化后得到的，它突出表示程序控制流的结构。程序控制流图是描述程序控制流的一种方式，其要点如下：

(1) 图形符号：圆圈代表一个结点，表示一个或多个无分支的语句或源程序语句。

(2) 程序控制流中由边和点圈定的部分叫做区域。当对区域计数时，图形外的一个部分也应记为一个区域。

(3) 判断语句中的条件为复合条件(即条件表达式由一个或多个逻辑运算符连接的逻辑表达式(如 a and b))时，需要改变复合条件的判断为一系列只有单个条件的嵌套的判断。结点由带标号的圆圈表示，可代表一个或多个语句、一个处理框序列和一个条件判定框(假设不包含复合条件)。控制流线由带箭头的弧或线表示，又称为边，它代表程序中的控制流。为了满足路径覆盖，必须首先确定具体的路径以及路径的个数。我们通常采用控制流图的边(弧)序列和结点列表示某一条具体路径。

路径测试就是从一个程序的入口开始，执行所经历的各个语句的完整过程。任何关于路径分析的测试都可以叫作路径测试。

完成路径测试的理想情况是做到路径覆盖，但对于复杂度高的程序要做到所有路径覆盖(测试所有可执行路径)是不可能的。

在不能实现所有路径覆盖的前提下，如果某一程序的每一个独立路径都被测试过，那么可以认为程序中的每个语句都已经检验过了，即达到了语句覆盖。这种测试方法就是通常所说的基本路径测试方法。

符号○为控制流图的一个结点，可以表示一个或多个无分支的 PDL(Program Design Language)语句或源程序语句。箭头为边，表示控制流的方向。图 2-4～图 2-8 分别表示顺序结构、选择结构、WHILE 重复结构、UNTIL 重复结构和 CASE 多分支结构。

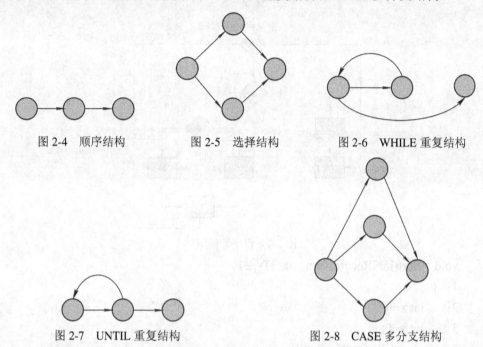

图 2-4 顺序结构　　　　　图 2-5 选择结构　　　　　图 2-6 WHILE 重复结构

图 2-7 UNTIL 重复结构　　　　　图 2-8 CASE 多分支结构

2. 环路复杂度

程序的环路复杂度也称为圈复杂度，它是一种为程序逻辑复杂度提供量化尺度的软件度量。

将环形复杂度用于基本路径方法，可以提供程序基本集的独立路径数量，确保所有语句至少执行一次测试。独立路径是指程序中至少引入了一个新的处理语句集合或一个新条件的程序通路，包括一组以前没有处理的语句或条件的一条路径。通常环路复杂度以图论为基础，提供软件度量。可用如下方法来计算环形复杂度：

(1) 控制流图中区域的数量对应于环形复杂度。

(2) 给定控制流图 G 的环形复杂度 V(G)，其定义为：

$$V(G) = E - N + 2$$

其中，E 是控制流图中边的数量，N 是控制流图中的结点数量。

3. 基本路径测试步骤

基本路径测试法适用于对模块的详细设计及源程序进行的测试，其主要步骤如下：

(1) 以详细设计或源代码作为基础，导出程序的控制流图；

(2) 计算得到的控制流图 G 的环路复杂度 V(G)；

(3) 确定线性无关的路径的基本集；

(4) 设计测试用例，确保基本路径集中每条路径的执行。

范例

用基本路径测试法对下面的 C 函数进行测试。其程序流程图如图 2-9 所示。

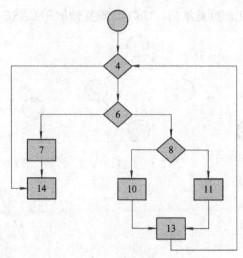

图 2-9　程序流程图

void　Sort(int iRecordNum，int iType)

1：　{
2：　　　int x=0;
3 :　　　int y=0;
4：　　while (iRecordNum-->0)
5：　{
6：　　　　if(0= =iType)
7：　　　　{x=y+2;break;}
8：　　　else
9：　　　　　if(1= =iType)
10：　　　　x=y+10;
11：　　　else
12：　　　　　x=y+20;
13：　}
14:}

第一步，画出控制流图，如图 2-10 所示。

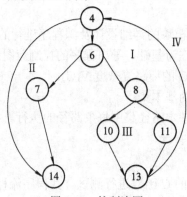

图 2-10　控制流图

第二步，计算圈复杂度。

圈复杂度可以用于计算程序的基本的独立路径数目，是确保所有语句至少执行一次的测试数量的上界。独立路径必须包含一条在定义之前不曾用到的边。

有以下三种方法计算该 C 函数流图的圈复杂度：

(1) 流图中区域的数量对应于环形复杂度，区域为 4 个。

(2) 从图 2-10 所知，E=10，N=8，所以流图的圈复杂度 V(G)=E−N+2=4。

(3) 给定流图 G 的圈复杂度 V(G)，定义 V(G)=P+1，P 是流图 G 中判定结点的数量，V(G)=3+1=4 个。

第三步，导出测试路径。

V(G)值正好等于流图中的独立路径的条数。据上面的计算方法，可得出该程序有四条独立的路径。

路径 1：4-14；

路径 2：4-6-7-14；

路径 3：4-6-8-10-13-4-14；

路径 4：4-6-8-11-13-4-14。

根据上面的独立路径，去设计输入数据，使程序分别执行到上面四条路径。

第四步，准备测试用例。

为了确保基本路径集中的每一条路径的执行，根据判断结点给出的条件，选择适当的数据以保证某一条路径可以被测试到。满足上面例子基本路径集的测试用例是：

路径 1：4-14。

输入数据：iRecordNum=0，或者取 iRecordNum<0 的某一个值。

预期结果：x=0。

路径 2：4-6-7-14。

输入数据：iRecordNum=1，iType=0。

预期结果：x=2。

路径 3：4-6-8-10-13-4-14。

输入数据：iRecordNum=1，iType=1。

预期结果：x=10。

路径 4：4-6-8-11-13-4-14。

输入数据：iRecordNum=1，iType=2。

预期结果：x=20。

2.1.4 其他白盒测试技术

1. 域测试

程序中的错误可分为域错误、计算机型错误、丢失路径错误等。

程序中每条路径对应着一个输入域，是程序的一个子计算。如果程序的控制流有错误，则对某一特定的输入可能执行的是一条错误路径，这种错误被称为路径错误或域错误。而域测试主要是针对域错误进行的测试。

域测试的基本步骤如下：

(1) 根据各个分支谓词，给出子域的分割图；

(2) 对每个子域的边界，采用 ON-OFF-ON 原则选取测试点；

(3) 在子域内选取一些测试点；

(4) 针对这些测试点进行测试。

2．符号测试

1) 概述

符号测试的基本思想是允许程序的输入不仅仅可以是具体的数值数据，还可以包括符号值，符号值可以是基本的符号变量值，也可以是符号变量值的表达式。符号测试执行的是代数运算，可以作为普通测试的一个扩充。符号测试可以看作是程序测试和程序验证的一个折中办法。

2) 测试理想情况

程序中仅有有限的几条执行路径，如果都完成了符号测试，就可有把握地确认程序的正确性了。

3) 缺点

- 分支问题无法控制；
- 二义性问题无法控制；
- 大程序问题无法控制。

2.2　黑盒测试技术

软件测试行业，最常听到的名词就是黑盒测试，那么到底什么是黑盒测试呢？黑盒测试又叫功能测试、数据驱动测试或基于需求规格说明书的功能测试。该类测试注重于测试软件的功能性需求。

采用这种测试方法，测试工程师把测试对象看作一个黑盒子，完全不考虑程序内部的逻辑结构和内部特性，只依据程序的《需求规格说明书》，检查程序的功能是否符合它的功能说明。如图 2-11 所示，测试工程师无需了解程序代码的内部构造，完全模拟软件产品的最终用户使用该软件，检查软件产品是否达到了用户的需求。黑盒测试方法能更好、更真实地从用户角度来考察被测系统的功能性需求实现情况。在软件测试的各个阶段，如单元测试、集成测试、系统测试及验收测试等阶段中，黑盒测试都发挥着重要作用，尤其在系统测试和确认测试中，其作用是其他测试方法无法取代的。

测试用例　　　　　　　　　　　测试结果

图 2-11　黑盒测试

黑盒测试法注重于测试软件的功能需求，主要试图发现下列几类错误：

- 功能不正确或者有遗漏；

- 界面不符合需求；
- 数据库连接不成功；
- 用户不满意其性能；
- 初始化和终止错误等。

从理论上讲，黑盒测试只有采用穷举输入测试，把所有可能的输入都作为测试情况考虑，才能查出程序中所有的错误。实际上测试情况有无穷多个，人们不仅要测试所有合法的输入，而且还要对那些不合法但可能的输入进行测试。这样看来，穷尽测试是不可能的，所以我们要进行有针对性的测试，通过制定测试计划指导测试的实施，保证软件测试有组织、按步骤，以及有计划地进行。黑盒测试行为必须能够加以量化，才能真正保证软件质量，而测试用例就是将测试行为具体量化的方法之一。

2.2.1　等价类划分法

1．定义

等价类划分是把所有可能的输入数据，即程序的输入域划分成若干子集，然后从每一个子集中选取少数具有代表性的数据作为测试用例。该方法是一种重要的、常用的黑盒测试用例设计方法。

2．划分等价类

等价类是指某个输入域的子集合。在该子集合中，各个输入数据对于揭露程序中的错误都是等效的，并合理地假定：测试某等价类的代表值就等于对这一类其他值的测试，因此，可以把全部输入数据合理划分为若干等价类，在每一个等价类中取一个数据作为测试的输入条件就可以用少量代表性的测试数据取得较好的测试结果。等价类划分可分为：有效等价类和无效等价类。

1）有效等价类

有效等价类是指对于程序的规格说明来说是合理的、有意义的输入数据构成的集合。利用有效等价类可检验程序是否实现了规格说明中所规定的功能和性能。

2）无效等价类

与有效等价类的定义相反，无效等价类是指对程序的规格说明是不合理的或无意义的输入数据所构成的集合。对于具体的问题，无效等价类至少应有一个，也可能有多个。

设计测试用例时，要同时考虑这两种等价类。因为软件不仅要能接收合理的数据，也要能经受意外的考验，这样的测试才能确保软件具有更高的可靠性。

3．划分等价类的标准

- 完备测试、避免冗余；
- 各个子集的并是整个集合：完备性；
- 子集互不相交：保证一种形式的无冗余性。

同一类中标识(选择)一个测试用例：同一等价类中，往往处理相同，相同处理映射到"相同的执行路径"。

4．划分等价类的方法

(1) 在输入条件规定了取值范围或值的个数的情况下，可以确立一个有效等价类和两个无效等价类。如：输入值是学生成绩，范围是 0～100，划分方式如图 2-12 所示。

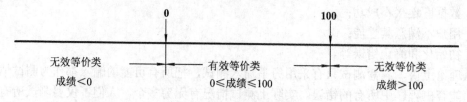

图 2-12 划分等价类

(2) 在输入条件规定了输入值的集合或者规定了条件的情况下，可确立一个有效等价类和一个无效等价类；

(3) 在输入条件是一个布尔量的情况下，可确定一个有效等价类和一个无效等价类。

(4) 在规定了输入数据的一组值(假定 n 个)，并且程序要对每一个输入值分别处理的情况下，可确定 n 个有效等价类和一个无效等价类。

范例

某报表处理系统要求用户输入处理报表的日期，日期限制在 2010 年 1 月至 2013 年 12 月，即系统只能对该段期间内的报表进行处理，如日期不在此范围内，则显示输入错误信息。系统日期规定由年、月的 6 位数字字符组成，前四位代表年，后两位代表月。如何用等价类划分法设计测试用例，来测试程序的日期检查功能？

解答：第一步，等价类划分。

"报表日期"输入条件的等价类如表 2-7 所示。

表 2-7 等价类划分表

输入等价类	有效等价类	无效等价类
报表日期的类型及长度	6 位数字字符(1)	有非数字字符(4) 小于 6 个数字字符(5) 多于 6 个数字字符(6)
年份范围	在 2010～2013 之间(2)	小于 2010(7) 大于 2013(8)
月份范围	在 1～12 之间(3)	小于 1(9) 大于 12(10)

第二步，为有效等价类设计测试用例。

对表中编号为(1)、(2)、(3)的 3 个有效等价类用一个测试用例覆盖，有效等价类划分如表 2-8 所示。

表 2-8 有效等价类划分表

测试数据	期望结果	覆盖范围
201205	输入有效	等价类(1)、(2)、(3)

第三步，为每一个无效等价类设计至少一个测试用例，无效等价类划分如表 2-9 所示。

表 2-9　有效等价类划分表

测试数据	期望结果	覆盖范围
001MAY	输入无效	等价类(4)
20125	输入无效	等价类(5)
2012005	输入无效	等价类(6)
200905	输入无效	等价类(7)
201405	输入无效	等价类(8)
201200	输入无效	等价类(9)
201213	输入无效	等价类(10)

2.2.2　边界值分析法

1. 定义

边界值分析法就是对输入或输出的边界值进行测试的一种黑盒测试方法。通常将边界值分析法作为对等价类划分法的补充，这种情况下，其测试用例来自等价类的边界。

2. 与等价类划分的区别

(1) 边界值分析不是从某等价类中随便挑一个作为代表，而是使这个等价类的每个边界都要作为测试条件。

(2) 边界值分析不仅考虑输入条件，还要考虑输出空间产生的测试情况。

3. 边界值分析法的考虑

长期的测试工作经验告诉我们，大量的错误是发生在输入或输出范围的边界上，而不是发生在输入输出范围的内部。因此针对各种边界情况设计测试用例，可以查出更多的错误。

使用边界值分析法设计测试用例，首先应确定边界情况。通常输入和输出等价类的边界，就是应着重测试的边界情况。应当选取正好等于、刚刚大于或刚刚小于边界的值作为测试数据，而不是选取等价类中的典型值或任意值作为测试数据。

4. 常见的边界值

(1) 对 16 位整数而言，32 767 和 –32 768 是边界。

(2) 报表的第一行和最后一行。

(3) 数组元素的第一个和最后一个。

(4) 循环的第 1 次、第 2 次和倒数第 2 次、最后一次。

> 范例

问题：下面是计算平方根的函数设计说明。

输入：实数。

输出：实数。

设计说明：当输入一个 0 或比 0 大的数时，返回其正平方根；当输入一个小于 0 的数时，显示错误信息"输入不合法-输入值小于 0"并返回 0；库函数可以用来输出错误信息。

解答：首先进行等价类划分，考虑到平方根函数，有 2 个输入区间和 2 个输出区间，如下：

a. 输入(i)<0 和(ii)>=0。

b. 输出(a)>=0 和(b) Error。

测试用例有两个：

a. 输入 4，输出 2。对应于(ii)和(a)。

b. 输入 –10，输出 0 和错误提示。对应于(i)和(b)。

然后进行边界值分析：

划分(ii)的边界为 0 和最大正实数；划分(i)的边界为最小负实数和 0。由此得到以下测试用例：

a. 输入{最小负实数}。

b. 输入{绝对值很小的负数}。

c. 输入 0。

d. 输入{绝对值很小的正数}。

e. 输入{最大正实数}。

5. 边界值分析

边界值分析法使用与等价类划分法相同的划分，只是边界值分析法假定错误更多地存在于划分的边界上，因此在等价类的边界上以及两侧的位置设计测试用例。

通常情况下，《需求规格说明书》所包含的边界检验有如下几种类型：数字、字符、位置、重量、大小、速度、方位、尺寸、空间等，这些类型都是在编写边界值测试用例过程中需要注意的。

相应地，以上类型的边界值应该在：最大/最小、首位/末位、上/下、最快/最慢、最高/最低、最短/最长、空/满等情况下进行考虑。

如表 2-10 所示，可以针对这些类型进行边界值分析。

表 2-10　边界值数据

项	边 界 值	测试用例的设计思路
字符	起始减 1 个字符/结束加 1 个字符	假设一个文本输入区域允许输入 1 个到 255 个字符，输入 1 个和 255 字符作为有效等价类；输入 0 个和 256 个字符作为无效等价类，这几个数值都属于边界条件值
数值	最小值减 1/最大值加 1	假设某软件的数据输入域要求输入 5 位的数据值，可以使用 10 000 作为最小值、99 999 作为最大值；然后使用刚好小于 5 位和大于 5 位的数值作为边界条件
空间	小于剩余空间一点/大于满空间一点	例如在用 U 盘存储数据时，使用比剩余磁盘空间大一点(几千字节)的文件作为边界条件

在多数情况下，边界值条件是基于应用程序的功能设计而需要考虑的因素，可以从软件的规格说明或常识中得到，也是最终用户可以很容易发现问题的条件。然而，在测试用例设计过程中，某些边界值条件是不需要呈现给用户的，或者说用户是很难注意到的，但

同又时确实属于检验范畴内的边界值条件，此类边界值条件称为内部边界值条件或子边界值条件。

基于边界值分析法选择测试用例的原则如下：

(1) 如果输入条件规定了值的范围，则应取刚达到这个范围的边界值，以及刚刚超越这个范围的边界值作为测试输入数据。

例如，如果程序的规格说明中规定："重量在 10 公斤至 50 公斤范围内的邮件，其邮费计算公式为…"。作为测试用例，我们应取 10 及 50，还应取 10.01、49.99、9.99 及 50.01 等。

(2) 如果输入条件规定了值的个数，则用最大个数，最小个数，比最小个数少一个，比最大个数多一个的数作为测试数据。例如，一个输入文件应包括 1～255 个记录，则测试用例可取 1 和 255，还应取 0 及 256 等。

(3) 将规则(1)和(2)应用于输出条件，即设计测试用例使输出值达到边界值及其左右的值。例如，某程序的规格说明要求计算出"每月保险金扣除额为 0 至 1165.25 元"，其测试用例可取 0.00 及 1165.24，还可取 −0.01 及 1165.26 等。

再如一程序属于信息检索系统，要求每次"最少显示 1 条、最多显示 10 条情报摘要"，这时我们应考虑的测试用例包括 1 和 10，还应包括 0 和 11 等。

(4) 如果程序的规格说明给出的输入域或输出域是有序集合，则应选取集合的第一个元素和最后一个元素作为测试用例。

(5) 如果程序中使用了一个内部数据结构，则应当选择这个内部数据结构的边界上的值作为测试用例。

(6) 分析规格说明，找出其他可能的边界条件。

范例

问题：有一个二元函数 f(x, y)，其中 x∈[1, 12]，y∈[1, 31]。请采用边界值分析法设计测试用例。

解答：采用边界值分析法设计的测试用例是：

{<1, 15>，<2, 15>，<11, 15>，<12, 15>，<6, 15>，<6, 1>，<6, 2>，<6, 30>，<6, 31>}

推论：对于一个含有 n 个变量的程序，采用边界值分析法测试程序会产生 4n+1 个测试用例。

范例

有函数 f(x, y, z)，其中 x∈[1900, 2100]，y∈[1, 12]，z∈[1, 31]。请写出该函数采用边界值分析法设计的测试用例。

6. 围绕边界的几个概念

(1) 上点：边界上的点，无论此时的域是开区间还是闭区间。开区间的话，上点就在域外，闭区间的话，上点就在域内。

(2) 离点：离上点最近的点，与域是闭区间还是开区间有关系。如果域是开区间，那么离点就在域内，如果域是闭区间，那么离点就在域外。

(3) 内点：域内的任意点。

为了说明这些概念，我们举个例子如[77，88]，上点就是 77、88，并且它们都是在域内。内点就是域内的任意点，离点是 76、89。再如(77，88]，上点是 77、88，其中一个在域内，一个在域外，内点就是域内的任意点，离点是 78、89。又如(77，88)，上点还是 77、88，只是都在域外，内点还是域内的任意点，离点此时为 78、87。

范例

下面是一个用户登录操作的流程，需求如下(这里只简单举个例子说明用例设计方法，具体需求应该还要详细)：

1. 用户执行程序，弹出登录对话框。

2. 用户输入用户名，格式要符合如下规范：

a. 2～16 个字长，英文或数字；

b. 用户名中不可出现空格符；

c. 可以使用这些字符：横线 "–"，下划线 "_"，点 "."；

d. 不可以使用 "&"、"%"、"$" 等其他字符。

用户名出错处理：

(1) 用户名为空：提示用户 "请输入用户名！"；

(2) 用户名错误：提示用户 "用户名错误，请重新输入用户名！"。

3. 用户输入密码，格式要符合如下规范：密码为 0～9 之间的阿拉伯数字组合，长度为 6 位。

密码出错处理：

(1) 密码为空：提示用户 "请输入密码！"；

(2) 密码错误：提示用户 "密码错误，请重新输入密码！"。

4. 确定登录，系统验证用户登录。

5. 取消登录，退出系统。

提取需求信息，得到流程图，如图 2-13 所示。

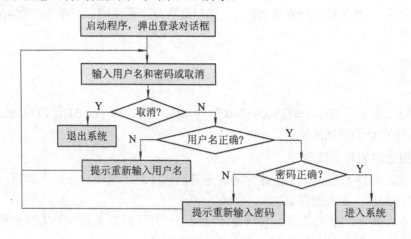

图 2-13　流程图

在流程图里，我们将用户和系统的操作用不同的颜色区分开来。用户部分，就相当于是用例的输入；系统部分就相当于是用例的输出。

流程图中有很多路径，每一条路径都可以设计测试用例，首先要列出一条基本(优先级最高)的路径，进行测试分析。

基本路径：启动程序→输入用户名和密码→进入系统。

任何测试用例都会采用这条基本测试路径，只是测试结果不同。下面我们来设计测试用例，首先进行等价类的划分，如表 2-11 所示。

表 2-11 等价类划分

输入条件	有效等价类	无效等价类
用户名	2～16 个字长，英文或数字或横线 "–"、下划线 "_"、点 "."	字长为 0、1 和大于 16；空格；"&"、"%"、"$" 等其他字符
密码	字符串为 0～9 之间的阿拉伯数字组合，密码长度为 6 位	长度不是 6 位的 0～9 之间的组合；含有不是阿拉伯数字的字符

再进行边界值分析，如表 2-12 所示。

表 2-12 边界值分析

输入	内点	上点	离点
用户名	Abc；ab-12_34.ABmU15	Qq；16ab-12_34ABmU16	P；17ab-12_34.ABmU17
密码	000001；999998	000000；999999	11111；0000000

可以看到，在进行边界值分析的时候，内点和上点已经覆盖了所有有效等价类。下面根据等价类测试用例设计原则和边界值分析法测试用例设计原则，进行用例的编写。

注：用例设计完后，对照流程图分析是否有遗漏的路径没有覆盖到。如果有，设计用例覆盖这些路径。最后得出的测试用例如表 2-13～表 2-26 所示。

表 2-13 测试用例一

测试用例编号	XXXX_ST_XXX_LOGIN_001
测试项目	LOGIN
测试标题	输入合法用户名和密码，按确认，内点小
重要级别	高
预置条件	系统数据库内存在该用户及密码
输入	Abc，000001
操作步骤	1. 启动系统 2. 输入用户名：Abc 3. 输入密码：000001 4. 点击确定
预期输出	进入系统

表 2-14　测 试 用 例 二

测试用例编号	XXXX_ST_XXX_LOGIN_002
测试项目	LOGIN
测试标题	输入合法用户名和密码，按确认，内点大
重要级别	中
预置条件	系统数据库内存在该用户及密码
输入	ab-12_34.ABmU15，999998
操作步骤	1．启动系统 2．输入用户名：ab-12_34.ABmU15 3．输入密码：999998 4．点击确定
预期输出	进入系统

表 2-15　测 试 用 例 三

测试用例编号	XXXX_ST_XXX_LOGIN_003
测试项目	LOGIN
测试标题	输入合法用户名和密码，按确认，上点小
重要级别	中
预置条件	系统数据库内存在该用户及密码
输入	Qq，000000
操作步骤	1．启动系统 2．输入用户名：Qq 3．输入密码：000000 4．点击确定
预期输出	进入系统

表 2-16　测 试 用 例 四

测试用例编号	XXXX_ST_XXX_LOGIN_004
测试项目	LOGIN
测试标题	输入合法用户名和密码，按确认，上点大
重要级别	中
预置条件	系统数据库内存在该用户及密码
输入	16ab-12_34.ABmU16，999999
操作步骤	1．启动系统 2．输入用户名：16ab-12_34.ABmU16 3．输入密码：999999 4．点击确定
预期输出	进入系统

表 2-17　测 试 用 例 五

测试用例编号	XXXX_ST_XXX_LOGIN_005
测试项目	LOGIN
测试标题	用户名为空
重要级别	中
预置条件	
输入	"　", 000000
操作步骤	1. 启动系统 2. 输入用户名： 3. 输入密码：000000 4. 点击确定
预期输出	提示用户"请输入用户名！"

表 2-18　测 试 用 例 六

测试用例编号	XXXX_ST_XXX_LOGIN_006
测试项目	LOGIN
测试标题	用户名字长为1
重要级别	中
预置条件	
输入	P, 000000
操作步骤	1. 启动系统 2. 输入用户名：P 3. 输入密码：000000 4. 点击确定
预期输出	提示用户"用户名错误，请重新输入用户名！"

表 2-19　测 试 用 例 七

测试用例编号	XXXX_ST_XXX_LOGIN_007
测试项目	LOGIN
测试标题	用户名字长为17
重要级别	中
预置条件	
输入	17ab-12_34.ABmU17, 000000
操作步骤	1. 动系统 2. 输入用户名：17ab-12_34.ABmU17 3. 输入密码：000000 4. 点击确定
预期输出	提示用户"用户名错误，请重新输入用户名！"

表 2-20　测试用例八

测试用例编号	XXXX_ST_XXX_LOGIN_008
测试项目	LOGIN
测试标题	用户名含有空格
重要级别	中
预置条件	
输入	123　456，000000
操作步骤	1．启动系统 2．输入用户名：123　456 3．输入密码：000000 4．点击确定
预期输出	提示用户"用户名错误，请重新输入用户名！"

表 2-21　测试用例九

测试用例编号	XXXX_ST_XXX_LOGIN_009
测试项目	LOGIN
测试标题	用户名含有"&"、"%"、"$"等其他字符
重要级别	中
预置条件	
输入	123$4，000000
操作步骤	1．启动系统 2．输入用户名：123$4 3．输入密码：000000 4．点击确定
预期输出	提示用户"用户名错误，请重新输入用户名！"

表 2-22　测试用例十

测试用例编号	XXXX_ST_XXX_LOGIN_010
测试项目	LOGIN
测试标题	用户名合法，密码不合法，离点小
重要级别	中
预置条件	
输入	Qq，11111
操作步骤	1．启动系统 2．输入用户名：Qq 3．输入密码：11111 4．点击确定
预期输出	提示用户"密码错误，请重新输入密码！"

表 2-23 测试用例十一

测试用例编号	XXXX_ST_XXX_LOGIN_011
测试项目	LOGIN
测试标题	用户名合法，密码不合法，离点大
重要级别	中
预置条件	
输入	Qq，0000000
操作步骤	1. 启动系统 2. 输入用户名： Qq 3. 输入密码：0000000 4. 点击确定
预期输出	提示用户"密码错误，请重新输入密码!"

表 2-24 测试用例十二

测试用例编号	XXXX_ST_XXX_LOGIN_012
测试项目	LOGIN
测试标题	用户名合法，密码含有非阿拉伯数字字符
重要级别	中
预置条件	
输入	Qq，321abc
操作步骤	1. 启动系统 2. 输入用户名：Qq 3. 输入密码：321abc 4. 点击确定
预期输出	提示用户"密码错误，请重新输入密码!"

用例十三、十四为补充覆盖流程路径的测试用例。

表 2-25 测试用例十三

测试用例编号	XXXX_ST_XXX_LOGIN_013
测试项目	LOGIN
测试标题	用户名合法，密码为空
重要级别	中
预置条件	
输入	Qq
操作步骤	1. 启动系统 2. 输入用户名：Qq 3. 输入密码： 4. 点击确定
预期输出	提示用户"请输入密码!"

表 2-26　测试用例十四

测试用例编号	XXXX_ST_XXX_LOGIN_014
测试项目	LOGIN
测试标题	不输用户名密码，点击取消
重要级别	低
预置条件	
输入	
操作步骤	1. 启动系统 2. 点击取消
预期输出	退出系统

2.2.3　因果图分析法

1. 定义

因果图分析法是一种利用图解法分析输入的各种组合情况，从而设计测试用例的方法，它适合于检查程序输入条件的各种组合情况。

2. 因果图法产生的背景

等价类划分法和边界值分析法都是着重考虑输入条件，但没有考虑输入条件的各种组合、输入条件之间的相互制约关系。这样虽然各种输入条件可能出错的情况已经被测试到了，但多个输入条件组合起来可能出错的情况却被忽视了。

如果在测试时必须考虑输入条件的各种组合，则可能的组合数目将是天文数字，因此必须考虑采用一种适合于描述多种条件的组合、相应产生多个动作的形式来进行测试用例的设计，这就需要利用因果图(逻辑模型)。

3. 因果图介绍

规格说明中 4 种因果关系如图 2-14 所示。

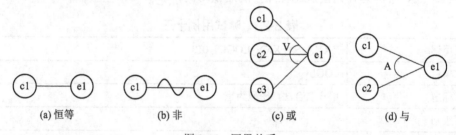

图 2-14　因果关系

4. 因果图的相关概念

1) 关系

- 恒等：若 c_1 是 1，则 e_1 也是 1；否则 e_1 为 0。
- 非：若 c_1 是 1，则 e_1 是 0；否则 e_1 是 1。
- 或：若 c_1 或 c_2 或 c_3 是 1，则 e_1 是 1；否则 e_1 为 0。"或"可有任意个输入。

• 与：若 c1 和 c2 都是 1，则 e1 为 1；否则 e1 为 0。"与"也可有任意个输入。

2) 约束

因果图约束如图 2-15 所示。

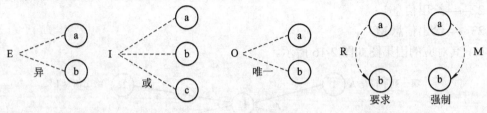

图 2-15 因果图约束

输入状态之间还可能存在某些依赖关系，这种依赖关系称为约束。例如，某些输入条件本身不可能同时出现。输出状态之间往往也可能存在约束。在因果图中，用特定的符号标明这些约束。

(1) 输入条件有以下 4 类约束：

• E 约束(异)：a 和 b 中至多有一个可能为 1，即 a 和 b 不能同时为 1。

• I 约束(或)：a、b 和 c 中至少有一个必须是 1，即 a、b 和 c 不能同时为 0。

• O 约束(唯一)：a 和 b 必须有一个，且仅有 1 个为 1。

• R 约束(要求)：a 是 1 时，b 必须是 1，即不可能 a 是 1 时 b 是 0。

(2) 输出条件约束类型只有一个，即 M 约束(强制)：若结果 a 是 1，则结果 b 强制为 0。

5. 采用因果图法设计测试用例的步骤

(1) 分析软件规格说明描述中哪些是原因(即输入条件或输入条件的等价类)，哪些是结果(即输出条件)，并给每个原因和结果赋予一个标识符。

(2) 分析软件规格说明描述中的语义，找出原因与结果之间，原因与原因之间对应的关系，根据这些关系，画出因果图。

(3) 由于语法或环境限制，有些原因与原因之间、原因与结果之间的组合情况不可能出现，为表明这些特殊情况，在因果图上应用一些记号表明约束或限制条件。

(4) 把因果图转换为判定表。

(5) 以判定表的每一列作为依据，设计测试用例。

范例

问题：某软件规格说明书包含这样的要求，第一列字符必须是 A 或 B，第二列字符必须是一个数字，在此情况下进行文件的修改，但如果第一列字符不正确，则给出信息 L；如果第二列字符不是数字，则给出信息 M。

解答：

(1) 根据题意，原因和结果如下：

• 原因：

1——第一列字符是 A；

2——第一列字符是 B；

3——第二列字符是一数字。

● 结果：

21——修改文件；

22——给出信息 L；

23——给出信息 M。

(2) 其对应的因果图如图 2-16 所示。

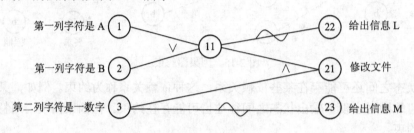

图 2-16　因果图

11 为中间结点；考虑到原因 1 和原因 2 不可能同时为 1，因此在因果图上施加 E 约束。

(3) 根据因果图建立判定表，如表 2-27 所示。

表 2-27　判　定　表

		1	2	3	4	5	6	7	8
条件(原因)	1	1	1	1	1	0	0	0	0
	2	1	1	0	0	1	1	0	0
	3	1	0	1	0	1	0	1	0
	11			1	1	1	1	0	0
动作(结果)	22			0	0	0	0	1	1
	21			1	0	1	0	0	0
	23			0	1	0	1	0	1
测试用例				A3	AM	B5	BN	C2	DY
				A8	A?	B4	B!	X6	P

如上表所示，第一列、第二列无法产生相应动作，主要原因是条件 1 与条件 2 不能同时出现。

2.2.4　决策表分析法

决策表也叫判定表。在所有的黑盒测试方法中，基于决策表的测试方法被认为是最严格的，因为决策表具有逻辑严格性。人们使用两种密切关联的方法：因果图法和决策表格法。与决策表相比，这两种方法使用起来更麻烦，并且都有冗余。

决策表是分析和表达多逻辑条件下执行不同操作情况的测试工具。它可以把复杂的逻辑关系和多种条件组合的情况表达得比较明确。在程序设计发展的初期，决策表就已被用作编写程序的辅助工具了。

1．决策表的组成

决策表通常由 4 个部分组成，如图 2-17 所示。

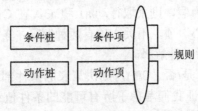

图 2-17　决策表

- 条件桩(condition stub)：列出了问题的所有条件。通常认为列出的条件的次序无关紧要。
- 动作桩(action stub)：列出了问题规定可能采取的操作。这些操作的排列顺序没有约束。
- 条件项(condition entry)：列出针对所列条件的取值，在所有可能情况下的真假值。
- 动作项(action entry)：列出在条件项的各种取值情况下应该采取的动作。
- 规则：任何一个条件组合的特定取值及其相应要执行的操作。在决策表中贯穿条件项和动作项的一列就是一条规则。显然，决策表中列出多少组条件取值，也就有多少规则，条件项和动作项就有多少列。

2．决策表建立

要想编制一个好的决策表，需要根据软件规格说明书的要求进行。基本步骤如下：

- 确定规则的个数。假如有 n 个条件，每个条件有两个取值(0，1)，故有 2^n 种规则；
- 列出所有的条件桩和动作桩；
- 输入条件项；
- 填入动作项，制定初始决策表；
- 简化，合并相似规则或者相同动作。

在应用决策表进行测试用例分析过程中，Beizer 指出了适合使用决策表设计测试用例的条件：

- 规格说明以决策表的形式给出，或很容易转换成决策表。
- 条件的排列顺序不影响执行的操作。
- 规则的排列顺序不影响执行的操作。
- 当某一规则的条件已经满足，并确定要执行的操作后，不必检验别的规则。
- 如果某一规则要执行多个操作，这些操作的执行顺序无关紧要。

表 2-28 中给出决策表的各个组成部分。

表 2-28　决策表的各个部分

桩	规则 1	规则 2	规则 3、4	规则 5	规则 6	规则 7、8
C1	T	T	T	F	F	F
C2	T	T	F	T	T	F
C3	T	F		T	F	
a1	X	X		X		
a2	X				X	
a3		X		X		
a4			X			X

上面已经讲过，决策表有四个部分：左侧是桩部分；右侧是项。项的上半部分是条件项，下半部分是动作项。在表 2-28 中，如果 C1、C2 和 C3 都为真，则采取行动 a1 和 a2。如果 C1 和 C2 都为真而 C3 为假，则采取行动 a1 和 a3。在 C1 为真、C2 为假的条件下，规则中的 C3 项叫做"不关心"项。不关心项有两种解释：条件无关或条件不适用。有时人们用"不适用(n/a)"表示后一种解释。

　　如果有二叉条件(真/假、是/否、0/1)，则决策表的条件部分是旋转了 90°的(命题逻辑)真值表。这种结构能够保证我们考虑了所有可能的条件值组合。如果使用决策表标示测试用例，那么决策表的这种完备性能够保证一种完备的测试。所有条件都是二叉条件的决策表叫做有限项决策表。如果条件可以有多个值，则对应的决策表叫做扩展项决策表。

　　决策表被设计为说明性的(与命令性相反)，给出的条件没有特别的顺序，而且所选择的行动发生时也没有任何特定顺序。

　　为了使用决策表标示测试用例，我们把条件解释为输入，把动作解释为输出。有时条件最终引用输入的等价类，动作引用被测试软件的主要功能处理部分。这时规则就解释为测试用例。由于决策表可以机械地强制为完备的，因此可以有测试用例的完整集合。

　　有多种产生决策表的方法对测试人员更有用。其中一种很有用的风格就是增加动作，以显示什么时候规则在逻辑上不可能满足。

　　下面给出的决策表中，给出了不关心项和不可能规则使用的例子。正如第一条规则所指示，如果整数 a、b 和 c 不构成三角形，则我们根本不关心可能的相等关系。在规则 2、3 和 4 中，如果两对整数相等，则根据传递性，第三对整数也一定相等，因此第一条规则的否定项使这些规则不可能满足。

范例

　　问题：有一机器维修需求说明显示对功率大于 735 瓦特的机器、维修记录不全或已经运行 10 年以上的机器，应给予优先的维修处理。请对其进行决策表分析。

　　解答：第一步，首先分析这里隐含的条件是什么。

- 机器功率大小；
- 维修记录；
- 运行时间。　　　　　　　　　　　　　　　　——条件桩

对应的可能动作是什么？

- 优先维修；
- 正常维修。　　　　　　　　　　　　　　　　——动作桩

第二步，列出条件项：

- 每个条件的值分别取"是(1)"和"否(0)"；
- 组合条件项的值。

第三步，填上动作项。

根据组合条件项的值，填写对应的动作项，形成原始判定表，如表 2-29 所示。

表2-29 原始判定表

	序 号	1	2	3	4	5	6	7	8
条件	功率大于 735 瓦特吗?	1	1	1	1	0	0	0	0
	维修记录不全吗?	1	1	0	0	1	1	0	0
	运行时间超过 10 年吗?	1	0	1	0	1	0	1	0
动作	优先维修	√	√	√	√	√	√	√	
	正常维修								√

第四步,化简决策表,如表 2-30 所示。

表2-30 简 化 表

	序 号	1~4	5、6	7	8
条件	功率大于 735 瓦特吗?	1	0	0	0
	维修记录不全吗?	—	1	0	0
	运行时间超过 10 年吗?	—	—	1	0
动作	优先维修	√	√	√	
	正常维修				√

2.2.5 场景分析法

传统的软件几乎都是用事件触发来控制流程的,事件触发时的情景便形成了场景,而同一事件不同的触发顺序和处理结果就形成事件流。

这种在软件设计方面的思想也可引入到软件测试中,可以比较生动地描绘出事件触发时的情景,有利于测试设计者设计测试用例,同时使测试用例更容易理解和执行。

1. 正确理解基本流和备选流

图 2-18 中经过用例的每条路径都用基本流和备选流来表示。直线表示基本流,是经过用例的最简单的路径。其他是备选流,一个备选流可能从基本流开始,在某个特定条件下执行,然后重新加入基本流中(如 1 和 3);也可能起源于另一个备选流(如 2),或者终止用例而不再重新加入到某个流(如 2 和 4)。

备选场景如下:

场景 1:基本流;

场景 2:基本流,备选流 1;

场景 3:基本流,备选流 1,备选流 2;

场景 4:基本流,备选流 3;

场景 5:基本流,备选流 3,备选流 1;

场景 6:基本流,备选流 3,备选流 1,备选流 2;

场景 7:基本流,备选流 4;

场景 8:基本流,备选流 3,备选流 4。

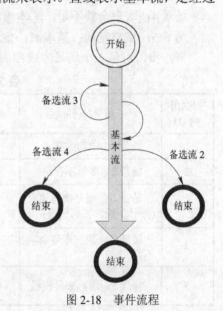

图 2-18 事件流程

2. 场景分析法

场景分析法设计步骤如下：

- 根据说明，描述出程序的基本流及各项备选流；
- 根据基本流和各项备选流生成不同的场景；
- 对每一个场景生成相应的测试用例；
- 对生成的所有测试用例重新复审，去掉多余的测试用例，测试用例确定后，对每一个测试用例确定测试数据。

范例

问题：需求说明书显示当用户进入一个在线购物网站进行购物，选购物品后，进行在线购买，这时需要使用账号登录，登录成功后，进行付钱交易，交易成功后，生成订购单，完成整个购物过程。假设原始账户余额 900 元。

解答：第一步，确定基本流和备选流。

基本流：登录在线网站→选择物品→登录账号→付款→生成订单；

备选流 1：账户不存在；

备选流 2：账户密码错误；

备选流 3：用户账户余额不足；

备选流 4：用户账户没钱。

第二步，根据基本流和备选流确定场景。

场景 1：成功购物：基本流；

场景 2：账号不存在：基本流，备选流 1；

场景 3：账号密码错误：基本流，备选流 2；

场景 4：账户余额不足：基本流，备选流 3；

场景 5：账户没钱：基本流，备选流 4。

第三步，对每一个场景生成相应的测试用例，如表 2-15 所示。

表 2-31　测试用例表(1)

测试用例 ID	场景/条件	账号	密码	用户账号余额	预 期 结 果
1	场景 1：成功购物	√	√	√	成功购物
2	场景 2：账号不存在	1	n/a	n/a	提示账号不存在
3	场景 3：账号密码错误(账号正确，密码错误)	√	1	n/a	提示账号密码错误，返回基本流步骤 3
4	场景 4：用户账号余额不足	√	√	1	提示用户账号余额不足，请充值
5	场景 5：用户账号没钱	√	√	1	提示用户账号没有钱，请充值

第四步，设计测试数据，如表 2-32 所示。

表 2-32 测试用例表(2)

测试用例 ID	场景/条件	账号	密码	用户账号余额	预 期 结 果
1	场景 1：成功购物	Test	123456	800	成功购物，账号余额减少
2	场景 2：账号不存在	aa	n/a	n/a	提示账号不存在
3	场景 3：账号密码错误(账号正确，密码错误)	Test	111111	n/a	提示账号密码错误，返回基本流步骤 3
4	场景 4：用户账号余额不足	Test	123456	50	提示用户账号余额不足，请充值
5	场景 5：用户账号没钱	Test	123456	0	提示用户账号没有钱，请充值

习 题

1. 何为代码检查？

2. 代码走查最佳成员组成是怎样的？

3. 参见图 2-1，简述同行评审过程的内容及步骤。

4. 简述同行评审流程。

5. 某城市的电话号码由三部分组成。这三部分的名称和内容分别是

地区码：空白或三位数字；

前缀：非"0"或"1"开头的三位数；

后缀：四位数字。

假定被调试的程序能接受一切符合上述规定的电话号码，拒绝所有不符合规定的号码，试用等价分类法来设计它的调试用例。

6. 一个程序流程图如 2-19 所示。

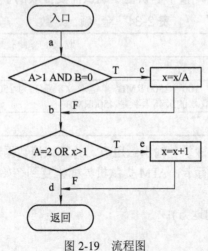

图 2-19 流程图

按要求给出下列程序的测试用例：

(1) 语句覆盖；

(2) 判定覆盖；

(3) 条件覆盖；

(4) 判定—条件覆盖；

(5) 条件组合覆盖。

7．一个处理单价为5角钱的饮料的自动售货机软件测试用例的设计。其规格说明如下：

• 若投入5角钱或1元钱的硬币，按下〖橙汁〗或〖啤酒〗的按钮，则相应的饮料就送出来。

• 若售货机没有零钱找，则一个显示〖零钱找完〗的红灯亮，这时在投入1元硬币并按下按钮后，没有饮料送出且退出1元硬币；

• 若售货机有零钱找，则显示〖零钱找完〗的红灯灭，在送出饮料的同时退还5角硬币。

试分析题意画出因果图，制定决策表。

8．一道关于银行的ATM取款机取款的习题，需求如下：

用户向ATM提款机中插入银行卡，如果银行卡是合法的，ATM提款机界面提示用户输入银行卡密码，密码要求如表2-33所示。

表2-33 密码要求

参 数	银 行 卡 密 码
参数类型	字符串
参数范围	字符串为0～9之间的阿拉伯数字组合，密码长度为6位
备 注	

用户输入该银行卡的密码，ATM提款机与主程序(MainFrame)传递密码，检验密码的正确性。如果输入密码正确，提示用户输入取钱金额，提示信息为"请输入您的提款额度"；

用户输入取钱金额，系统校验金额正确，提示用户确认，提示信息为"您输入的金额是xxx，请确认，谢谢！"用户按下确认键，确认需要提取的金额，如表2-34所示。

表2-34 金额参数

参 数	取 款 金 额
参数类型	整数
参数范围	100～2500 RMB，单笔取款额最高为2500RMB；每24小时之内，取款的最高限额是4500RMB
备 注	

系统同步银行主机，点钞票，输出给用户，并且减掉数据库中该用户账户中的存款金额，用户取走现金，拔出银行卡，ATM提款机界面恢复到初始状态。

提示：

事件流(考虑可能失败的地方)：

(1) 在基本事件流1中：

如果插入无效的银行卡,那么在 ATM 提款机界面上提示用户"您使用的银行卡无效!", 3 秒钟后,自动退出该银行卡。

(2) 在基本事件流 2 中:

● 如果用户输入的密码错误,则提示用户"您输入的密码无效,请重新输入"。

● 如果用户连续 3 次输入错误密码,ATM 提款机吞卡,并且 ATM 提款机的界面恢复到初始状态。此时,其他提款人可以继续使用其他合法的银行卡在 ATM 提款机上提取现金。

● 用户输入错误的密码后,也可以按"退出"键,弹出银行卡。

(3) 在基本事件流 3 中:

● 如果用户输入的单笔提款金额超过单笔提款上限,ATM 提款机界面提示"您输入的金额错误,单笔提款上限金额是 2500RMB,请重新输入";

● 如果用户输入的单笔金额不是以 100RMB 为单位的,那么提示用户"您输入的提款金额错误,请输入以 100 为单位的金额";

● 如果用户在 24 小时内提取的金额大于 4500RMB,超过了系统设定的限制,则 ATM 提款机提示用户"24 小时内只能提取 4500RMB,请重新输入提款金额";

● 如果用户输入正确的提款金额,ATM 提款机提示用户确认后,用户取消提款,则 ATM 提款机自动退出该银行卡;

● 如果 ATM 提款机中余额不足,则提示用户"抱歉,ATM 提款机中余额不足",3 秒钟后,自动退出银行卡。

(4) 在基本事件流 4 中:

如果用户银行户头中的存款小于提款金额,则提示用户"抱歉,您的存款余额不足!", 3 秒钟后,自动退出银行卡。

(5) 在基本事件流 5 中:

如果用户没有取走现金,或者没有拔出银行卡,ATM 提款机不做任何提示,直接恢复到界面的初始状态。

请画出流程图,写出相应的测试用例。

第 3 章　单 元 测 试

学习目标 ✍

- 了解单元测试的计划。
- 理解单元测试的设计过程。
- 掌握如何实现单元测试的相关技术。
- 具备对整个程序单元进行测试的能力。

单元测试是在整个软件开发过程中要进行的最基本的测试活动,在单元测试相关活动中,软件的模块将在与系统的其他部分相互无关联的情况下进行测试。单元测试不仅仅是作为编码的一种辅助手段,在一次性的开发过程中使用,而且单元测试必须是可复用的,无论是在软件修复,或是移植到新的运行环境的过程中。因此,所有的测试都贯穿整个软件开发的生命周期,必须在整个软件系统的生命周期中进行维护。如表 3-1 所示的单元测试一般包括 4 个活动:制定单元测试计划、设计单元测试、实现单元测试、执行单元测试。

表 3-1　单元测试活动

活　动	输　入	输　出	参与角色和职责
单元测试计划	1. 系统详细设计 2. 实现代码	单元测试计划(该规划可以不是一个独立的计划,可包含在实施计划中)	程序员负责制定单元测试计划
设计单元测试	1. 单元测试计划 2. 系统详细设计 3. 实现代码	单元测试用例	程序员负责设计单元测试用例、设计驱动程序桩
实现单元测试	单元测试用例	1. 模块接口 2. 局部数据结构等 3. 测试驱动程序	设计师负责编写测试驱动程序和驱动桩
执行单元测试	1. 实现代码 2. 单元测试规划 3. 单元测试用例 4. 被测试单元 5. 单元测试驱动模块和桩模块 6. 单元测试计划测试结果	1. 测试结果 2. 测试问题报告 3. 测试评估报告	设计师执行测试并记录测试结果、负责评估此次测试并生成测试评估报告

3.1 单元测试计划

3.1.1 单元测试概述

几乎所有的程序员每天都在做单元测试。比如写了一个方法，除了特别简单的例外，总是需要运行一下，看看功能是否能够实现，有时还要输出些数据，比如弹出对话框什么的，这也是单元测试，我们可以将这种单元测试称为不完全的单元测试。只进行了不完全单元测试的软件，对代码的测试很不完整，代码覆盖率很低，未覆盖的代码很有可能遗留大量的细小的错误，这些错误还会彼此影响，当缺陷完全暴露出来的时候就难于调试，大幅度提高后期测试和维护成本，同时降低了开发商的竞争力。可以说，进行充分的单元测试，是提高软件质量，降低开发成本的必由之路。

对于程序员来说，如果养成了对自己写的代码进行单元测试的习惯，不但可以写出高质量的代码，而且还能提高编程水平。

要进行充分的单元测试，应专门编写测试代码，并与产品代码分离。比较通用的办法是在软件项目中建立对应的测试项目，为每个类建立对应的测试类，为每个待测方法建立测试方法。但首先需要明确单元指什么。

一般认为，在面向过程程序时代，单元测试所说的单元是指函数，在当今的面向对象时代，单元测试所说的单元是指类。综合实际情况来看，以类作为测试单位，复杂度高，不易操作，因此仍然采用面向过程以函数作为单元测试的测试单位，但可以用一个测试类来组织某个类的所有测试函数。单元测试不应过分强调面向对象，因为局部代码依然是结构化的。单元测试的工作量较大，简单实用高效才是硬道理。

有一种提法是，只测试类的接口，不测试其他私有函数，从面向对象角度来看，确实有其道理，但是，测试的目的是找错并最终排错，因此，只要是可能包含错误的函数都要测试，跟函数是否私有化没有关系。

单元测试时机如何掌握？都说单元测试越早越好，那么早到什么程度？极限编程(Extreme Programming，XP)理论讲究 TDD(Test-Driven Development，即测试驱动开发)，先编写测试用例，再进行软件开发。在实际的工作中，可以不必过分强调先什么后什么，重要的是高效。从实际测试经验来看，编程顺序大体是先编写产品函数的框架，然后编写测试函数，针对产品函数的功能编写测试用例，然后编写产品函数的代码，每写一个功能点都运行测试，随时补充测试用例。所谓先编写产品函数的框架，是指先编写函数空的实现，有返回值的返回一个随机值，编译通过后再编写测试代码，这时，函数名、参数表、返回类型都应该确定下来了，所编写的测试代码以后需修改的可能性比较小。

单元测试执行者是谁呢？单元测试与其他测试不同，单元测试可看作是编码工作的一部分，应该由程序员完成，也就是说，经过了单元测试的代码才是已完成的代码，提交产品代码时也要同时提交测试代码。测试部门可以作一定程度的审核。

单元测试总流程图如图 3-1 所示。

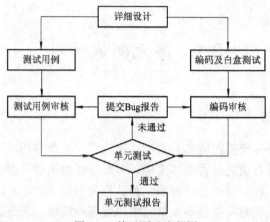

图 3-1　单元测试流程图

3.1.2　单元测试环境构成

前面已经说过了，单元测试一般在编码阶段进行。在源程序代码编制完成、经过审查和同行评审、确认没有错误之后，就可以开始进行单元测试的测试用例设计。利用需求规格说明书以及详细设计说明，设计可以验证程序功能、找出程序错误的多个测试用例。对于每一个输入，应该有预期的正确结果。在单元测试时，如果一个模块不是独立的程序，需要设计辅助测试模块。有两种辅助测试模块：

* 驱动模块(Driver)：所测模块的主程序。它接收测试数据，把这些数据传递给所测模块，最后再输出测试结果。如果被测试模块能完成一定功能时，也可以不要驱动模块。
* 桩模块(Stub)：用来代替所测模块调用的子模块。

被测试模块、驱动模块和桩模块共同构成了一个测试环境，如图 3-2 所示。

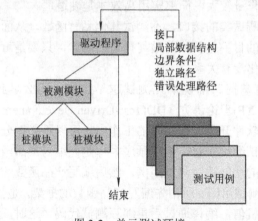

图 3-2　单元测试环境

3.1.3　单元测试的重要性

单元测试是软件测试的基础，因此单元测试的效果会直接影响到软件的后面的测试，最终在很大程度上影响到产品的质量。单元测试的重要性可以从如下几个方面看出。

(1) 时间方面：如果模块做好了单元测试，在系统集成时就会比较顺利，因此会节省很多时间，反之那些由于思想意识不做单元测试或随便做做的，在集成时往往会遇到那些本应该在单元测试就能发现的问题，当在苦苦寻觅之后才发现这是个很低级的错误而在悔恨自己时，已经浪费了很多时间，这种时间上的浪费一点都不值得，正所谓得不偿失。

(2) 测试效果：根据以往的测试经验来看，单元测试的效果是非常明显的，首先它是整个测试的基础，做好了单元测试，在做后期的集成测试和系统测试时就比较顺利；其次在单元测试过程中能发现一些很容易发现而在集成测试和系统测试很难发现的问题；再次单元测试关注的范围也特殊，它不仅仅是证明这些代码做了什么，最重要的是代码是如何做的，是否做了它该做的事情而没有做不该做的事情。

(3) 测试成本：在单元测试时某些问题很容易发现，而在后期的测试中发现问题所花的成本将成倍数上升。比如在单元测试时发现一个问题需要 1 个小时，则在集成测试时发现该问题可能需要 2 个小时或更多，在系统测试时发现则需要 3 个小时或更多，同理还有定位问题和解决问题的费用也是成倍上升的，这就是我们要尽可能早的排除尽可能多的 Bug，以减少后期成本的原因之一。

(4) 产品质量：单元测试的好与坏直接影响到产品的质量，可能就是由于代码中的某一个小错误就导致了整个产品的质量降低一个指标，甚至导致更严重的后果。如果我们做好了单元测试，这种情况是可以完全避免的。

3.1.4 单元测试计划内容

一般而言编制单元测试计划主要参考包括以下几个方面。

1. 前言

编写目的：说明编写这份单元测试计划的目的，指出预期的读者；

背景：说明待开发软件系统的名称；列出此项目的任务提出者、开发者、用户以及将运行该软件的计算机；

变更历史：主要说明在涉及本说明书的设计、开发阶段的变更历史；

定义、缩略词：列出文件中用到的专门术语的定义和外文首字母组词的原词组；

参考资料：列出有关的参考文件，本项目经核准的计划任务书或合同，上级机关的批文，属于本项目的其他已发表文件，本文件中各处引用的文件、资料，包括所要用到的软件开发标准。列出这些文件的标题、文件编号、发表日期和出版单位，说明能够得到这些文件资料的来源。

2. 产品描述

功能描述：对本系统的功能描述可以列表形式做简要陈述，也可指明去参考那些已发表文档。

当前版本：指明本单元测试计划所针对的系统名称及版本。

3. 测试概述

测试目标：列出单元测试的目标，必要时也说明单元测试需要完成的任务。

测试方法：说明本单元测试所采用的测试方法(黑盒和白盒)及如何实施这些方法。

进入准则：列出满足那些条件，才能进入单元测试。

结束准则：列出满足那些条件，才能结束单元测试，进入开发的下一个阶段。

考虑事项：主要有单元如何划分、局部数据结构、重要的实行路径、错误处理、极端条件、基于程序说明的测试案例等。

4．控制和协调

测试案例检查和质量控制：确定为了保证单元测试质量，应该做那些工作。

测试流程图：根据项目系统实际流程做出流程图。

开发组和测试组之间程序版本控制：组内程序版本控制是进行高效率测试的基础之一。在本节要定义完善的版本控制规则。

5．资源需求和依赖条件

软/硬件依赖条件：单元测试应在与开发环境一致的情况下进行，所有测试的软硬件环境应当配置完善。

测试数据需求：在测试案例运行前，应准备所有需要的测试数据。

测试人员需求：此节列出单元测试各阶段的人员需求，最好说明需要的时间。

3.2　单元测试设计

3.2.1　自顶向下

1．步骤

(1) 以单元组件的层次及调用关系为依据，从最顶层开始，把被顶层调用的单元看做桩模块。

(2) 对第二层单元组件进行测试，如果第二层单元组件又被其上层调用，以上层已测试的单元代码为依据开发驱动模块来测试第二层单元组件。同时，如果有被第二层单元组件调用的下一层单元组件，则还需依据其下一层单元组件开发桩模块，桩模块的数量可以有多个。

(3) 以此类推，直到全部单元组件测试结束。

2．优点

因为单元测试是直接或间接地以组件的层次及调用关系为依据，所以可以在集成测试之前为系统提供早期的集成途径。

3．缺点

由于单元测试需要编写大量桩模块，单元测试被桩模块控制，成本都不断增加；低层次的结构覆盖率难以得到保证；如果需求变更更改了某个单元，就必须重新测试该单元下层调用的所有单元(因为上层驱动改变)；因为低层单元测试依赖顶层，无法进行并行测试，延长测试周期。

3.2.2 自底向上

1. 步骤

(1) 以单元组件的层次及调用关系为依据，先对组件调用图上的最底层组件进行测试，模拟调用该组件的模块为驱动模块。

(2) 对上一层单元组件进行单元测试，开发调用本层单元组件的驱动模块，同时，要开发被本层单元组件调用的已经完成单元测试的下层单元组件的桩模块。驱动模块的开发依据调用被测单元组件的代码，桩模块的开发依据被本层单元组件调用的已经完成单元测试的下层单元组件代码。

(3) 以此类推，直到全部单元组件测试结束。

2. 优点

因为软件系统的最底层组件一般是完全处理实际业务的组件，不需要单独设计桩模块。

3. 缺点

随着单元测试的不断进行，测试过程会变得越来越复杂，测试周期延长，测试和维护的成本增加；随着各个基本单元逐步加入，系统会变得异常庞大，因此测试人员不容易控制；越接近顶层的模块的测试其结构覆盖率就越难以保证；任何一个模块修改之后，直接或间接调用该模块的所有单元都要重新测试(调用的下层程序改变)；并行性不好，自底向上的单元测试也不能和详细设计、编码同步进行。

3.2.3 孤立单元测试

1. 步骤

分别为每个模块单独设计桩模块和驱动模块，逐一完成所有单元模块的测试。

2. 优点

该方法简单、容易操作，因此所需测试时间短，能够达到高覆盖率。

3. 缺点

不能为集成测试提供早期的集成途径。依赖结构设计信息，需要设计多个桩模块和驱动模块，增加了额外的测试成本。

3.3 单元测试实现

单元测试主要是针对程序模块，进行正确性检验的测试。其目的在于发现各模块内部可能存在的各种差错。单元测试需要从程序的内部结构出发设计测试用例。多个模块也可以平行地独立进行单元测试。

3.3.1 模块接口测试

模块接口测试即为测试模块的数据流。如果数据不能正确地输入和输出，就谈不上进行其他测试。所以模块接口测试是单元测试的基础，只有在数据能正确流入、流出模块的前提下，其他测试才有意义。测试接口正确与否应该考虑下列因素：

- 输入的实际参数与形式参数的个数、属性和顺序是否相同；
- 是否存在与当前入口点无关的参数引用；
- 是否修改了只读型参数；
- 对全局变量的定义各模块是否一致；
- 是否把某些约束作为参数传递。

如果模块内包括外部输入输出，还应该考虑下列因素：

- 文件属性是否正确；
- 格式说明与输入输出语句是否匹配；
- 缓冲区大小与记录长度是否匹配；
- 文件使用前是否已经打开；
- 是否处理了输入/输出错误；
- 输出信息中是否有文字性错误。

3.3.2　数据结构测试

局部数据结构是最常见的错误来源，应设计测试用例以检查以下各种错误：

- 检查不正确或不一致的数据类型说明；
- 变量没有初始化；
- 错误的初始值或错误的默认值；
- 变量名拼写错误或书写错误；
- 不一致的数据类型。

3.3.3　路径测试

我们发现对基本执行路径和循环进行测试会发现大量的错误。通常根据白盒测试和黑盒测试设计方法设计测试用例，但设计测试用例查找由于错误的计算、不正确的比较或不正常的控制流而经常导致的错误。

(1) 常见的不正确的计算有：

- 运算的优先次序不正确或误解了运算的优先次序；
- 运算的方式错误(运算的对象彼此在类型上不相容)；
- 算法错误；
- 初始化不正确；
- 运算精度不够；
- 表达式的符号表示不正确等。

(2) 常见的比较和控制流错误有：

- 不同数据类型的比较；
- 不正确的逻辑运算符或优先次序；
- 因浮点运算精度问题而造成的两值比较不等；

- 关系表达式中不正确的变量;
- 不正确地多循环或少循环一次;
- 错误的或不可能的循环终止条件;
- 不适当地修改了循环变量等。

3.3.4 错误处理测试

比较完善的模块设计要求能预见出错的条件,并设置适当的出错处理对策,以便在程序出错时,能对出错程序重新做安排,保证其逻辑上的正确性。这种出错处理也是模块功能的一部分。表明出错处理模块有错误或缺陷的情况有:

- 出错的描述难以理解;
- 显示的错误与实际的错误不符;
- 对错误条件的处理不正确;
- 在对错误进行处理之前,错误条件已经引起系统的干预;
- 如果出错情况不予考虑,那么检查恢复正常后模块可否正常工作。

3.3.5 边界测试

边界上出现错误是最为常见的。设计测试用例时需要检查:

- 普通合法数据能否正确处理;
- 普通非法数据能否正确处理;
- 数据流、控制流中刚好等于、大于、小于确定的比较值时是否出现错误。

3.4 单元测试执行

3.4.1 单元测试用例规格

1. 定义

测试用例是为特定的目的而设计的一组测试输入、执行条件和预期的结果。测试用例是执行的最小实体。简单地说,测试用例就是设计一个场景,使软件程序在这种场景下,必须能够正常运行并且达到程序所设计的执行结果。

2. 测试用例的特征

- 最有可能抓住错误的;
- 不是重复的、多余的;
- 一组相似测试用例中最有效的。

3. 测试用例在软件测试中的作用

1) 指导测试的实施

测试用例主要适用于单元测试、集成测试和系统测试。在实施测试时测试用例作为测试的标准，测试人员一定要按照测试用例严格按用例项目和测试步骤逐一实施测试。并对测试情况记录在测试用例管理软件中，以便自动生成测试结果文档。

根据测试用例的测试等级，集成测试应测试那些用例，系统测试和单元测试又该测试那些用例，在设计测试用例时都已作明确规定，实施测试时测试人员不能随意作变动。

2) 规划测试数据的准备

在我们的实践中，测试数据是与测试用例分离的，按照测试用例配套准备一组或若干组测试原始数据，以及标准测试结果。尤其像测试报表之类数据集的正确性时，按照测试用例规划准备测试数据是十分必需的。除正常数据之外，还必须根据测试用例设计大量边缘数据和错误数据。

3) 编写测试脚本的设计规格说明书

为提高测试效率，软件测试已大力发展自动测试。自动测试的中心任务是编写测试脚本。如果说软件工程中软件编程必须有设计规格说明书，那么测试脚本的设计规格说明书就是测试用例。

4) 评估测试结果的度量基准

完成测试实施后需要对测试结果进行评估，并且编制测试报告。判断软件测试是否完成、衡量测试质量需要一些量化的结果。例如，测试覆盖率是多少、测试合格率是多少、重要测试合格率是多少，等等。以前统计基准是软件模块或功能点，显得过于粗糙。采用测试用例作度量基准更加准确、有效。

5) 分析缺陷的标准

通过收集缺陷，对比测试用例和缺陷数据库，分析确证是漏测还是缺陷复现。漏测反映了测试用例的不完善，应立即补充相应测试用例，最终达到逐步完善软件质量；如果已有相应测试用例，则反映实施测试或变更处理存在问题。

3.4.2　单元测试用例设计

1. 测试用例的组成元素

一般一个完整的测试用例可参考如下十项组成元素：

- 用例 ID；
- 用例名称；
- 测试目的；
- 测试级别；
- 参考信息；
- 测试环境；
- 前提条件；
- 测试步骤；
- 预期结果；
- 设计人员。

单元测试模板如表 3-2 所示。

表 3-2　单元测试用例模板

用例 ID		用例名称	
设计人员		日期	
测试目的			
测试级别			
参考信息			
测试环境			
前提条件			
测试步骤			
预期结果			

2．测试用例设计原则

(1) 测试用例的代表性。能够代表并覆盖各种合理的和不合理的、合法的和非法的、边界的和越界的以及极限的输入数据、操作和环境设置等。测试工程师应该在测试计划编写完成之后，在开发阶段编写测试用例，参考需求规格说明书和软件功能点对每个功能点进行操作上的细化，尽可能趋向最大需求覆盖率。测试用例的设计应包括各种类型的测试用例。在设计测试用例的时候，除了满足系统基本功能需求外，还应该考虑各种异常情况、边界情况和承受压力的能力等。

(2) 测试结果的可判定性。测试执行结果的正确性是可判定的，每一个测试用例都应有相应的期望结果。测试用例对测试功能点、测试条件、测试步骤、输入值和预期结果应该有准确的定义。

(3) 测试结果的可再现性。对同样的测试用例，系统的执行结果应当是相同的。

(4) 测试用例的管理。使用测试用例管理系统对测试用例进行管理。一个好的测试用例应该具有较高的发现某个尚未发现的错误的可能性，而一个成功的测试案例能够发现某个尚未发现的错误，通常一个好的测试案例有以下特性：

- 具有高的发现错误的概率；
- 没有冗余测试和冗余的步骤；
- 案例是可重用和易于跟踪的；
- 确保系统能够满足功能需求。

测试用例不可能设计得天衣无缝，也不可能完全满足软件需求的覆盖率，测试执行过程里肯定会发现有些测试路径或数据在用例里没有体现，那么事后该将其补充到用例库里，以方便他人和后续版本的测试。

3．测试用例设计步骤

对一个全新的产品来说，首先需要了解的是产品需求文档和产品模块之间的关系。然后需要从需求文档中书写与所有需求相对应的测试用例，包括一定的基本测试用例甚至是详细测试用例，在这个时候，因为对产品没有直接的使用感受，书写测试用例要考虑面广而不要太过精细。继续阅读产品功能定义文档，将所有的功能定义直接对应写相关的测试用例，这个时候，最好能够对程序的本身有一定的接触，加深对程序的了解，以便写出更好、更全面的测试用例。最后，在实际测试中，还需要不断扩充，修改以前的测试用例，得到完整的基本功能测试用例和详细测试用例。

设计测试用例的时候，需要有清晰的测试思路，对要测试什么、按照什么顺序测试、覆盖哪些需求，做到心中有数。测试用例编写者不仅要掌握软件测试的技术和流程，而且要对被测软件的设计、功能规格说明、用户使用场景以及程序/模块的结构都有比较透彻的理解。测试用例设计一般包括以下几个步骤：

1) 测试需求分析

从软件需求文档中，找出待测试软件/模块的需求，通过自己的分析、理解，整理成为测试需求，清楚被测试对象具有哪些功能。测试需求的特点是：包含软件需求，具有可测试性。

测试需求应该在软件需求基础上进行归纳、分类或细分，方便测试用例设计。测试用例中的测试集与测试需求的关系是多对一的关系，即一个或多个测试用例集对应一个测试需求。

2) 业务流程分析

软件测试，不单纯是基于功能的黑盒测试，还需要对软件的内部处理逻辑进行测试。为了不遗漏测试点，需要清楚的了解软件产品的业务流程。建议在做复杂的测试用例设计前，先画出软件的业务流程。如果设计文档中已经有业务流程设计，可以从测试角度对现有流程进行补充。如果无法从设计中得到业务流程，测试工程师应通过阅读设计文档，与开发人员交流，最终画出业务流程图。业务流程图可以帮助理解软件的处理逻辑和数据流向，从而指导测试用例的设计。从业务流程上，应得到以下信息：

- 基本流是什么；
- 备选流是什么；
- 数据流向是什么；
- 关键的判断条件是什么。

3) 测试用例设计

完成了测试需求分析和软件流程分析后，开始着手设计测试用例。在用例设计中，除了功能测试用例外，还应尽量考虑边界、异常、性能的情况，以便发现更多的隐患。

根据上一章可知黑盒测试的测试用例设计方法有：等价类划分、边界值划分、因果图分析；白盒测试的测试用例设计方法有：语句覆盖、判定覆盖、条件覆盖、判定/条件覆盖、条件组合覆盖。

4) 测试用例评审

测试用例设计完成后，为了确认测试过程和方法是否正确，是否有遗漏的测试点，需要进行测试用例的评审。

测试用例评审一般是由测试负责人安排，参加的人员包括：测试用例设计者、测试负责人、项目经理、开发工程师、其他相关测试工程师。测试用例评审完毕，测试工程师根据评审结果，对测试用例进行修改，并记录修改日志。

5) 测试用例更新完善

测试用例编写完成之后需要不断完善，软件产品新增功能或更新需求后，测试用例必须配套修改更新；在测试过程中发现设计测试用例时考虑不周，需要对测试用例进行修改完善；在软件交付使用后客户反馈的软件缺陷，而缺陷又是因测试用例存在漏洞造成，也需要对测试用例进行完善。一般小的修改完善可在原测试用例文档上修改，但文档要有更改记录。软件的版本升级更新，测试用例一般也应随之编制升级更新版本。测试用例需要在软件的生命周期中不断更新与完善。

范例

以**系统登录模块为例单元测试用例如表 3-3～表 3-6 所示。

表 3-3　单元测试用例一

用例 ID	Tea-0001	用例名称	登录测试 1
设计人员	张三	日期	2013-3-21
测试目的	测试用户登录模块功能是否符合系统需求设计要求		
测试级别	A		
参考信息			
测试环境	基于开发环境下		
前提条件	该模块编码已完成，并完成单元测试		
测试步骤	用户名、密码为空即不输入任何数据		
预期结果	系统提示：用户名或密码不能为空		

表 3-4　单元测试用例二

用例 ID	Tea-0002	用例名称	登录测试 2
设计人员	张三	日期	2013-3-21
测试目的	测试用户登录模块功能是否符合系统需求设计要求		
测试级别	A		
参考信息			
测试环境	基于开发环境下		
前提条件	该模块编码已完成，并完成单元测试		
测试步骤	输入错误的用户名、正确的密码，用户名：aaa，密码：123		
预期结果	系统提示：用户名错误		

表 3-5　单元测试用例三

用例 ID	Tea-0003	用例名称	登录测试 3
设计人员	张三	日期	2013-3-21
测试目的	测试用户登录模块功能是否符合系统需求设计要求		
测试级别	A		
参考信息			
测试环境	基于开发环境下		
前提条件	该模块编码已完成，并完成单元测试		
测试步骤	输入错误的用户名、正确的密码，用户名：admin，密码：1		
预期结果	系统提示：密码错误		

表 3-6　单元测试用例四

用例 ID	Tea-0004	用例名称	登录测试 3
设计人员	张三	日期	2013-3-21
测试目的	测试用户登录模块功能是否符合系统需求设计要求		
测试级别	A		
参考信息			
测试环境	基于开发环境下		
前提条件	该模块编码已完成，并完成单元测试		
测试步骤	输入错误的用户名、正确的密码，用户名：admin，密码：123		
预期结果	系统提示：登录成功		

　　上面提到的测试用例，限于篇幅，并没有编写包含身份的测试用例，读者可以根据情况自己添加进去。

3.4.3　单元测试报告

　　单元测试结束后，各个开发小组要编制出小组《单元测试报告》，提交测试经理进行汇总，然后由测试经理编制出总的《单元测试报告》。《单元测试报告》主要应涵盖以下内容：

1. 编写目的

(1) 对单元测试结果进行整理和汇总，形成正式的测试文档；

(2) 为软件单元的评审验收提供依据；

(3) 纳入软件产品配置管理库。

2. 软件单元的描述

简单描述被测试单元或与之相关单元的产品项目名称、所属子系统、单元要完成的功能、需求和设计要求等。

3. 单元的结构

画出本单元的组织结构，包括本单元的属性、方法、输入/输出等。

4. 单元内部流程图

根据本单元的控制结构或操作时序，画出其大概过程。

5. 测试过程

简要地描述本单元的测试过程。

6. 测试结果

(1) 代码审查结果：在表 3-7 中列出代码审查中查出的问题。

表 3-7 代码审查结果表

Bug ID	审查人员	审查日期	问题描述

(2) 测试用例统计：表 3-8 为测试用例统计表。

表 3-8 测试用例执行结果统计表

测试项	测试用例号	测试特性	用例描述	测试结论	对应 Bug ID

测试项、测试用例号：描述单元再细分的功能点的简单描述，每一个功能点已经在设计中进行了编号，例如：D-AST-GF-01，其中 D-AST-GF 是项目管理员给出的编号，后面的 01 是单元测试设计人员对该项目的细分编号，再细分的功能点为测试用例编号，例如，DSH-AST-GF-01-01、DH-AST-GF-01-02 等，其他测试特性统一编号，例如性能测试、容错性等。中间统一使用画线分隔。测试用例号是测试用例的统一而且唯一编号。测试用例号在测试用例源文件中进行注释说明。

测试特性：指功能测试、性能测试、容量测试、容错性等需要对该子功能进行测试的特性分类。

用例描述：是对该测试用例测试该子功能点的简单描述。例如，测试打印预览时向下翻页的功能是否实现等。

测试结论：说明测试是否通过，只需填写"通过"或"不通过"。

对应 Bug ID：在测试不通过时，填写对应的 Bug 清单中指定的 ID 号。

(3) 测试单元产品。

7. 质量评估

对本测试单元模块的评价，包括功能、性能、容量、人机交互界面、可靠性、可维护性等等。

习　题

1. 为什么要进行单元测试？
2. 单元测试内容有哪些？
3. 单元测试环境如何构成？
4. 如何实现单元测试？
5. 模块接口测试需要考虑哪些因素？
6. 路径测试有哪些？
7. 根据一个真实测试项目编制一份单元测试报告。
8. 开发注册登录系统，然后编制单元测试计划，规划如何对其进行单元测试。
9. 仿照书中范例编制上述系统单元测试用例。
10. 编制测试上述系统通过后的单元测试报告。

第 4 章　集 成 测 试

学习目标 ✍

- 了解集成测试的计划。
- 理解增值式集成与非增值式集成区别。
- 掌握实现集成测试的相关技术。
- 具备集成测试相关文档书写的能力。

集成测试是单元测试的逻辑扩展。它的最简单的形式是：两个已经测试过的单元组合成一个组件，并且测试它们之间的接口。从这一层意义上讲，组件是指多个单元的集成聚合。在现实方案中，许多单元组合成组件，而这些组件又聚合成程序的更大部分。此外，如果程序由多个进程组成，应该成对测试它们，而不是同时测试所有集成测试进程。集成测试识别组合单元时出现的问题，通过使用要求在组合单元前测试每个单元并确保每个单元的生存能力的测试计划，可以知道在组合单元时所发现的任何错误很可能与单元之间的接口有关。这种方法将可能发生的情况数量减少到更简单的级别。

集成测试是在单元测试的基础上，测试在将所有的软件单元按照概要设计规格说明的要求组装成模块、子系统或系统的过程中各部分工作是否达到或实现相应技术指标及要求的活动。也就是说，在集成测试之前，单元测试应该已经完成，集成测试中所使用的对象应该是已经经过单元测试的软件单元。这一点很重要，因为如果不经过单元测试，那么集成测试的效果将会受到很大影响，并且会大幅增加软件单元代码纠错的代价。

集成测试采用的方法是测试软件单元的组合能否正常工作，以及与其他组合的模块能否集成起来一起工作。最后，还要测试构成系统的所有模块组合能否正常工作。集成测试所持的主要文档是《软件概要设计规格说明》，任何不符合该说明的程序模块行为都应该加以记载。所有的软件项目都不能摆脱系统集成这个阶段。不管采用什么开发模式，具体的开发工作总得从一个一个的软件单元做起，软件单元只有经过集成才能形成一个有机的整体。具体的集成过程可能是显性的也可能是隐性的。只要有集成，总是会出现一些常见问题，工程实践中集成测试，几乎不存在软件单元组装过程中不出任何问题的情况。集成测试需要花费的时间远远超过单元测试，一般不会直接从单元测试过渡到系统测试。集成测试的必要性还在于一些模块虽然能够单独地工作，但并不能保证与某它模块连接起来也能正常工作。在某些局部反映不出来的问题，有可能在全局上会暴露出来，影响功能的实现。此外，在某些开发模式中，如迭代式开发，设计和实现是迭代进行的，在这种情况下，集成测试的意义还在于它能间接地验证概要设计是否可行。集成测试通常包括以下 4 个活动：

制定集成测试计划、设计集成测试、实现集成测试、执行集成测试。如表 4-1 所示

表 4-1 集成测试活动

活 动	输 入	输 出	参与角色和职责
集成测试计划	1. 设计模型 2. 单元测试报告	集成测试计划	测试设计员负责制定集成测试计划
设计集成测试	集成测试计划设计模型	1. 集成测试用例 2. 测试过程	测试设计员负责编写集成测试用例和测试过程
实现集成测试	1. 集成测试用例 2. 测试过程	1. 集成测试脚本(可选) 2. 集成测试过程(更新)	测试设计员负责编写集成测试脚本以及更新测试过程
执行集成测试	1. 集成测试脚本 2. 集成测试计划 3. 测试过程	1. 测试结果 2. 测试评估报告	测试设计员执行测试并记录测试结果、负责评估此次测试并生成测试评估报告

4.1 集成测试计划

4.1.1 确定测试范围

集成测试需求所确定的是对某一次集成的测试内容，即测试的具体对象。集成测试需求主要来源于设计模型和集成构建计划。集成测试着重于集成各单元的外部接口的行为。因此，测试需求须具有可观测、可测评性。

- 集成各单元应分析其类协作与消息序列，从而找出各单元的外部接口。
- 由集成各单元的外部接口确定集成测试用例。
- 测试用例应覆盖各单元每一外部接口的所有消息流序列。

注意：一个外部接口和测试用例的关系是多对多，部分集成各单元的测试需求可映射到系统测试需求，因此对这些系统测试用例可采用重用集成测试用例技术。

4.1.2 角色划分

软件集成测试工作主要由产品评测部担任。需要项目组相关角色配合完成。如表 4-2 和表 4-3 所示。

表 4-2 软件测试组

角 色	职 责
测试设计员	负责制定集成测试计划、设计集成测试、实施集成测试、评估集成测试
测试员	执行集成测试，记录测试结果

表 4-3 软件项目组

角 色	职 责
实施员	负责实施类(包括驱动程序和桩),并对其进行集成测试。根据集成测试发现的缺陷提出变更申请
配置管理员	负责对测试工作进行配置管理
设计员	负责设计测试驱动程序和桩。根据集成测试发现的缺陷提出变更申请

集成测试工作内容及流程如图 4-1 所示。

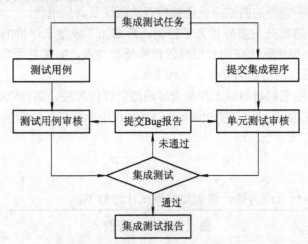

图 4-1 集成测试工作内容及其流程

4.1.3 集成测试计划内容

一般地,编制集成测试计划主要包括以下几个方面:

1. 引言

(1) 编写目的:说明编写这份测试计划目的,指出预期的读者。

(2) 背景:待开发系统的名称;列出本项目的任务提出者、开发者、用户。

(3) 定义:列出本文件中用到的专门术语的定义和外文首字母缩略词的原词组。

(4) 参考资料:列出有关的参考资料。

2. 计划

(1) 系统说明:一般应提供一份图表,并逐项说明被测系统的功能、输入、输出等质量指标,作为叙述测试计划的提纲。

(2) 测试内容:列出集成测试中的每一项测试内容的名称标识符、这些测试的进度安排以及这些测试的内容和目的。

(3) 测试(标识符):给出这项测试内容的参与单位及被测试的部位。

● 进度安排:给出对这项测试的进度安排,包括进行测试的日期和工作内容。

● 条件:陈述本项测试工作对资源的要求。

● 测试资料:列出本项测试所需的资料。

● 测试培训:说明或引用资料说明为被测系统的使用提供培训的计划。规定培训的内容、受训的人员及从事培训的工作人员。

3．测试设计说明

测试(标识符)：说明对每一项测试内容的测试设计考虑。

- 控制：说明本测试的控制方式。
- 输入：说明本项测试中所使用的输入数据及选择这些输入数据的策略。
- 输出：说明预期的输出数据。
- 过程：说明完成此项测试的每个步骤和控制命令。

4．评价准则

(1) 范围：说明所选择的测试用例能够检查的范围及其局限性。

(2) 数据整理：这部分主要陈述为了把测试数据加工成便于评价的适当形式，使得测试结果可以同已知结果进行比较而要用到的转换处理技术，如果是用自动方式整理数据，还要说明为进行处理而要用到的硬件、软件资源。

(3) 尺度：说明用来判断测试工作是否能通过的评价尺度，如合理的输出结果的类型、测试输出结果与预期输出之间的容许偏离范围、允许中断或停机的最大数。

范例

以**高校教学管理系统为例，编制集成测试计划如下：

集成测试计划范例

1．引言

(1) 编写目的：本文是描述××教学管理系统的集成测试的计划大纲，主要描述如何进行集成测试活动，如何控制集成测试活动，集成测试活动的流程以及集成测试活动的工作安排等。保证程序集成后能正常的工作，保证程序的完整运行。

(2) 背景：本次测试计划主要是针对软件的集成测试：不含硬件测试、系统测试以及单元测试(需要已经完成单元测试)，主要的任务是：

① 测试在把各个模块连接起来的时候，穿越模块接口的数据是否会丢失；

② 测试各子功能组合起来，能否达到预期要求的父功能；

③ 一个模块的功能是否会对另一个模块的功能产生不利的影响；

④ 全局数据结构是否有问题；

⑤ 单个模块的误差积累起来，是否会放大，从而达到不可接受的程度。主要测试方法是：使用黑盒测试方法测试集成的功能，并且对以前的集成进行回归测试。本文主要的读者对象是：项目负责人，集成部门经理，集成测试设计师。

(3) 定义：① 软件测试：软件测试是根据软件开发各阶段的规格说明和程序的内部结构而精心设计一批测试用例，并利用这些测试用例运行软件，以发现软件错误的过程。

② 测试计划：测试计划是指对软件测试的对象、目标、要求、活动、资源及日程进行整体规划，以保证软件系统的测试能够顺利进行的计划性文档。

③ 测试用例：测试用例是指对一项特定的软件产品进行测试任务的描述，体现测试方案、方法、技术和策略的文档；内容包括测试目标、测试环境、输入数据、测试步骤、预期结果、测试脚本等。

④ 测试对象：测试对象是指特定环境下运行的软件系统和相关的文档。作为测试对象的软件系统可以是整个业务系统，也可以是业务系统的一个子系统或一个完整的部件。

⑤ 测试环境：测试环境指对软件系统进行各类测试所基于的软、硬件设备和配置。一般包括硬件环境、网络环境、操作系统环境、应用服务器平台环境、数据库环境以及各种支撑环境等。

(4) 参考资料：

● 开始测试需要以下文档：

《需求规格说明书》-Requirement Analysis

《项目计划表》- Project Plan

《软件详细设计书》-Software Design

《单元测试报告》-Module Test Report

《单元测试用例》- User Case

● 开始测试前必须完成的任务：

软件编码

单元测试

● 结束时提交的文档：

《集成测试规划书》

《测试用例文档》

《集成测试报告》

2. 计划

(1) 系统说明：各角色用例图如图 4.2 所示。

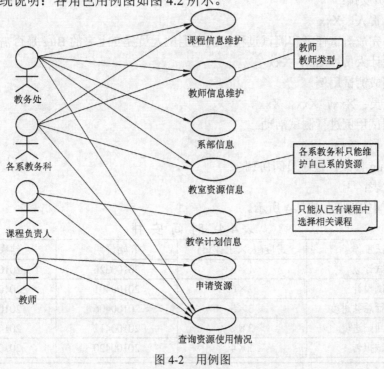

图 4-2　用例图

(2) 测试内容：

● 子系统集成：授课计划管理模块：授课计划是教学的依据，主要包括授课计划的添加、授课计划的修改、授课计划的查看和授课计划的审核。教学资源申请与查询模块：主要涵盖申请教学资源、查询教学资源使用、删除申请记录、修改申请记录、申请教学资源和 Excel 数据导出等功能。课程信息管理模块：包括增加课程基本信息、修改课程基本信息、删除课程基本信息和按条件查询课程基本信息

● 功能集成：有关增加，删除，修改，查询各个功能的操作。

● 数据集成：数据传递是否正确，对于传入值的控制范围是否一致等等。

● 函数集成：函数是否调用正常。

(3) 测试策略：

本系统的集成测试采用自底向上的集成(Bottom-Up Integration)的方式。自底向上集成方式从程序模块结构中最底层的模块开始组装和测试。因为模块是自底向上进行组装的，对于一个给定层次的模块，它的子模块(包括子模块的所有下属模块)事前已经完成组装并经过测试，所以不再需要编制桩模块(一种能模拟真实模块，给待测模块提供调用接口或数据的测试用软件模块)。

选择这种集成方式，管理方便、测试人员能较好地锁定软件故障所在位置。

集成测试中的主要步骤：

● 制定和审核测试计划

● 制定和审核测试用例

● 进行测试活动

(4) 人员安排：

测试负责人：Xxx

控制并完成测试任务和测试过程，决定测试人员提交上来的 Bug 是否需要修改

测试设计人员：Xxx，Xxx

书写集成测试用例

测试人员：Xxx，Xxx，Xxx

按照测试用例进行测试活动

开发人员：Xxx

程序 Bug 修改，程序员间协调

用户代表：无

(5) 时间安排表如表 4-4 所示。

表 4-4　时间安排

测试工作	进度(人×工作日)	开始日期	结束日期
测试计划	1×3	20100326	20100328
测试设计	2×6	20100401	20100406
测试执行总共进度	3×5	20100406	20100410
每次回归进度	3×2	20100412	20100413
测试报告	1×4	20100420	20100424

3．测试步骤说明

在本项目中：采取以下几个步骤：

(1) 设计《集成测试设计用例》。

自底向上集成测试的步骤：

步骤 1：按照概要设计规格说明，明确有哪些被测模块。在熟悉被测模块性质的基础上对被测模块进行分层，在同一层次上的测试可以并行进行，然后排出测试活动的先后关系，制定测试进度计划。

步骤 2：在步骤 1 的基础上，按时间线序关系，将软件单元集成为模块，并测试在集成过程中出现的问题。这里，可能需要测试人员开发一些驱动模块来驱动集成活动中形成的被测模块。对于比较大的模块，可以先将其中的某几个软件单元集成为子模块，然后再集成为一个较大的模块。

步骤 3：将各软件模块集成为子系统(或分系统)。检测各自子系统是否能正常工作。同样，可能需要测试人员开发少量的驱动模块来驱动被测子系统。

步骤 4：将各子系统集成为最终用户系统，测试是否存在各子系统能否在最终用户系统中正常工作。

(2) 集成测试：组织人员按照《集成测试设计用例》测试系统集成度。

• 测试人员按照测试用例逐项进行测试活动，并且将测试结果填写在测试报告上；(测试报告必须覆盖所有测试用例)

• 测试过程中发现 Bug，将 Bug 填写在 Bug free 上发给集成部经理(Bug 状态 NEW)；

• 对应责任人接到 Bugfree 发过来的 Bug

➤ 对于明显的并且可以立刻解决的 Bug，将 Bug 发给开发人员(Bug 状态 ASSIGNED)；对于不是 Bug 的提交，集成部经理通知测试设计人员和测试人员，对相应文档进行修改(Bug 状态 RESOLVED，决定设置为 INVALID)；

对于目前无法修改的，将这个 Bug 放到下一轮次进行修改(Bug 状态 RESOLVED，决定设置为 REMIND)。

(3) 问题反馈：反馈 Bug 给开发人员。

• 开发人员接到发过来的 Bug 立刻修改(Bug 状态 RESOLVED，决定设置为 FIXED)；

• 测试人员接到 Bugfree 发过来的错误更改信息，应该逐项复测，填写新的测试报告(测试报告必须覆盖上一次中所有 REOPENED 的测试用例)；

(4) 集成测试测试总结报告：完成以上几步后，综合相关资料生成报告。

(5) 进入系统测试。

整个测试过程如图 4-3 所示。

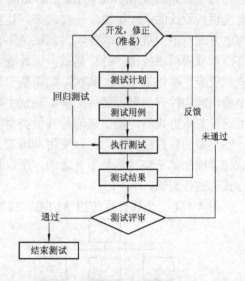

图 4-3　测试过程

4. 评价准则

(1) 模块验收标准。

- 接口：接口提供的功能或者数据正确。
- 功能点：验证程序与产品描述、用户文档中的全部说明相对应、相一致。
- 流程处理：验证程序与产品描述、用户文档中的全部说明相对应、相一致。
- 外部接口：验证程序与产品描述、用户文档中的全部说明相对应、相一致。

(2) 集成测试验收标准。

首先，《集成测试设计用例》中所设计的功能测试用例必须全部通过，性能及其他类型测试用例通过率在 90%以上。在未通过的测试用例中，不能含有"系统崩溃"和"严重错误"，"一般错误"小于 5%。

测试结果与测试用例中期望的结果一致，测试通过，否则标明测试未通过。测试回归申请结束,测试人员提出申请这轮测试结束，提交集成部测试经理；集成部测试经理召集本组人员开会讨论；讨论通过，进行下一轮测试，并且部署下一轮测试的注意事项,流程等内容；如果发现这轮测试目前还存在问题没有解决，延期下一轮测试时间，讨论下一步工作应该如何进行。

4.2　集成测试设计

4.2.1　非增值式集成

非渐增方式又称为一次性组装方式，Myers 在《The Art of Software Testing》一书中把它称为大爆炸集成(Big-bang Integration)。这种方式是在所有模块进行了单元测试后，将所有模块按设计的结构图要求连接起来，连接后的程序作为一个整体来进行测试。显然，非增值方式对于大规模的软件项目测试是不合适的，这是因为它有严重的缺陷。首先，要对每个单独的模块或构件进行测试，因此既需要编写驱动模块，又需要编写桩模块，编写的软件较多，工作量较大；其次，如果整个软件集成在一起后，发现问题，很难判断是哪一个模块或构件有问题；最后，集成测试主要针对的是模块之间的接口缺陷进行的测试，采用这种集成方式后，接口缺陷与其他类型的缺陷混杂在一起，很难区分开来。实际上，在一些小型的软件项目中，可以使用非增值方式进行系统集成测试，而在大型软件项目中，这种集成测试策略显然是不合适的。所以目前在进行集成测试时普遍采用下面介绍的增值方式来进行测试。

图 4-4 是一个软件系统的结构图，按照非增值方式测试的顺序如图 4-5 所示。

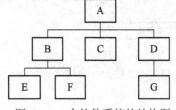

图 4-4　一个软件系统的结构图

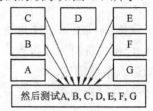

图 4-5　非增值方式测试的顺序图

4.2.2 增值式集成

增值方式是把下一个要测试的模块同已经测试好的模块连接起来进行测试,测试完以后再把下一个应该测试的模块连接进来测试。显然增值方式的做法与非增值方式不同。它的集成是逐步实现的,集成测试也是逐步完成的。也可以说它把单元测试与集成测试结合起来进行。当使用渐增方式把模块连接到程序中去,按不同的次序实施时有:自顶向下和自底向上两种策略可供选择。

1. 自顶向下集成

自顶向下集成首先单独测试最顶层的模块或构件。最顶层的模块或构件一般是一个控制模块或构件,它可能调用其他还没有测试的模块或构件。因此,测试时需要为它编写桩模块代替所有直接附属于主控模块的模块。桩模块接受被测模块或构件的调用并且返回结果数据,以便测试能够进行下去。

然后,沿着软件的控制层依次向下移动,从而逐渐把各个模块结合起来。在组装过程中,可以使用深度优先的策略或广度优先的策略。深度优先的策略是首先集成一个主路径下的所有模块,主路径的选择具有任意性,它依赖于应用程序的特性。广度优先的策略是将每一层中所有直接隶属于上层的模块集成起来测试。根据选定的结合策略(深度优先或宽度优先),每次用一个实际模块代替一个桩模块(新结合进来的模块往往又需要新的桩模块),将模块连接好后进行测试。为了保证加入模块没有引进新的错误,可能需要进行回归测试。不断地重复上述过程,直至所有模块或构件测试完成。图 4-6 即为深度优先自顶向下结合法测试的例子。

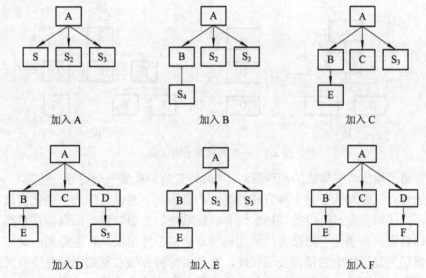

图 4-6 深度优先自顶向下结合法测试的例子

2. 自底向上集成

自底向上集成首先单独测试位于系统最底层的模块或构件,然后将最底层模块或构件与那些直接调用最底层模块或构件的上一层模块或构件集成起来一起测试。这个过程一直持续下去,直到将系统所有的模块或构件都集成起来,形成一个完整的软件系统进行测试。

显然，自底向上集成是从"基元"模块(即在软件结构最底层的模块)开始组装和测试，所以就不再需要使用桩模块来辅助测试，但要设计上层的驱动模块。具体步骤如下：

- 把低层模块组合成实现某个特定的软件子功能的功能集合；
- 写一个驱动程序(用于测试的控制程序)，协调测试数据的输入和输出；
- 对由模块组成的子功能集合进行测试；
- 去掉驱动程序，沿软件结构自下而上移动，把子功能集合组合起来形成更大的子功能集合；
- 重复以上各步。

图 4-7(a)、(b)、(c)和(d)表示：树状结构图中处在最下层的叶结点模块 E、F、C 和 G，将低层模块 E、F 组合成一个功能集合。由于它们不再调用其他模块，对它们进行单元测试时，只需配以驱动程序 d1、d2 和 d3，用来模拟 B、A 和 D 对它们的调用。在同一个功能集合中先对 E 模块单独测试，然后加入模块 F 测试。完成这 4 个单元测试以后，再按图 4-7 中(e)和(f)的形式，分别将模块 B 和 E、F 及模块 D 和 G 连接起来，在配以驱动程序 d4 和 d5 的条件下实施部分集成测试。最后再按照图 4-7(g)的形式完成整体的集成测试。自底向上集成测试一般适用于底层存在众多通用例行子程序、采用面向对象设计方法以及系统使用了大量单独的可重用模块的地方。

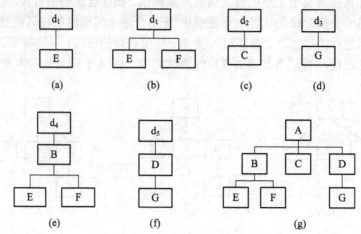

图 4-7　一个自底向上测试例子

上面介绍了增值方式集成的两种策略，这两种策略到底哪一个更好一些呢？一般说来，一种方法的优点正好对应于另一种方法的缺点。自顶向下测试方法的主要优点是不需要设计驱动程序，能够在测试阶段的早期实现并验证系统的主要功能，而且能在早期发现上层模块的接口错误。自顶向下测试方法的主要缺点是需要桩模块，可能遇到与此相联系的测试困难，低层关键模块中的错误发现较晚，而且用这种方法在早期不能充分展开人力。可以看出，自底向上测试方法的优缺点与上述自顶向下测试方法的优缺点刚好相反。因此在实际的集成测试中，往往采用将两种策略进行混合使用的策略。

4.2.3　三明治式集成

三明治式集成是一种结合自顶向下和自底向上两种集成的优点的混合增量式集成测试

方法。这种方式一定程度上减少了驱动模块和桩模块的开发工作量，不过这样也增加了定位缺陷的难度。

完成三明治集成方法首先要对整个模块层次结构图进行分析，选取中间的层次为界限。然后以此界限为基础，下面各层采取自底向上的集成策略，上面各层采取自顶向下的集成策略，最后对系统的全部模块进行整体集成测试。

4.2.4　高频集成测试

高频集成测试是指同步于软件开发过程，每隔一段时间对开发团队的现有代码进行一次集成测试。如某些自动化集成测试工具能实现每日深夜对开发团队的现有代码进行一次集成测试，然后将测试结果发到各开发人员的电子邮箱中。该集成测试方法频繁地将新代码加入到一个已经稳定的基线中，以免集成故障难以发现，同时控制可能出现的基线偏差。使用高频集成测试需要具备一定的条件：可以持续获得一个稳定的增量，并且该增量内部已被验证没有问题；大部分有意义的功能增加可以在一个相对稳定的时间间隔(如每个工作日)内获得；测试包和代码的开发工作必须是并行进行的，并且需要版本控制工具来保证始终维护的是测试脚本和代码的最新版本；必须借助于使用自动化工具来完成。高频集成一个显著的特点就是集成次数频繁，显然，人工的方法是不能胜任的。

高频集成测试一般采用如下步骤来完成：

步骤一：选择集成测试自动化工具。例如很多 Java 项目采用 Junit+Ant 方案来实现集成测试的自动化，也有一些其他的商业集成测试工具可供选择。

步骤二：设置版本控制工具，以确保集成测试自动化工具所获得的版本是最新版本。如使用 CVS 进行版本控制。

步骤三：测试人员和开发人员负责编写对应程序代码的测试脚本。

步骤四：设置自动化集成测试工具，每隔一段时间对配置管理库的新添加的代码进行自动化的集成测试，并将测试报告汇报给开发人员和测试人员。

步骤五：测试人员监督代码开发人员及时关闭不合格项。

按照步骤三至步骤五不断循环，直至形成最终软件产品。

4.3　集成测试的实现

4.3.1　分析集成测试对象

在进行集成测试之前要明确的是集成测试的对象，只有测试对象明确了，测试用例才能准确的编写出来，那么集成测试对象分析最为关键的就是模块划分。根据集成测试的范围，如果是子系统间的集成，那么被测对象就是可执行的程序；如果是函数级别的测试，那么被测对象就应该是模块。

划分集成测试模块是件细致的工作，它在很大程度上决定了集成测试计划的效果。如果模块划分太小，那势必加大工作量，使整个集成测试难于在规定的时间内完成，甚至会影响整个测试的进度；划分太大，又难以达到测试效果。那么模块测试究竟要多大？需不需要驱动模块和桩模块？该模块划分能否有效降低消息接口的复杂性？总之，模块划分的好坏直接影响集成测试的质量。究竟如何划分集成测试模块？需要注意如下问题：

- 本集成测试任务是什么？
- 待测模块与其他模块关系怎么样？
- 注意集成顺序，耦合度高的先集成，耦合度低的后集成。

模块划分的总体原则如下：

- 关键模块应作为集成测试对象；
- 容易出错模块作为集成测试对象；
- 底层模块要作为集成测试对象。

待测模块应该满足以下几点：

- 被集成的几个模块关系紧密，能够独立完成某种功能；
- 耦合度不易太高。如果待测模块与其他模块耦合度太高，调用太过频繁，则需要考虑屏蔽外部功能；
- 其他模块发往待测模块的消息容易构造、修改。

4.3.2　确定集成测试接口

集成测试接口应该选择在具有明显层次性的地方，这样接口才会比较清晰，接口的清晰才能使得测试驱动变得简洁，这对集成测试有很大的好处。

1) 集成测试接口分析

- 集成测试各个模块间如何互相传递参数；
- 对原有模块，尤其是封装很好的模块测试时不宜破坏；
- 测试环境具有一定的稳定性，因为集成测试不只测试一次，易变的接口对重复测试不利。

2) 集成测试接口划分

- 确定系统边界、子系统边界和模块边界；
- 确定子系统内模块间接口；
- 确定子系统间接口；
- 确定系统与硬件间接口；
- 确定系统与操作系统间接口；
- 确定系统与其他软件间接口。

3) 集成测试接口的分类

在实际测试中我们会遇到很多接口，接口分类也有不同种类，总结下来大体分为以下几种：

- 函数接口：通过函数间调用和被调用关系来确定，关于函数接口的集成测试技术现在已经比较成熟。
- 类接口：在面向对象系统中，类接口是最基本的接口。类接口一般可以通过继承、参考类、不同类方法调用等策略来实现。

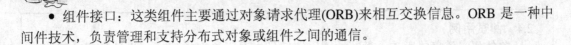

● 组件接口：这类组件主要通过对象请求代理(ORB)来相互交换信息。ORB 是一种中间件技术，负责管理和支持分布式对象或组件之间的通信。

范例

集成测试用例的模板如下：

1. 简介
　　[提供集成工作版本的集成测试用例集的总体描述。]
　1.1　目的
　　　[此处介绍本文档针对该集成版本进行集成测试的目的]
　1.2　范围
　　　[此处指明针对该集成版本进行集成测试的范围，即对哪些类接口进行测试]
　1.3　定义，首字母缩写及简写
　　　[此处介绍本文档中涉及的各种术语、定义]
　1.4　参考资料
　　　[此处介绍本文档涉及的参考资料]
2. 集成测试用例设计
　2.1　集成内容描述
　　　[此处列出该集成版本所包含的类]

表 4-5　集 成 内 容

子系统	构件
子系统名称	

　2.2　类协作关系描述
　　　[此处列出该集成版本所包含的类之间的协作关系，并以表格的形式列出类间的调用]

表 4-6　类 协 作 关 系

消息编号	消息名	消息发送者	消息接收者
[Msg0001]			

　2.3　对外接口描述
　　　[此处列出该集成版本所提供的对外接口(功能)]

表 4-7　接 口 描 述

接口编号	接口名	对应类协作消息编号			
		Msg0001	Msg0002	...	Msg000n
[IF0001]	Interface 1	√		...	√

2.4　测试用例

[此处列出该集成版本，功能测试用例编号指重用的为 Use Case 设计的测试用例]

表 4-8　测 试 用 例

TC ID	功能测试用例编号	接口编号	输入				预期结果
			输入值 1	输入值 2	…	输入值 n	
TC-SIT-Build Version-001	V	IF0001	N/A	N/A	…	N/A	
TC-SIT-Build Version-002	N/A	IF0002	value1	Value2	…	valuen	

3.　测试过程

3.1　测试过程配置

表 4-9　测试过程配置

以下为最常用的配置，因此推荐为创建和执行所有测试脚本的测试过程配置。

Configuration Settings

Software | Hardware

Version: | Processor Type:

Windows Version: | Processor Speed:

Browsers: | Memory:

Rational Suite Enterprise

Databases | Other:

3.2　测试过程描述

- 测试过程状态信息

表 4-10　测试过程状态

Test Procedure ID	
对应 Test Cases ID：	
Test Procedure Name	
测试过程执行前的状态	[描述该测试过程执行前的数据状态及运行状态]

- 测试过程执行信息：

表 4-11　测试过程执行

步骤	输入值/操作	测试用例	预期结果	通过/失败
0				
1				
2				
3				
4				
⋮				

4.4　集成测试执行

作为软件公司，在进行软件集成测试过程中要遵循如下准则：

(1) 对于程序单元或模块等之间的接口部分要进行百分之百测试覆盖；

(2) 软件要求的每个特性必须被至少一个测试用例或一个被认可的异常所覆盖；

(3) 测试用例要包含至少一个有效等价类，无效等价类和边界值数据作为测试输入；

(4) 对软件的输入/输出处理进行测试，检查其是否达到设计要求；

(5) 对软件的正确处理能力和对错误影响的处理能力进行测试；

(6) 确认程序单元或模块等无错误连接；

(7) 根据需求和设计，应测试在任意不输入情况下，从外部接口采集和发送数据的能力，包括对正常数据及状态的处理，对接口错误、数据错误、协议错误识别及处理。

4.4.1　集成测试执行步骤

一般软件集成测试执行的基本流程如图 4-8 所示。

(1) 制定《软件集成测试计划》。按照国家有关软件标准或行业规范中的相应要求，拟编制软件集成测试计划。

(2) 编写《软件集成测试说明》。按照国家相关软件标准或行业规范中的相应要求，编写软件集成测试说明，对每一个测试用例进行详细的定义说明。同时，要完成执行测试用例所需要的测试环境、测试软件的准备工作。

(3) 执行集成测试。按照《软件集成测试计划》和《软件集成测试说明》对软件进行测试，并详细记录执行信息。根据每个测试用例的期望测试结果、实际测试结果和评价准则，判断该测试用例是否通过。在测试过程中，应填写《软件集成测试记录》。如果发现问题，应该填写《集成测试 Bug 单》。

(4) 修改软件集成测试过程发现的问题。修改软件问题要有受控措施，应先填写《软件变更报告单》，在得到同意的答复后，再进行软件的修改(包括软件文档、程序和数据的全面修改)。修改完成之后，必须进行回归测试，直至软件达到通过准则的要求。

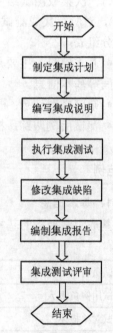

图 4-8　集成测试执行流程

(5) 编制《软件集成测试报告》。当具体的软件集成测试工作完成之后，依照《软件集成测试计划》、《软件集成测试说明》、《软件集成测试说明、《软件集成测试记录》对测试结果进行统计、分析和评估，在此基础上按照国家有关软件标准或行业规范中的相应要求，编制软件集成测试报告。

(6) 软件集成测试阶段评审。在软件集成测试阶段工作全部完成之后，应组织本测试阶段的评审。

4.4.2　集成测试执行通过准则

软件集成测试，通常需要遵循如下测试通过原则：

- 实际测试过程遵循了《软件集成测试计划》和《软件集成测试说明》；
- 软件集成测试覆盖面符合相应的规定或要求；
- 在软件集成测试中发现的所有问题已做好了客观、详细的记录；
- 软件集成测试的过程始终在软件配置控制之下进行。软件问题修改变更规程要求；
- 软件集成测试中发现的所有问题已做了应有的处理并通过了回归测试，或者给出了合理的解释；
- 完成了软件集成测试阶段的《软件集成测试报告》；
- 软件集成测试的全部测试文档、测试用例、测试记录、被测程序等齐全，符合规范，均已置于软件配置管理之下。

4.4.3　集成测试报告

每一次集成测试结束后，均需要写一份测试结果的分析报告。在进入下一阶段前(系统测试)，对所有集成测试的情况进行汇总，编写一个总的《集成测试报告》。其主要有以下几部分组成：

- 基本信息：主要是介绍测试负责人，测试用例负责人，测试对象描述，以及测试起止时间等基本信息。
- 缺陷修改记录：根据缺陷情况描述缺陷的严重程度，并需要注明修改人和修改时间。
- 测试用例跟踪：根据测试用例情况，确认缺陷程度。

> 范例

1．基本信息

基成测试报告的基本信息如表 4-12 所示。

表 4-12　基　本　信　息

测试负责人	提示：项目经理或其指定的人员
测试用例负责人	提示：项目经理组织集成测试人员编写《集成测试用例》
测试对象描述	
测试环境描述	
测试人员	
测试起止时间	
结束准则	

2．分析与建议

集成测试负责人对测试结果(缺陷、用例通过率、工作量等)进行分析，针对缺陷管理、集成测试用例设计、修正编码、下一轮测试等提出具体建议。

3. 缺陷修改记录

缺陷修改记录模板如表 4-13 所示。

表 4-13 缺陷修改记录

缺陷名称/编号	缺陷描述	严重程度	修改人	修改时间	是否验证

说明：如果采用了缺陷管理工具、能自动产生缺陷报表的话，则无需本表；或把《缺陷管理列表》作为集成测试报告的附件。

4. 测试用例跟踪列表

测试用例跟踪列表模板如表 4-14 所示。

表 4-14 测试用例跟踪列表

测试用例名称/编号	测试结果	缺陷严重程度

说明：此表通过对缺陷管理列表整理得到，若有专门的测试管理工具，也可以直接导出跟踪数据，以方便项目组分析。

习 题

1. 简述集成测试流程？
2. 简述集成测试工作任务？
3. 简述集成测试规划内容？
4. 集成测试设计有哪些？
5. 简述增量式集成测试的自顶向下和自底向上两种测试方法。
6. 高频集成测试步骤有哪些？
7. 如何实现集成测试？
8. 集成测试接口划分一般通过哪几步来完成？
9. 集成测试执行步骤有哪些？
10. 集成测试通过准则有哪些？

第 5 章　系 统 测 试

- 了解系统测试的计划。
- 理解各种系统测试技术。
- 掌握系统测试设计方法。

　　单元测试和集成测试的目的是保证程序员编写的代码确实是系统设计人员所想要实现的。而系统测试的目的则完全不同，系统测试的目的是保证所实现的系统确实是用户所想要的。为了到达此目的，需要完成一系列测试活动。这些活动包括功能测试、性能测试、验收测试、安装测试等。其中功能测试、性能测试是要由软件开发人员(包括程序员、测试人员和分析设计人员)把关，如果软件开发人员对系统都不满意，就根本不能提供给最终用户。验收测试、安装测试是要由最终用户把关，如果最终用户对测试结果满意，则系统测试的任务就完成。系统测试通常包括以下三个活动：制定系统测试计划、设计系统测试、执行系统测试，如表 5-1 所示。

表 5-1　系统测试活动

活　动	输　入	输　出	参与角色和职责
制定系统测试计划	· 软件需求规格说明书 · 项目计划安排	系统测试计划	测试部经理负责制定系统测试计划
设计系统测试	系统测试计划	系统测试过程	测试设计员负责运用系统测试相关方法进行系统测试
执行系统测试	· 系统测试计划 · 测试过程	· 系统测试用例 · 系统测试报告	测试设计员执行测试并记录测试结果、负责评估此次测试并生成测试评估报告

5.1　系统测试计划

5.1.1　系统测试计划概述

1. 系统测试计划定义

系统测试是有计划、有组织和有系统的软件质量保证活动，而不是随意的、松散的、杂乱的实施过程。为了规范系统测试内容、方法和过程，在对软件进行系统测试之前，必须创建系统测试计划。《ANSI/IEEE 软件测试文档标准 829-1983》将测试计划定义为："一个叙述了预定的测试活动的范围、途径、资源及进度安排的文档。它确认了测试项、被测特征、测试任务、人员安排，以及任何偶发事件的风险。"

系统测试计划是指导系统测试过程的纲领性文件，包含了产品概述、测试策略、测试方法、测试区域、测试配置、测试周期、测试资源、测试交流、风险分析等内容。借助系统测试计划，参与测试的项目成员，尤其是测试管理人员，可以明确测试任务和测试方法，保持测试实施过程的顺畅沟通，跟踪和控制测试进度，应对测试过程中的各种变更。简而言之，系统测试计划描述的是所有要完成的测试工作，包括被测试项目的背景、目标、范围、方式、资源、进度安排、测试组织，以及与测试有关的风险等方面。

2．制定系统测试计划目的

系统测试计划的编写主要有以下三点：

(1) 使系统测试工作进行更顺利。我们一般都说"预则立"，计划便是系统测试工作的预先安排，为我们的整个测试工作指明方向。

(2) 促进项目参加人员彼此的沟通。测试人员能够了解整个项目测试情况以及项目测试不同阶段的所要进行的工作等。这种形式使测试工作与开发工作紧密的联系起来。

(3) 使系统测试工作更易于管理。领导能够根据测试计划做宏观调控，进行相应资源配置等；其他人员了解测试人员的工作内容，进行有关配合工作。按照这种方式，资源与变更变成了一个可控制的风险。

3．制定系统测试计划原则

制定系统测试计划也是有原则的，主要包含以下几个方面：

(1) 制定系统测试计划应尽早开始。越早进行系统测试计划，就可以从最根本的地方去了解所要测试的对象及内容，对完善测试计划是很有好处的。

(2) 保持系统测试计划的灵活性。测试计划不是固定的，在测试进行过程中会有一定的变动，测试计划的灵活性为我们持续测试提供很好的支持。

(3) 保持系统测试计划简洁和易读。做出的测试计划应该能够让测试人员明了自己的任务和计划。

(4) 尽量争取多渠道评审测试计划。通过不同的人来发现测试计划中的不足及缺陷，可以很好地提高测试计划的质量。

(5) 计算测试计划的投入。投入到测试中的项目经费是一定的，制定测试计划时一定要注意测试计划的费用情况，要量力而行。

5.1.2　系统测试计划内容

制定系统测试计划时，由于各软件公司的背景不同，系统测试计划文档也略有差异。实践表明，制定系统测试计划时，参考规范化文档通常是比较好的。为了使用方便，在这里给出 IEEE 软件测试计划文档模板。根据 IEEE829-1998 软件测试文档编制标准的建议，测试计划中应包含 16 个大纲要项。

1. 测试计划符

一个测试计划符是一个由公司生成的唯一值，它用于标示测试计划的版本、等级，以及与该测试计划相关的软件版本。

2. 介绍

测试计划的介绍部分主要是对测试软件基本情况的介绍和测试范围的概括性描述。

3. 测试项

测试项部分主要是纲领性描述在测试范围内对哪些具体内容进行测试，确定一个包含所有测试项在内的一览表。具体要点如下：

- 需要测试的功能；
- 测试的设计概述；
- 对整个系统测试的安排。

IEEE 标准中指出，可以参考下面的文档来完成测试项：

- 需求规格说明书；
- 用户指南；
- 操作指南；
- 安装指南；
- 与测试项相关的事件报告。

4. 需要测试的功能(功能性测试)

测试计划中这一部分列出了待测的功能。

5. 方法(策略)

方法部分内容是系统测试计划的核心所在，所以有些软件公司更愿意将其标记为"策略"，而不是"方法"。 测试策略描述测试小组用于测试整体和每个阶段的方法。要描述如何公正、客观地开展测试，要考虑模块、功能、整体、系统、版本、压力、性能、配置和安装等各个因素的影响，要尽可能地考虑到细节，越详细越好，并制作测试记录文档的模板，为即将开始的测试做准备。测试记录具体说明如下：

- 对系统测试客观性和公正性进行声明；
- 积极提取相应的测试用例用于系统测试；
- 对那些特殊需求进行考虑；
- 通过经验对测试进行判断。

6. 不需要测试的功能

测试计划中这一部分列出了不需要测试的功能。

7. 测试项通过/失败的标准

系统测试计划中这一部分给出了"测试项"中描述的每一个测试项通过/失败的标准。正如每个测试用例都需要一个预期的结果一样，每个测试项同样都需要一个预期的结果。

下面是可参考通过/失败的标准的一些例子：

- 通过的测试用例所占的百分比；
- 缺陷的数量、严重程度和分布情况；

- 测试用例覆盖程度；
- 用户测试是否成功的结论；
- 系统测试文档的完整性；
- 需求提出的性能标准。

8. 测试中断和恢复的规定

测试计划中这一部分给出了测试中断和恢复的标准。常用的测试中断标准如下：

- 关键路径上有未完成任务可以中断；
- 系统软件存在大量的缺陷；
- 软件有严重的缺陷；
- 测试环境不够完整；
- 测试资源十分短缺。

9. 测试完成后应提交的材料

系统测试完成所提交的材料应包含测试工作开发设计的所有文档、工具等。例如，测试计划、测试设计规格说明、测试用例、测试日志、测试数据、自定义工具、测试缺陷报告和测试总结报告等。

10. 测试任务

测试任务部分给出了测试工作所需完成的一系列任务，还列举所有任务之间的依赖关系和可能需要的特殊技能。

11. 环境需求

环境需求部分中确定实现测试策略必备的条件。

例如：

- 人员——人数、经验和专长。他们是全职、兼职、业余还是学生？
- 设备——计算机、测试硬件、打印机、测试工具等。
- 办公室和实验室空间——在哪里？空间有多大？怎样排列？
- 软件——字处理程序、数据库程序和自定义工具等。
- 其他资源——电话、参考书、培训资料等。

12. 职责

测试人员的工作职责中明确指出了测试任务和测试人员的工作责任。有时测试需要定义的任务类型不容易分清，不像程序员所编写的程序那样明确。复杂的任务可能有多个执行者，或者由多人共同负责。

13. 人员安排与培训需求

人员安排与培训需求部分中要指明确测试人员具体负责软件测试的哪些部分、测试哪些性能，以及所需要掌握的技能等。采用实际责任表可确保软件的每一部分都有人进行测试。每一个测试员都可清楚地知道自己应该负责什么，而且有足够的信息开始设计测试用例。培训需求通常包括对工具的使用、测试方法、缺陷跟踪系统、配置管理，或者与被测试系统相关的业务基础知识的学习要求。对各测试项目的培训需求会各不相同，取决于具体项目的情况。

14. 进度表

测试进度是围绕着包含在项目计划中的主要事件(如文档、模块的交付日期，接口的可用性等)来构造的。作为系统测试计划的一部分，进度表用于完成测试进度计划安排，可以为项目管理员提供信息，以便更好地安排整个项目的进度。

良好的进度安排会使测试过程易于管理。通常，项目管理员或者测试管理员最终负责进度安排，而测试人员参与安排自己的具体任务。

15. 潜在的问题和风险

软件测试人员要明确地指出计划实施过程中的风险，并与测试管理员和项目管理员交换意见。这些风险应该在测试计划中明确指出，在进度中予以考虑。注意有些风险是真正存在的，而有些最终证实是无所谓的，重要的是尽早明确指出，以免在项目晚期发现风险时难以应对。

一般而言，大多数测试小组都会发现自己的资源有限，不可能穷尽测试软件所有方面。如果能勾画出风险的轮廓，将有助于测试人员排定待测试项的优先顺序，并且有助于集中精力去关注那些极有可能发生失效的领域。下面是一些潜在的问题和风险的例子：

- 不现实的交付日期；
- 与其他系统的接口遗漏；
- 系统的复杂性超出预期；
- 有过缺陷历史的模块；
- 模块的变更过多或过于复杂；
- 安全性、性能和可靠性问题；
- 难于变更或测试的特征。

风险分析是一项十分艰巨的工作，尤其是第一次尝试进行时更是如此，但是以后会好起来，而且也值得这样做。

16. 审批

审批人是有权宣布已经为转入下一个阶段做好准备的某个人或某几个人。系统测试计划审批部分一个重要的部件是签名页。审批人除了在适当的位置签署自己的名字和日期外，还应该签署表明他们是否建议通过评审的意见。

5.1.3　做好系统测试计划

要做好测试计划，除了上述原则外，还应该注意以下问题。

1. 明确测试目标，增强测试计划的实用性

当今任何商业软件都包含有丰富的功能，因此，系统测试的内容千头万绪，如何在纷乱的测试内容之间提炼测试的目标，是制定系统测试计划时首先需要明确的问题。测试目标必须是明确的、可量化和可度量的，而不是模棱两可的宏观描述。另外，测试目标应该相对集中，避免罗列出一系列目标，轻重不分或平均用力。应根据对用户需求文档和设计规格文档的分析，确定被测软件的质量要求和测试需要达到的目标。

编写系统测试计划的重要目的就是使测试过程能够发现更多的软件缺陷。帮助管理测试项目，并且找出软件潜在的缺陷是系统测试计划的价值所在。系统测试计划中的测试范

围必须高度覆盖功能需求，测试方法必须切实可行，测试工具具有较高的实用性且便于使用，生成的测试结果直观、准确。

2. 坚持 "5W1H" 规则

明确内容与过程运用 "5W1H" 原则，即 "What(做什么)"、"Why(为什么做)"、"When(何时做)"、"Where(在哪里)"、"Who(谁来做)"、"How(如何做)"。

(1) what：明确测试哪些方面的工作内容；

(2) why：明确为什么要进行测试；

(3) when：明确测试不同阶段的起止时间；

(4) where：明确相应文档，缺陷的存放位置，测试环境等；

(5) who：明确项目有关人员组成，安排哪些测试人员进行测试；

(6) how：明确如何去做，使用哪些测试工具以及测试方法进行测试。

3. 采用评审和更新机制，保证测试计划满足实际需求

测试计划写作完成后，应当经过评审，否则测试计划内容的不准确或遗漏测试内容，或者软件需求变更引起测试范围的增减没有及时完善或更新等问题，都可能误导测试执行人员。

测试计划包含多方面的内容，编写人员受自身测试经验和对软件需求的理解所限难免遗漏，加之软件开发是一个渐进的过程，所以最初创建的测试计划通常都是不完善的、需要更新的。需要采取相应的评审机制对测试计划的完整性、正确性、可行性进行评估。在创建完系统测试计划后，一般应提交到由项目经理、开发经理、测试经理、市场经理等组成的评审委员会审阅，根据审阅意见和建议进行修正和更新。

4. 分别创建系统测试计划、系统测试详细规格和系统测试用例

编写软件测试计划时要避免一种不良倾向，那就是测试计划的"大而全"，无所不包，篇幅冗长，长篇大论，重点不突出，既浪费写作时间，也浪费测试人员的阅读时间。"大而全"的一个常见表现就是在测试计划文档包含详细的测试技术指标、测试步骤和测试用例。

较好的方法是把详细的测试技术指标置于独立创建的测试详细规格文档之中，把用于指导测试小组执行测试过程的测试用例放到独立创建的测试用例文档或测试用例管理数据库中。测试计划和测试详细规格、测试用例之间是战略和战术的关系，测试计划主要从宏观上规划测试活动的范围、方法和资源配置，而测试详细规格、测试用例是完成测试任务的具体战术。

5. 变更控制

测试计划改变了已往根据任务进行测试的方式，因此，为使测试计划得到贯彻和落实，测试组人员必须及时跟踪软件开发的过程，为产品提交测试做准备。制订测试计划的目的，是强调按规划的测试战略进行测试，淘汰以往以任务为主的临时性。在这种情况下，测试计划中强调对变更的控制显得尤为重要。

变更通常来源于以下几个方面：

- 项目计划的变更；
- 软件需求的变更；
- 测试产品版本的变更；

- 测试资源(软硬件环境)的变更。

测试阶段的风险主要是上述变更所造成的不确定性，有效的应对这些变更就能降低风险发生的几率。要想计划本身不成为空谈和空白无用的纸质文档，对不确定因素的预见和防范必须做到心中有数。

对于项目计划的变更，除了测试人员及时跟进以外，项目经理必须把这些变更信息及时通知到项目组，使得整个项目得以继续进行。项目计划变更一般涉及的都是日程变更，令人遗憾的是，交付期限是既定的，为了赶进度，项目经理不得不减少测试的时间，这样，执行测试的时间就被压缩了。在时间不足，不能"完美"地执行所有测试的情况下，为了保证质量，最常见的办法是调整测试计划中的测试策略和测试范围，常常忽略测试计划的这个章节。调整的目的是重新检查不重要的测试部分，调换测试的次序和减少测试规模，对测试类型重新组合择优，力求在限定时间内完成最重要部分的测试，而把某些较次要的部分留给确认测试或现场测试。其他应对办法包括减少进入测试的阻力，例如降低测试计划中系统测试准入准则；分步提交测试，例如改成迭代方式增量测试；减少回归测试的要求，例如开发人员实时修改，在测试计划中对缺陷修复响应时间和过程进行约定；与有关方面协商进行简化配置管理，跳过正式发布环节；缺陷部分进行局部回归而不是重新全部测试等等。

项目进行过程中最常见的变更是需求的变更，而需求的变更又很难在测试计划中进行控制和约束。如果制定计划时项目需求仍处于动态变化中，在测试用例部分就要进行相应的处理，例如采用用例和数据分离、流程和界面分离、字典项和数据元素分离的设计方式，然后等到最终需求确定后细化测试设计。另外最好确定一个变更周期，即确定变更的最大频度和重新测试的界限，计划从一定程度上能够降低不可预期需求变化造成的投入损失。值得注意的是：需求发生变更时测试经理额外的工作是要在需求跟踪矩阵上做记录。

测试产品版本的变更，除了部分是由于需求变更造成之外，大多是由于修改缺陷引发的或配置管理不严格而造成的。众所周知，测试必须基于一个稳定的"基线"进行，否则，会因反复修改造成测试资源和开发资源的浪费巨大。合理的测试计划中应有测试更新管理的部分，在此部分明确更新周期和暂停测试的原则。例如，小版本的产品更新不能大于每天三次，一个相对大的版本更新不能每周大于一次，还应规定紧急发布产品允许的修改或变更类型，指定负责统一维护和同步更新测试环境的人员。测试计划中通常制定了开始和结束的标准，但仅此还是不够的，还要考虑测试暂停的情形，暂停期间如果测试经理不进行跟踪，可能发生测试组等待测试而没人通知继续测试的情况，所以，增加更新周期和暂停测试原则是很有必要的。

最后，测试过程中，经常还会发生测试资源变更的情况。测试资源变更是源自测试组内部的风险而非开发组风险，当测试资源不足或者冲突时，测试部门不可能安排足够多的人力和时间参与测试。为了排除这种风险，除了事先适当缩减测试规模等以外，更为重要的是测试经理必须事先在测试计划的人力资源和测试环境部分标出明确需要保证的资源。规避这类风险的办法通常有：

- 抽调项目组的开发人员和实施人员参与系统测试；
- 抽调不同模块开发者进行交叉测试或借用其他项目开发人员；
- 组织客户方进行确认测试或发布 β 版本。

上面尽可能地描述了如何制定"完美"的测试计划，但实际上对执行测试计划的管理和监控可能更为重要。好的测试计划只是成功的基础。对小项目而言，一份易于操作的测试计划更为实用，对中型乃至大型项目，除了周密的计划测试经理的测试管理能力显得格外重要。要确保计划不折不扣的执行，测试经理的人际协调能力，项目测试的操作经验、公司的质量现状都可能对项目测试产生一定的影响。另外，调试计划也是"可变的"! 不必要把所有可能的因素都囊括进去，也不必要针对这种变化额外制定"计划的计划"。测试计划不能在项目开始后使束之高阁，而应紧追项目的变化，根据现实修改，并认真实施，这才能实现测试计划的最终目标——保证项目最终产品的质量!

5.2　系统测试方法

5.2.1　性能测试

一般来说，性能是一种指标，表明软件系统或构件满足要求的及时性符合程度；其次，性能是软件产品的一种特性，可以用时间来进行度量。

性能的及时性可以用响应时间或者吞吐量来衡量。响应时间是对请求作出响应所需要的时间。对于单个事务，响应时间就是完成事务所需的时间；对于用户任务，响应时间体现为端到端的时间。例如，用户单击"确定"按钮后 2 秒内收到结果，就是一个对用户任务响应时间的描述，具体到这个用户任务中，可能有多个具体的事务需要完成，每个事务都有其单独的响应时间。对交互式的应用(例如典型的 Web 应用)来说，我们一般以用户感受到的响应时间来描述系统的性能，而对非交互式应用(嵌入式系统或是银行等的业务处理系统)而言，响应时间是指系统对事件产生响应所需要的时间。

1．性能测试的目的

性能测试的目的是为了验证软件系统是否能够达到用户提出的性能指标，同时发现软件系统中存在的性能瓶颈，从而对整个系统性能进行优化。

性能测试要达到下面的目的:

● 评估系统能力：分析测试中所得到的负载和响应时间等数据，以验证系统是否达到了所计划的能力，并帮助做出决策。

● 识别系统中的弱点：通过负载压力测试，定位系统中的瓶颈或薄弱的地方。

● 系统调优：重复运行测试，验证调整系统的活动已经取得了预期的效果，可以实现性能目标。

● 验证稳定性和可靠性：在一定的负载压力条件下持续执行一段时间业务，以评估系统稳定性和可靠性。

2．性能测试的术语

1) 响应时间

响应时间可以理解为"对请求作出响应所需要的时间"，响应时间是从用户的角度观察软件性能的主要指标。响应时间可划分为呈现时间和系统响应时间两个部分。

呈现时间是客户端收到响应数据后呈现在页面所消耗的时间，而系统响应时间指服务器从请求发出开始到客户端接收到数据所消耗的时间。性能测试中一般不关注呈现时间，因为呈现时间很大程度上取决于客户端的表现。很多性能测试中不使用系统响应时间的概念，其原因是，可以使用一些编程技巧在数据尚未完全接收完成时便着手进行呈现以减少用户感受到的响应时间。

2) 并发用户数

"并发用户数"与"同时在线数"是有区别的，并发用户数取决于测试对象的目标业务场景，因此，在确定"并发用户数"前，必须先对用户的业务进行分解，分析出典型的业务场景(也就是用户最常使用、最关注的业务操作)，然后基于场景采用某些方法获得"并发用户数"。

例如有一个应用系统，最高峰有 500 人同时在线，但这 500 人却不是并发用户数。因为假设在一个时间点上，有50%的人在填写复杂的表格(填写表格动作对服务器没有任何负担，只有在"提交"动作的时候才会对服务器系统构成压力)，有40%的人不停地从一个页面跳转到另外一个页面(不停发出请求与回应、产生服务器压力)，还有10%的人挂在线上，没有任何操作(没有对服务器构成压力的动作)。因此只有那 40%的人真正对服务器产生了压力。从这里例子可以看出：并发用户数关心的是不单单是业务并发用户数，还取决于业务逻辑和业务场景。

3) 吞吐量

吞吐量定义为"单位时间内系统处理的客户请求的数量"，它直接体现了软件系统的承载能力，对于交互式应用系统来说，吞吐量反映的是服务器承受的压力，吞吐量是一个重要的指标，它不仅反映在中间件和数据库上，而更加体现在硬件上。吞吐量指标可用于以下方面：

● 协助设计性能测试场景，衡量性能测试是否达到了预期的设计目标，比如系统的链接池、数据库事务发生频率和事务发生次数。

● 协助分析软件系统的性能瓶颈。

4) 性能计数器

性能计数器是描述服务器或操作系统性能的一些数据指标。例如：对 Windows 来说内存使用率、CPU 使用率、进程时间等都是常见的计数器。

对于性能计数器这个指标来说、需要考虑的不但有硬件计数器、还有 Web 服务器计数器、Servlet 性能计数器、JSF 性能计数器、JMS 性能计数器等。找到这些指标是使用性能计数器的第一步，找到性能瓶颈、确定系统阀值、提供优化建议才是性能计数器使用的关键。性能计数器复杂而繁多、与代码上下文环境、系统配置情况、系统架构、开发方式、使用到的规范实现、工具以及类库版本都有紧密的联系，在此不作赘述。

3. 性能测试的执行

1) 计划阶段

● 定义目标并设置期望值；

● 收集系统和测试要求；

● 定义工作负载；

- 选择要收集的性能指标值；
- 标出要运行的测试并决定何时运行；
- 决定工具选项和生成负载；
- 编写测试计划，设计用户场景并创建测试脚本。

2) 测试阶段

- 做准备工作(如搭建测试服务器或布置其他设备)；
- 运行测试；
- 收集数据。

3) 分析阶段

- 分析结果；
- 改变系统以优化性能；
- 设计新的测试。

5.2.2 压力测试

压力测试是指模拟巨大的工作负荷，以检测系统在峰值使用情况下能否正常运行。压力测试是通过逐步增加系统负载来测试系统性能的变化，并最终确定在什么负载条件下系统性能处于失效状态，以此来获得系统性能提供的最大服务级别的测试。

1．压力测试的特点

(1) 压力测试是检查系统处于压力情况下的能力表现。比如，通过增加并发用户的数量，检测系统的服务能力和水平；通过增加文件记录数，检测数据处理的能力和水平等。

(2) 压力测试一般通过模拟方法进行。压力测试是一种极端情况下的测试，为了捕获极端状态下的系统表现，往往采用模拟方法进行。通常在系统对内存和 CPU 的利用率上进行模拟，以获得测量结果。如将压力的基准设定为：内存使用率达到85%以上、CPU 使用率达到85%以上，并观测系统响应时间、系统有无错误产生。除了对内存和 CPU 的使用率进行设定外，数据库的连接数量、数据库服务器的 CPU 利用率也都可以作为压力测试的依据。

(3) 压力测试一般用于测试系统的稳定性。如果一个系统能够在压力环境下稳定运行一段时间，那么该系统在普通的运行环境下就应该可以达到令人满意的稳定程度。在压力测试中，通常会考虑系统在压力下是否会出现错误等方面的问题。

2．压力测试方法

压力测试应该尽可能逼真地模拟系统环境。对于实时系统，测试者应该以正常和超常的速度输入要处理的事务，从而进行压力测试。批处理的压力测试可以利用大批量的事务进行，被测事务中应该包括错误条件。压力测试中使用的事务可以通过如下三种途径获得：

- 测试数据生成器；
- 由测试小组创建的测试事务；
- 原来在系统环境中处理过的事务。

3．压力测试实现

(1) 重复测试：重复测试就是重复地执行某个操作或功能，比如重复调用一个 Web 服务。压力测试的目的就是确定在极端情况下一个操作能否正常执行，并且能保持在每次执行时都正常。这对于推断一个产品是否适用于某种生产情况至关重要。重复测试往往与其他测试手段一并使用。

(2) 并发测试：并发测试是同时执行多个操作的测试行为，即在同一时间执行多个测试线程。例如，在同一个服务器上同时调用许多 Web 服务。并发测试原则上不一定适用于所有产品(比如无状态服务)，但多数软件都具有某个并发行为或多线程行为元素，这一点只能通过执行多个代码测试用例才能得到测试结果。

(3) 随机变化：该手段是指对上述测试手段进行随机组合，以便获得最佳的测试效果。例如使用重复时，在重新启动或重新连接服务之前，可以改变重复操作之间的时间间隔和重复的次数，或者也可以改变被重复的 Web 服务的顺序；使用并发时，可以改变一起执行的 Web 服务、同一时间运行的 Web 服务数目，也可以改变关于是运行许多不同的服务还是运行许多同样的实例的决定。测试时，每次重复测试时都可以更改应用程序中出现的变量(例如发送各种大小的消息或数字输入值)。如果测试完全随机的话，很难一致地重现压力下的错误，所以一些系统使用基于某个固定随机种子的随机变化，这样，用同一个种子，重现错误的机会就会更大。

5.2.3　容量测试

容量可以看作系统在特定环境下的特定性能指标，即设定的界限或极限值。通过性能测试，如果确定了系统的极限或苛刻的环境中系统的性能表现，在一定的程度上，就可以认为是完成了负载测试和容量测试。

容量测试的目的是通过测试预先分析出反映软件系统应用特征的某项指标的极限值(如最大并发用户数、数据库记录数等)，系统在其极限状态下应该不出现任何软件故障或还能保持主要功能的正常运行。容量测试还将确定测试对象在给定时间内能够持续处理的最大负载或工作量。容量测试的结果，可让软件开发商或用户了解该软件系统的承载能力或提供服务的能力，如某个电子商务网站所能承受的、同时进行交易或结算的在线用户数。如果系统的实际容量不能满足设计要求，就应该寻求新的技术解决方案，以提高系统的容量。对软件负载的准确预测，可以帮助用户经济地规划应用系统，优化系统的部署。

1. 容量测试方法

进行容量测试的首要任务是确定被测系统数据量的极限，即容量极限。这些数据可以是数据库所能容纳的最大值，也可以是一次处理所能允许的最大数据量等等。系统出现的问题，通常发生在极限数据量或临界状态的情况下，这时容易发生磁盘数据的丢失、缓冲区溢出等一些问题。

为了更清楚地说明如何确定容量的极限值，参见图 5-1。

图 5-1 反映了资源利用率、响应时间与用户负载之间的关系，从中可以看到，用户

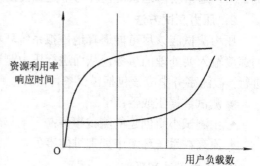

图 5-1　资源利用率、响应时间、用户负载关系图

负载增加，响应时间也缓慢的增加，而资源利用率几乎是线形增长。这是因为应用程序做更多的工作，就需要更多的资源。当资源利用率接近百分之百时，会出现一个有趣的现象，就是响应时间以指数曲线方式上升，这点在容量评估中被称作为饱和点。饱和点是所有性能指标都不满足，随后应用程序崩溃的时间点。进行容量评估的目标是保证用户知道这点在哪里，并且永远不要出现这种情况。在这种负载发生前，管理者应优化系统或者适当增加硬件。

2．压力测试、容量测试和性能测试的区别

与容量测试十分相近的概念是压力测试。二者都是检测系统在特定情况下，能够承担的极限值。然而两者的侧重点有所不同，压力测试时系统主要承受速度方面的超额负载，例如一个很短时间之内的吞吐量。容量测试关注的是数据方面的承受能力，其目的是指示系统可以处理的数据容量。确切地说，压力测试可以看作是容量、性能和可靠性测试的一种手段，不是直接的测试目标。压力测试的重点在于发现功能性测试所不易发现的系统方面的缺陷，而容量测试和性能测试是系统测试的主要目标内容，要确定软件产品或系统的非功能性方面的质量特征，包括具体的特征值。容量测试和性能测试更着力于提供性能与容量方面的数据，为软件系统部署、维护、质量改进服务，并可以帮助市场定位、销售人员对客户的解释、广告宣传等服务。压力测试、容量测试和性能测试的测试方法相通，在实际测试工作中，往往结合起来进行，以提高测试效率。

5.2.4 健壮性测试和安全性测试

健壮性测试又称容错性测试，它和安全性测试往往容易被忽视。容错性对系统的稳定性、可靠性影响很大，而随着网络应用、电子商务、电子政务等的普及，安全性越来越重要。容错性测试和安全性测试，相对来说比较困难，需要得到足够关注及设计人员、开发人员的更多参与。

容错性测试包括两个方面的测试：

● 输入异常数据或进行异常操作，以检验系统的容错性。如果系统的容错性较好，系统就会给出提示或内部消化掉，而不会导致系统出错甚至崩溃。

● 灾难恢复性测试。通过各种手段，让软件强制性地发生故障，然后验证系统已保存的用户数据是否丢失、系统和数据是否能很快恢复。

关于自动恢复测试，需验证重新初始化、检查点、数据恢复和重新启动等机制的正确性；对于人工干预的恢复系统，还需估测平均修复时间，确定其是否在可接受的范围内。

从容错性测试的概念可以看出，容错测试是一种对抗性的测试过程。在测试软件出现故障时，关键是如何进行故障的转移与恢复有用的数据。故障转移(Failover)是确保测试对象在出现故障时，能成功地将运行的系统或系统某一关键部分转移到其他设备上继续运行，即令备用系统就将不失时机地"顶替"发生故障的系统，以避免丢失任何数据或事务。要进行故障转移的全面测试，一个好的方法是将测试系统全部对象用一张系统结构图描绘出来，对图中的所有可能发生的故障点设计测试用例。例如，系统设计结构图中，如果存在单点失效的关键对象，就是设计的重大缺陷。

在进行安全测试时，测试人员假扮非法入侵者，采用各种办法试图突破防线。例如：

- 设法截取或破译口令；
- 开发专门软件来破坏系统的保护机制；
- 故意导致系统失败，尝试趁恢复之机非法进入；
- 通过浏览非保密数据，推导所需信息等等。

安全性一般分为两个层次，即应用程序级别的安全性和系统级别的安全性，针对不同的安全级别，其测试策略和方法也不相同：

应用程序级别的安全性，是指对数据或业务功能访问的安全性，在预期的安全性下，操作者只能访问应用程序的特定功能、有限的数据。该测试是核实操作者只能访问其已被授权访问的那些功能或数据。测试时，确定有不同权限的用户类型，创建各用户类型并用各用户类型所特有的事务来核实其权限，最后修改用户类型并为相同的用户重新运行测试。

系统级别的安全性，可确保只有具备系统访问权限的用户才能访问应用程序，而且只能通过相应的网关来访问，包括对系统的登录或远程访问。该测试是核实只有具备系统和应用程序访问权限的操作者才能访问系统和应用程序。

5.2.5　兼容性测试

软件兼容性测试的目标是保证软件按照用户期望的方式进行交互。

1．兼容性测试综述

软件兼容性测试(Software Compatibility Testing)是指检查软件之间是否能够正确交互和共享信息。对新软件进行软件兼容性测试，需要解决如下几个问题：

(1) 软件的设计要求与何种其他平台和应用软件保持兼容？如果要测试的软件是一个平台，那么设计要求什么应用程序在平台上运行？

(2) 应该遵守哪一种软件间交互的标准或者规范？

(3) 软件使用哪种数据与其他平台以及软件交互信息？

在兼容性方面常见的两个概念是向后兼容和向前兼容。

向后兼容(Backward Compatible)：是指支持使用软件的以前版本。

向前兼容(Forward Compatible)：是指支持使用软件的未来版本。

并非所有软件或者文件都要求向前兼容或者向后兼容，这是由软件设计者需要决定的产品特性，而软件测试员应该为检查软件向前或向后兼容性所需的测试提供相应的输入。

测试平台和软件应用程序多个版本之间能否兼容工作一般是一个艰巨的任务。比如对某一款手机游戏的新版本进行兼容性测试时，由于不可能在安卓平台上全部测试所有手机机型，因此需要决定测试哪些是最重要的。决定要选择的原则是：

- 手机的流行程度；
- 应选择目前主流的安卓程序和版本；
- 选择有良好口碑的生产厂商等。

2．标准和规范

适用于软件或者平台兼容的标准(和规范)可分为：

- 高级标准：产品普遍遵守的规则。
- 低级标准：是产品个体细节的标准。

高级标准和规范，是指软件必须通过由独立测试实验室执行的兼容性测试，其目的是确保软件在操作系统上能够稳定可靠地运行。如 Microsoft Windows 认证徽标。

低级标准和规范是指通信协议、编程语言的语法以及程序用于共享信息的任何形式都必须符合公开的标准和规范。低级兼容性标准可以视为软件说明书的扩充部分。

3. 数据共享兼容性

在应用程序之间共享数据实际上是对软件功能的增强。好的程序应支持并遵守公开标准，允许用户与其他软件轻松传输数据，这样的程序可称为兼容性极好的产品。

常见的数据共享方式有：

(1) 文件保存和文件读取。

(2) 文件导出/导入是许多程序与自身以前版本或与其他程序保持兼容的方式。为了测试文件的导入/导出特性，需要以各种兼容文件格式创建测试文档(可能要利用实现该格式的原程序来创建)。

(3) 剪切、复制和粘贴是程序之间无需借助磁盘传输数据的最常见的数据共享方式。

5.3　系统测试设计

通常系统测试主要在用户层、应用层和功能层三个层面进行设计。

5.3.1　用户层的测试设计

用户界面是软件与用户最直接的交互层，用户界面的好坏决定用户对软件的第一印象，同时设计良好的界面能够引导用户自己完成相应的操作，起到向导的作用。设计合理的界面能给用户带来轻松愉悦的感受和成功的感觉，相反设计失败的界面，用户有可能产生挫败感，再实用强大的功能都可能被用户放弃。

1. 易用性测试

按钮的名称应该易懂，用词准确，摒弃模棱两可的字眼，要与同一界面上的其他按钮易于区分，能望文知意最好。理想的情况是用户不用查阅帮助就能知道该界面的功能并进行相关的正确操作。易用性细则如下：

(1) 完成相同或相近功能的按钮用 Frame 框起来，常用按钮要支持快捷方式。

(2) 完成同一功能或任务的元素放在集中位置，减少鼠标移动的距离。

(3) 用户界面应洁净、不拥挤，界面不应该为用户制造障碍，所需功能或者期待的响应应该明显，并在预期的地方出现。

(4) 界面上首先要输入的和重要信息的控件在 Tab 顺序中应当靠前，位置也应放在窗口上较醒目的位置。

(5) 界面组织和布局合理，允许用户轻松地从一个功能转到另一个功能，下一步做什么要突出，任何时刻都应可以决定放弃或者退回、退出\输入得到确认，菜单或者窗口是否完全隐藏等等。

2．规范性测试

通常界面设计都有一定的规范，可以说：界面设计遵循规范化的程度越高，则易用性相应的就越好。规范性细则如下：

(1) 常用菜单要有相应的快捷方式。

(2) 快捷键和菜单选项，在 Windows 中按 F1 键总是得到帮助信息。

(3) 菜单前的图标能直观的代表要完成的操作。

(4) 一条工具栏的长度最长不能超出屏幕宽度。

(5) 工具栏的图标能直观的代表要完成的操作。

(6) 工具箱要具有可增减性，能由用户自己根据需求定制。

(7) 工具箱的默认总宽度不要超过屏幕宽度的 1/5。

(8) 滚动条的长度要根据显示信息的长度或宽度能及时变换，以利于用户了解显示信息的位置和百分比。

(9) 按钮位置和等价的按键。大家是否注意到对话框有 OK 按钮和 Cancel 按钮时，OK 按钮总是在上方或者左方，而 Cancel 按钮总是在下方或右方?同样原因，Cancel 按钮的等价按键通常是 Esc，而 OK 按钮的等价按钮通常是 Enter，其位置要保持对应一致。

(10) 菜单和工具条要有清楚的界限；菜单要求凸出显示，这样在移走工具条时仍有立体感。

3．合理性测试

屏幕对角线相交的位置是用户直视的地方，正上方四分之一处为易吸引用户注意力的位置，在放置窗体时要注意利用这两个位置。合理性细则如下：

(1) 父窗体或主窗体的中心位置应该在对角线焦点附近。

(2) 子窗体位置应该在主窗体的左上角或正中。

(3) 状态跳转时，灵活的软件实现同一任务时通常会有多种选择方式。

(4) 数据输入和输出时，用户希望有多种方法输入数据和查看结果。例如，要在写字板中插入文字时，可用键盘输入、粘贴、从 6 种文件格式读入、作为对象插入或者用鼠标从其他程序拖入。

(5) 对可能造成数据无法恢复的操作必须提供确认信息,给用户放弃选择的机会。

(6) 非法的输入或操作应有足够的提示说明。

(7) 对运行过程中出现问题而引起错误的地方要有提示，让用户明白错误出处，避免形成无限期的等待。

(8) 提示、警告、或错误说明应该清楚、明了、恰当。

4．美观与协调性测试

界面应该大小适合美学观点，感觉协调舒适，能在有效的范围内吸引用户的注意力。美观与协调性细则如下：

(1) 长宽比接近黄金点比例，切忌长宽比例失调、或宽度超过长度。

(2) 布局要合理,不宜过于密集，也不能过于空旷，合理地利用空间。

(3) 软件外观和感觉应该与所做的工作和使用者相符。

(4) 如果使用其他颜色，主色调要柔和，具有亲和力与磁力，坚决杜绝刺目的颜色。

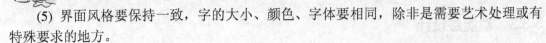

(5) 界面风格要保持一致，字的大小、颜色、字体要相同，除非是需要艺术处理或有特殊要求的地方。

(6) 如果窗体支持最小化和最大化或缩放时，窗体上的控件也要随着窗体而缩放；切忌只缩放窗体而忽略控件的缩放。

(7) 如果能给用户提供自定义界面风格则更好，由用户自己选择颜色、字体等。

5. 菜单位置测试

菜单是界面上最重要的元素，菜单位置按照按功能来组织。菜单测试细则如下：

(1) 没有顺序要求的菜单项按使用频率和重要性排列，常用的放在前头，不常用的靠后放置；重要的放在前头，次要的放在后边。

(2) 菜单深度一般要求控制在三层以内。

(3) 菜单前的图标不宜太大，与字高保持一致最好。

(4) 菜单条是否显示在合适的语境中？

(5) 下拉式菜单操作能正确工作吗？

(6) 是否能通过鼠标访问所有的菜单功能？

(7) 相同功能按钮的图标和文字是否一致？

6. 独特性测试

如果一味地遵循业界的界面标准，则会丧失自己的个性。在框架符合以上规范的情况下，设计具有自己独特风格的界面尤为重要。尤其在商业软件流通中有着很好的潜移默化的广告效用。测试细则如下：

(1) 安装界面上应有单位介绍或产品介绍，并有自己的图标。

(2) 主界面，最好是大多数界面上要有公司图标。

(3) 登录界面上要有本产品的标志，同时包含公司图标。

(4) 公司的系列产品要保持一直的界面风格，如背景色、字体、菜单排列方式、图标、安装过程、按钮用语等应该大体一致。

5.3.2 应用层设计

针对产品工程应用或行业应用的测试，其重点应从系统应用的角度出发，模拟实际应用环境对系统的兼容性、可靠性等进行的测试。测试内容主要包括：

- 系统可用性测试：针对整个系统的测试，包含并发性能测试、负载测试、压力测试等；
- 系统可靠性、稳定性测试：在一定负荷长期使用环境下，测试系统可靠性、稳定性。
- 系统兼容性测试：系统中软件与各种硬件设备兼容性、与操作系统兼容性、与支撑软件的兼容性。
- 系统组网测试：组网环境下，系统软件对接入设备的支持情况。包括功能实现及群集性能。
- 系统安装升级测试：安装测试的目的是确保该软件在正常和异常的情况下进行安装时都能按预期目标来处理。

5.3.3　功能层设计

功能层设计主要是针对产品具体功能实现的测试。

- 业务功能的覆盖：系统是否都已实现了所关注的需求规格说明书的功能。
- 业务功能的分解：通过对系统进行黑盒分析，分解测试项及每个测试项关注的测试类型。
- 业务功能的组合：主要关注相关联的功能项的组合功能的实现情况。
- 业务功能的冲突：业务功能间存在的功能冲突情况。

5.4　系统测试执行

5.4.1　系统测试自动化

1．系统测试自动化概述

系统测试自动化是软件测试发展的一个必然趋势。随着软件技术的不断发展，测试工具也得到了长足的发展，人们开始利用测试工具来做一些重复性的工作。软件测试的一个显著特点就是其重复性，大量重复的工作使得工作量倍增、很容易让人产生厌倦心理，因此工具被用来解决重复的问题。

系统测试自动化就是使用系统测试自动化工具来代替手工进行一系列测试，从而验证软件系统是否满足规定的需求或检测预期结果与实际结果之间的差别。自动化测试的目的是减轻手工测试的工作量，节约人力、物力等资源，保证软件质量，缩短测试周期。自动测试中通常是使用脚本或者其他代码驱动应用程序，这一切可以通过可视化用户界面完成，也可以通过直接命令方式完成。

提到系统测试自动化，最容易联想到的是基于录制回放的自动化功能测试工具，如QTP、Robot、WinRunner 等，性能测试工具，如 LoudRunner、WebRunner 等。实际上系统测试自动化技术的含义非常的广泛，任何帮助流程的自动流转，替换手工的动作，解决重复性问题以及大批量产生内容，从而帮助测试人员进行测试工作的相关技术或工具都属于系统测试自动化技术范畴。例如用于辅助测试用例设计或测试数据生成的测试用例设计工具，帮助测试人员自动统计测试结果并产生测试报告，编写脚本让版本编译自动进行，利用多线程技术模拟并发请求，利用工具自动记录和监视程序的行为以及产生的数据、利用工具自动执行界面上的鼠标单击和键盘输入动作等工具或技术。

2．系统测试自动化优势

软件测试的工作量很大，测试中的许多操作是重复性的、非智力性的和非创造性的，并要求做到准确细致，计算机就最适合用于完成这样的任务。在过去的数年中，通过使用自动化的测试工具对软件的质量进行保障的例子已经数不胜数。目前，自动化测试工具已经比较完善，完全可以通过在软件测试中应用自动化的测试工具来大幅度的提高软件测试的效率和质量。

测试自动化的优势是明显的。首先测试自动化可以提高测试效率，使测试人员更加专注于新的测试模块的建立和开发，从而提高测试覆盖率。其次，测试自动化使测试资产的管理数字化，并使测试资产在整个软件测试生命周期内得以复用，这个特点在功能测试和回归测试中尤其具有意义。此外，通过测试流程的自动化管理可提高测试过程的有效性。

5.4.2 功能测试执行

1．功能测试技术

功能测试阶段，在前期手工测试的基础上，待系统相对稳定，没有重大的 Bug 出现，界面元素不会再做其他改动时，就可以开始进行自动测试脚本的录制。自动测试脚本主要运用于回归测试。在系统二次开发时，可以通过前一版本的测试脚本对已有功能进行自动化测试，而不需要手工去执行，从而大大节省脚本测试时间。目前已经有很多优秀的自动化功能测试工具。系统功能测试的主要过程有录制脚本、优化和执行以及分析结果等阶段，如图 5-2 所示。

(1) 制定测试计划。测试计划根据被测项目的具体需求，以及所使用的测试工具而制定，包括：确定用例执行前所需要的测试环境和先决条件，确定所要测试的目标，确定对输入数据的要求和期望的输出。设计测试用例时应努力提高覆盖率，尽量减少执行、调试和结果分析的工作量，减少测试用例的数量，并通过加强其独立性等来加强可维护性。测试计划用于指导测试全过程。

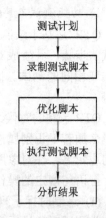

图 5-2　功能测试过程

(2) 录制测试脚本。要严格按照测试用例来录制测试脚本。

(3) 配置数据和优化脚本。优化脚本时往往要通过设置分支和循环，设置对象的属性，在脚本中增加或更改测试步骤来修正或自定义测试流程，如增加多种类型的检查点功能，以检查在程序的某个特定位置或对话框中是否出现了需要的文字，检查一个链接是否返回了正确的地址等，还可以通过参数化功能，使用多组不同的数据去驱动整个测试过程。

(4) 执行测试脚本。运行过程中会对设置的检查点进行验证，用实际数据代替参数值，并给出相应的输出信息。测试过程中测试人员还可以调试自己的脚本，直到脚本完全符合要求。

(5) 分析测试结果。运行结束后系统会自动生成一份完整的测试结果报告。

2．功能测试工具 QTP

目前已经有很多优秀的自动化功能测试工具，比如：WinRunner、QTP、Rational Robot 等。这些工具自身都提供脚本语言，并通过录制脚本、修改脚本、回放脚本以达到功能测试自动化的目的。

WinRunner 是一种企业级(包括 Web 应用系统、ERP 系统、CRM 系统等等)的功能测试工具，用于检测应用程序是否能够达到预期的功能及正常运行。通过自动录制、检测和回放用户的应用操作等来有效地帮助测试人员对复杂的企业级应用的不同发布版本进行测试，提高测试人员的工作效率和测试质量，确保跨平台的、复杂的企业级应用无故障发布及长期稳定地运行。

QTP 与 WinRunnner 同是 Mercury Interactive(MI)公司开发的功能强大的功能测试工具。QTP 具有一大特性：关键字驱动测试。使用"关键字驱动测试"技术，测试人员不需要"录制"测试脚本，而可以改成"设计"测试脚本。

WinRunner 使用的是 TSL 语言，这是 MI 公司独有的语言，有特殊性，不过它与 C 语言比较类似，如果测试人员有一定的 C 语言编程基础，会相对容易一些。而 QTP 使用的是微软的 VBScript 语言，比较通用，而且也相对简单易学。QTP 对 J2EE，.NET 架构的应用程序支持要比 WinRunner 好。

1) 功能测试工具(QTP)的原理

QTP 是基于录制/回放的自动化测试工具，在测试初期，通过录制的方式记录下手工测试的步骤，并生成对应的 VBS 脚本。在后期进行回归测试时，只需要回放脚本，就可以实现相同的测试。同时，QTP 的关键字驱动测试特性在测试创建和维护方面有很强的优势。

QTP 录制的时候，会将所有操作过的对象记录下来，保存在对象库中，记录的形式是逻辑名加若干识别属性；运行脚本时，分析该脚本要执行对那个对象的操作，根据该语句中的逻辑名，在对象库中查找该对象的详细记录并在运行的真实软件中找到需要操作的对象，把语句规定的操作施加在该对象上。QTP 的核心技术就是标示测试对象。

(1) 录制时标示测试对象。在录制过程中，QTP 首先"观看"要录制的对象，然后将其作为测试对象进行存储，确定该对象归属的测试对象类。QTP 会对测试对象进行分类，例如 Web 按钮、VB 滚动条对象或标准 Windows 对话框。对于每个测试对象类，都有一个始终要记住的强制属性的列表，当进行对象录制时，会记住这些默认的属性值，然后"观看"页面上其余的对象，如对话框或其他父对象，以检查该描述是否足以唯一标示该对象。如果不足以进行唯一，QTP 将向该描述中逐项添加辅助属性，直到经过编译之后成为唯一的描述为止。如果没有可用的辅助属性，或者那些可用的辅助属性仍不足以创建一个唯一的描述，QTP 将添加一个特殊的顺序标示符(例如页面上对象的位置)以达到创建唯一描述的目的。

(2) 运行时标示测试对象。在运行会话期间，QTP 会搜索与录制时记住的测试对象的描述完全匹配的运行对象，它需要找到与录制时用于创建唯一描述的强制属性和任何辅助属性完全匹配的对象。只要应用程序中的对象没有较大的改变，录制过程中记住的描述基本足以使 QTP 唯一标示出该对象。对于大部分对象而言，这种方法都是适用的，但应用程序中包含的某些对象可能在后续运行会话期间很难标示，在这种情况下，QTP 提供了一种"智能标示"机制，即当录制的描述不再准确时，QTP 也能通过其"智能标示"机制使用排除法来标示对象。即使测试对象属性的值有所改变，QTP 的技术机制也能通过使用"智能标示"标示对象，从而维护测试或组件的可重用性。

(3) 测试对象的管理：QTP 通过一组测试对象属性来识别应用程序中的对象，并将发现的对象数据存储对象库中。如果应用程序中对象的一个或多个属性值与 QTP 用来标示该对象的属性值不同，则测试组件可能会失败。因此，当应用程序中对象的属性值发生变化时，应修改相应的测试对象属性值，以便能够继续使用现有的测试或组件。因此"对象库"

的维护和管理是提高自动化脚本使用效率的关键。QTP 中的"对象库"对话框可以显示当前组件，当前操作或整个测试中所有对象的树形结构。可以使用"对象库"对话框查看或修改库中任何测试对象的测试对象描述，或者将新建对象添加到库中。

2) 捕获/回放技术

捕获/回放技术是自动化功能测试、性能测试使用的主要手段之一。测试人员首先借助测试工具手动进行对软件系统的操作来完成测试脚本的录制，在录制过程中，测试工具首先获取被测软件系统组件层次结构和组件自身的信息，随后采用某种方式截获测试人员在被测软件系统组件上触发产生的事件，随后解析该事件，得到事件的各个参数，并保存到测试脚本中。

在录制时用户界面的像素坐标或程序显示对象(窗口、按钮、滚动条等)的位置，以及相对应的手工操作步骤引发的事件、状态变化或是属性变化均被捕获并记录下来。最终将其转换为由一种脚本语言构成的脚本。这些脚本完整记录了根据测试用例对软件系统进行操作时的不同级别的交互操作，用以模拟用户的操作。回放时，可将脚本所描述的过程转换为屏幕上的交互操作，测试者监视被测系统的输出记录并同预先给定的标准结果比较。捕获/回放方式适合快速创建测试，多用于对基本的功能操作进行测试，以及不需要进行长期维护的测试。

3) 关键字驱动

关键字驱动测试是一种把大量的测试编程工作从测试步骤的可视化建立的过程中分离出去的测试编程方法。在使用关键字驱动测试时，先将应用程序的 GUI 对象添加到 QTP 的对象库中，然后针对每一个需要操作的对象设计每个测试步骤。这种方法对于提高测试的速度和可维护性都起到很好的作用。

关键字驱动测试方法把测试的创建分成两个阶段：计划阶段和实现阶段。

(1) 计划阶段，测试人员首先分析被测试软件和业务需求，了解业务流程中要使用到的对象和操作。

(2) 实现阶段，测试人员构建被测试软件的对象库，确保所有的对象都有清晰的命名，然后从业务层出发，开发出各种测试功能和测试步骤。

关于 QTP 的详细讲解请参看本书第 8 章。

5.4.3 性能测试执行

1. 性能测试工具

性能测试工具在国内还处于研发阶段，还没有可用的产品；国外的研究则起步比较早，现在已有多种工具，包括从功能简单单一的开源软件(如 Jmeter)到昂贵的商业性能测试工具(如 LoadRunner)。

LoadRunner 是一种用于预测系统行为和性能的工业标准级负载测试工具，通过以模拟上千万用户实时并发负载以及实时性能监测的方式来确认和查找问题，LoadRunner 能够对整个软件架构进行测试。使用 LoadRunner 能最大限度地缩短测试时间，优化性能和加速应用系统的发布。目前企业的网络应用环境都必须支持大量用户，网络体系架构中含各类应用环境且由不同供应商提供软件和硬件产品。LoadRunner 适用于各种体系架构的自动负载测试工具，能预测系统行为并优化系统性能。通过模拟实际用户的操作行为和实行实时性能监测，LoadRunner 可对整个系统进行测试，有助于更快地查找和发现问题。此外，LoadRunner 支持广范的协议和技术，可为特殊环境提供特殊的解决方案。

与 LoadRunner 类似的工具还有 Segue 的 SilkPerformer，它提供了对 FlexAMF 协议的解析，但不支持基于 Linux/Unix 的机器生成负载。Apache 的 Jmeter 是用 Java 实现的开源性能测试工具，用于测试静态或者动态资源的性能。用户可以根据需要自己添加功能。不同于 LoadRunner 和 Silkperformer 的捕获回放，它需要用户针对不同测试的对象构建 Test plan 和 request 等。JMeter 很适合对 C/S 架构的 Web 系统进行性能测试，如 Web Service，JMS 等。

2. LoadRunner 的工作原理

下面以 LoadRunner 为例，分析一般性能测试工具的体系结构和原理。Loadrunner 具有以下 5 个主要模块：

(1) Vuser Generator(虚拟用户脚本生成器)：通过录制的方式生成模拟负载的脚本。

(2) Controller(控制器)：可以从一个单一的控制点简单有效地控制场景和虚拟用户的运行，还可控制分布在各个服务器上的用来收集实时性能信息的监控器。

(3) Load Generator(负载生成器)：运行虚拟用户，向 AUT 发起请求以模拟实际负载。由于单机产生的负载有限，一般由多个负载生成器联合产生负载。

(4) Tuning Console(性能调节控制台)：控制性能调节的会话过程。

(5) Analysis(分析器)：生成用于性能分析的图表。

性能测试是一个长期的过程，这个过程包括对性能测试方案的选择，测试资源的调度和安排，性能数据的采集和分析，性能测试报告的撰写和分析。

采用 LoadRunner 进行性能测试的执行过程可以分为以下几个阶段：

(1) 性能测试计划：任何测试阶段的第一步都是制定详细的测试计划，这是必要的步骤，好的测试计划是保证性能测试自动化成功的关键。

(2) 开发测试脚本：性能测试工具使用虚拟用户的活动来模拟真实用户运行应用程序，而虚拟用户的活动就包含在测试脚本中，因此测试脚本对于测试来说是非常重要的。

(3) 创建运行场景：运行场景描述了在测试活动中发生的各种实践。运行场景用来分配测试机的工作内容，根据测试机的实际情况，为测试机分配该运行哪些脚本，什么时候开始运行，总共运行多少模拟用户等等。通常工具都会提供统一的创建运行场景的组件，在测试中用的就是组件。

(4) 运行并监视测试场景：待配置妥当，就开始运行测试。在场景运行过程中，需要监视各个服务器的运行情况(包括 DataBase Server、Web Server 等)。同时还需要观察系统所在硬件平台的性能状态，如 CPU、内存、网络流量等。

(5) 分析测试结果：所有前面的准备都是为了这一步。我们需要分析大量的图表，生成各种不同的报告，根据这些报告得出最后的结论，然后去改变系统以达到优化系统性能的目的。

关于 LoadRunner 的详细讲解请参看第 8 章。

测试流程如图 5-3 所示。

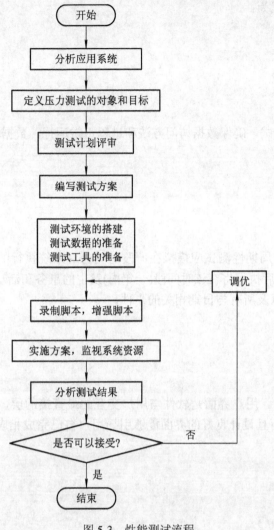

图 5-3 性能测试流程

5.4.4 系统测试用例编写

系统测试用例是整个软件测试生命周期中的最完整的测试用例，应包含引言和测试用例两部分。

1. 引言

(1) 编写目的。尽可能多的发现软件中的错误。对整个基于计算机的系统进行考验的一系列不同测试，以检查整个系统能否正常地集成到一起，为完成分配的功能而工作。

(2) 项目背景。应包括产品的名称，产品的用户，介绍产品的使用者及编写测试用例时所参考的资料。

2. 测试内容

(1) 功能测试。主要测试系统的功能性需求，找出功能性需求和系统之间的差异，即检查软件系统是否完成了需求规格说明书中所指定的功能。功能测试主要使用黑盒测试技术，其测试用例的格式为：

功能【编号】

测试用例：

【输入】：

【期望输出】：

【实际输出】：

(2) 数据完整性测试。确保数据访问方法和进程正常运行，数据不会丢失。

测试内容【编号】

测试用例：

【输入】：

【期望输出】：

【实际输出】：

(3) 周期性测试。周期性测试应模拟在一段时间内对系统执行的活动。应先确定一个时间段(例如一年)，然后执行将在该时间段(一年内)发生的事务和活动。这种测试包括所有的日、周和月周期，以及所有与日期相关的事件。

测试用例：

【输入】：

【期望输出】：

【实际输出】：

(4) 用户界面测试。用户界面是软件与用户交互的最直接的层，界面的好坏决定用户对软件的第一印象。而且设计良好的界面能够引导用户自己完成相应的操作，起到向导的作用。

测试用例：

【输入】：

【期望输出】：

【实际输出】：

(5) 性能测试。一般来说，性能是一种指标，表明软件系统或构件对于其及时性要求的符合程度；其次，性能是软件产品的一种特性，可以用时间来进行度量。

测试用例：

【输入】：

【期望输出】：

【实际输出】：

(6) 负载测试。负载测试是一种性能测试。在这种测试中，将使测试对象承担不同的工作量，以评测和评估测试对象在不同工作量条件下的性能行为，以及持续正常运行的能力。负载测试的目标是确定并确保系统在超出最大预期工作量的情况下仍能正常运行。此外，负载测试还要评估性能特征。

测试用例：

【输入】：

【期望输出】：

【实际输出】：

(7) 强度测试。强度测试也是一种性能测试，实施和执行此类测试的目的是找出因资源不足或资源争用而导致的错误。如果内存或磁盘空间不足，测试对象就可能会表现出一些在正常条件下并不明显的缺陷。而其他缺陷则可能由于争用共享资源(如数据库锁或网络带宽)而造成的。强度测试还可用于确定测试对象能够处理的最大工作量。

测试用例：

【输入】：

【期望输出】：

【实际输出】：

(8) 容量测试。容量测试使测试对象处理大量的数据，以确定是否达到了将使软件发生故障的极限。容量测试还将确定测试对象在给定时间内能够持续处理的最大负载或工作量。

测试用例：

【输入】：

【期望输出】：

【实际输出】：

(9) 安全性测试和访问控制测试。安全性和访问控制测试侧重于安全性的两个关键方面：应用程序级别的安全性，包括对数据或业务功能的访问；系统级别的安全性，包括对系统的登录或远程访问。

测试用例：

【输入】：

【期望输出】：

【实际输出】：

(10) 故障转移/恢复测试。故障转移和恢复测试可确保测试对象能成功完成故障转移，并能从导致意外数据损失或数据完整性破坏的各种硬件、软件或网络故障中恢复。

测试用例：

【输入】：

【期望输出】：

【实际输出】：

(11) 配置测试。配置测试核实测试对象在不同的软件和硬件配置中的运行情况。在大多数生产环境中，客户机、工作站、网络连接和数据库服务器的具体硬件规格会有所不同。客户机工作站可能会安装不同的软件，例如，应用程序、驱动程序等，而且在任何时候，都可能运行许多不同的软件组合，从而占用不同的资源。

测试用例：

【输入】：

【期望输出】：

【实际输出】：

(12) 安装测试。安装测试有两个目的。第一个目的是确保该软件在正常情况(例如，进行首次安装、升级、完整的或自定义的安装)和异常情况(包括磁盘空间不足、缺少目录创建权限等)的不同条件下都能进行安装。第二个目的是核实软件在安装后是否能立即正常运行。

测试用例：

【输入】：

【期望输出】：

【实际输出】：

习　题　

1. 什么是系统测试计划？

2. 根据 IEEE 829-1998 软件测试文档编制标准，系统测试计划包含哪些内容？

3. 系统测试一般要通过多少种测试方法来完成？

4. 系统测试一般由哪些人员参加？角色如何分配？

5. 功能测试常用方法有哪些？

6. 应该从哪几个角度考虑进行用户层设计？

7. 应用层设计包含哪些内容？

8. 系统测试设计主要由哪几部分组成？

9. 试述功能测试工具 QTP 的工作原理？

10. 试述性能测试工具 LoadRunner 的工作原理？

11. 设计系统测试需要从哪几个方面入手？

第6章 验收测试

学习目标

- 了解验收测试的原则和计划。
- 理解验收测试的步骤和过程。
- 掌握验收测试策略以及验收测试报告编写。

在系统测试完成后，将会进行验收测试。这里的验收测试，其实可以称为用户确认测试。在正式验收前，需要用户对本系统做出一个评价，用户可对交付的系统做测试，并将测试结果反馈回来，进行修改、分析。面向应用的项目，在交付用户正式使用之前要经过一定时间的验收测试。

验收测试在整个软件生产流程中非常重要，这个环节是被测软件首次作为正式的系统交由用户使用，用户会根据他们的实际使用情况进行测试、试用，并提出实际使用过程中存在的问题。我们知道，软件测试是尽可能地去模拟客户的业务行为，遵循既定的用户需求和软件生产规范，寻找软件产品中的缺陷。然而，测试工程师并不是真正的最终用户，所以，在测试过程中仍旧会存在一些未能发现的实际业务缺陷，这对软件质量的保证是一个威胁。所以，在产品正式发布前，加入用户的测试是一个明智的选择，因为用户能从最终的业务角度来试用系统，并能发现很多有价值的缺陷，从某个角度来说，验收测试是软件生产流程中的最后质检关。验收测试通常包括以下4个活动：制定测试计划、验收测试过程、设计验收测试、执行验收测试。如表6-1所示。

表6-1 验收测试活动

活　动	输　入	输　出	参与角色和职责
制定验收测试计划	1. 需求规格说明 2. 系统测试报告	验收测试计划	测试设计员负责制定验收测试计划
验收测试过程	验收测试计划	验收测试内容	测试设计人员和用户共同参与
验收测试设计	验收测试内容和准则	系统 Alpha 和 Beta 版本	测试设计员和用户共同参与 Alpha 版本测试，Beta 版本主要是用户参与
验收测试执行	1. 系统 Alpha 版 2. 系统 Beta 版	验收测试报告	测试设计员执行验收测试并记录测试结果、负责评估此次验收测试并生成测试评估报告

6.1 验收测试计划

6.1.1 验收测试概述

验收测试(Acceptance testing),是系统开发生命周期的最后一个阶段,这时相关的用户或独立测试人员根据测试计划和结果对系统进行测试和接收。它让系统用户决定是否接收被测软件。它是一项确定产品是否能够满足合同或用户所规定需求的测试。

验收测试是部署软件之前的最后一个测试操作。验收测试的目的是确保软件准备就绪,并且可以让最终用户将其用于执行软件的既定功能和任务。

验收测试是向未来的用户表明系统能够像预定要求那样工作。经集成测试后,已经按照设计把所有的模块组装成一个完整的软件系统,接口错误也已经基本排除了,接着就应该进一步验证软件的有效性,这就是验收测试的任务,即软件的功能和性能如同用户所合理期待的那样。

6.1.2 验收测试原则

进行验收测试需要遵循如下原则:

(1) 软件验收测试必须在正式上线之前完成。

(2) 软件验收测试小组在认真审查软件需求规格说明、软件单元测试、软件集成测试和软件系统测试规划基础上,制定验收测试计划。

(3) 软件审计小组还要在认真审查软件需求规格说明、单元测试、集成测试和系统测试等过程中形成的成果物以及在变更管理及审计工作基础上开展工作。

(4) 原有的软件测试结果,凡可以利用的就利用,不必重做,也可以根据用户的要求临时增加一些测试,重点应该对前期测试中曾经出现过的问题进行考核。

(5) 软件验收测试环境、内容等应符合《软件需求规格说明书》或《软件开发任务书》的要求。

6.1.3 验收测试计划模板

验收测试根据各个软件公司的实际情况,没有统一的标准或模式,但主要内容包括:

1. 目的

规范协助客户确认软件或系统集成项目已达到合同规定的功能和质量要求的程序。

2. 适用范围

适用于向用户交付的软件和系统集成项目。

3. 职责

(1) 测试部门:根据客户要求进行软件和系统集成项目验收前的准备,协助客户完成验收。

(2) 开发部门：根据客户对软件产品本身做验收前的准备，协助客户完成验收。

4．工作程序

1) 验收前的准备

在产品验收之前，测试部门和开发部门应根据合同中的验收准则检查所有软件项及其配置是否完整，做好验收准备。

2) 验收实施

(1) 根据合同的要求或双方协商的结果，确定验收时间、进度安排、验收准则、软/硬件环境和资源，以及双方的具体职责。验收工作应由客户负责主持，管理部门或开发部门应协助客户以便顺利验收，是本公司的验收人员协助客户制定"验收测试计划"。

(2) 根据合同规定或客户要求，验收测试可以是现场测试或在客户认可的环境下进行。验收测试尽可能由客户实施，开发部门给予协助。

(3) 验收过程以验收准则为依据，所有与验收准则不一致的地方，均认为存在问题，并由双方确认问题的类型，记入"验收测试报告"。

3) 问题处理

在验收测试过程中发现的问题应根据合同规定来处理。如果合同中没有规定，应指明问题类型和责任归属，由开发部门与客户协商解决办法。验收过程中存在的问题及解决办法要及时写入"验收测试报告"，"验收测试报告"由项目管理部门存档。

5．质量记录

这部分要注明两个重要文档《软件验收测试计划》和《软件验收测试报告》的进度安排。

6.2 验收测试过程

6.2.1 验收测试内容

1．软件需求分析

根据需求规格说明书，了解软件功能和性能要求、软硬件环境要求等，并特别要了解软件的质量要求和验收要求。

2．编制《验收测试计划》和《项目验收准则》

根据软件需求和验收要求编制测试计划，制定需测试的测试项，制定测试策略及验收通过准则，并有客户参与计划评审。

3．测试设计和测试用例设计

根据《验收测试计划》和《项目验收准则》编制测试用例，并经过评审。

4．测试环境搭建

建立测试的硬件环境、软件环境等。(可在委托客户提供的环境中进行测试)。

5．测试实施

测试并记录测试结果。

6．测试结果分析

根据验收通过准则分析测试结果，作出验收是否通过及测试评价。

7．测试报告

根据测试结果编制缺陷报告和验收测试报告，并提交给客户。

6.2.2　验收测试步骤

验收测试过程如图 6-1 所示。

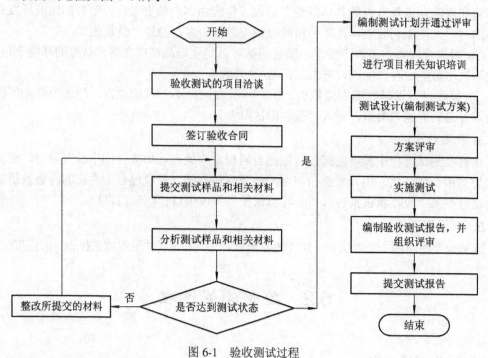

图 6-1　验收测试过程

步骤 1：验收测试业务洽谈：针对一个项目，甲乙双方各派代表对进行验收的项目进行洽谈；

步骤 2：签订测试合同：甲乙双方根据约定签订测试合同；

步骤 3：开发方提交测试样品和相关资料：开发方需提交的文档主要分两种，一种是基本文档(验收测试必需的文档)，包括用户手册，安装手册，操作手册，维护手册，软件开发合同，需求规格说明书，软件设计说明，软件样品(可刻录在光盘)；另一种是特殊文档(根据测试内容不同，委托方所需提交相应的文档)，包括软件产品开发过程中的测试记录，软件产品源代码等。

步骤 4：编制测试计划并通过评审；

步骤 5：进行项目相关知识培训；

步骤 6：测试设计：评测中心编制测试方案和设计测试用例集；

步骤 7：方案评审：评测中心测试组成员、委托方代表一起对测试方案进行评审；

步骤 8：实施测试：评测中心对测试方案进行整改，并实施测试。在测试过程中每日提交测试事件报告给委托方；

步骤 9：编制验收测试报告并组织评审：评测中心编制验收测试报告，并组织内部评审；

步骤 10：提交验收测试报告：评测中心提交验收测试报告。

6.3　验收测试设计

验收测试的常用策略有三种，它们分别是：正式验收测试、Alpha(α)测试和 Beta(β)测试。

6.3.1　正式验收测试

正式验收测试是一项管理严格的过程，它通常是系统测试的延续，计划和设计这些测试的周密和详细程度不亚于系统测试，选择的测试用例应该是系统测试中所执行测试用例的子集。而在非正式验收测试中，执行测试过程不像正式验收测试那样严格。在此测试中，确定并记录要研究的功能和业务任务，但没有可以遵循的特定测试用例，测试内容由各测试员决定。这种验收测试方法不像正式验收测试那样组织有序，而且更为主观。正式验收测试的两种方式：

● 在某些软件企业中，开发者(或其独立的测试小组)与最终用户的代表一起执行验收测试。

● 在其他软件企业中，验收测试则完全由最终用户组织执行，或者由最终用户组织选择人员组成一个客观公正的小组来执行。

正式验收测试形式的优点包括：

(1) 要测试的功能和特性都是已知的。

(2) 测试的细节是已知的并且可以对其进行评测。

(3) 这种测试可以自动执行，支持回归测试。

(4) 可以对测试过程进行评测和监测。

(5) 可接受性标准是已知的。

正式验收测试形式的缺点包括：

(1) 要求大量的资源和计划。

(2) 这些测试可能是系统测试的再次实施。

(3) 可能无法发现软件中由于主观原因造成的缺陷，这是因为您只查找预期要发现的缺陷。

6.3.2　α 测试

α 测试，也称为室内测试，是由最终用户在非正式使用环境下进行的测试，也可以是开发机构内部的用户在模拟实际操作环境下进行的测试。软件在一个自然设置状态下使用，开发者坐在用户旁，随时记下错误情况和运行中出现的问题。这是在受控的环境下进行的测试。

α 测试的目的应当先清晰地传递给每个参与者。α 测试中的每个参与者在 α 测试结束时提供一个反馈。在这个测试期间，项目经理应该向参与者介绍一些项目的历史背景知识。项目的设计人员应当在测试期间提供协助，并给出测试的一般规则。

α 测试主要用于发现下面一些问题：

(1) 主要的概念性缺陷或者与主题不协调的地方；

(2) 发现功能需求与项目规格不符合的地方；

(3) 发现在拼写、标点以及习惯用法方面的错误(针对 GUI)；

(4) 发现不准确、不清晰或者不完整的图形(针对 GUI)。

在进行 α 测试时，需要注意以下事项：

(1) 在起始的时候，必须明确你现在正在进行一个 α 测试并且你希望做一些修改。

(2) 告诉 α 测试参与者需要遵循下面一些基本原则：

① 时刻记录下对于系统的建议，建议应该足够详细，以便能指导修改；

② 以一定的指令顺序进行 α 测试，在时间不足的情况下，可以提醒参与者关注系统最关键的地方；

③ 尽可能地要求建议或改进而不是简单的接受批评。从项目成员那边获取协助修改的承诺。

(3) 保证有人记录下了各种评注以帮助项目组成员在修订的时候能够记起曾做出的决定。这些评注一般可以分为 3 种类型：

① 必须进行的变更。这些一般是属于错误，并且会在正式发布的版本中纠正；

② 有效性变更。这些主要是属于内容性变更，一般是细化某些提示信息或帮助信息；

③ 改进性变更。这些建议并不在最初的需求或项目规格中，但是此改进将使系统更好。一般这些变更会被安排在下一个版本中。

(4) 如果你在是否进行变更的讨论中陷入了困境，那么就应当把该决定推迟。但必须记住后面还需要回到该决定上。

α 测试的优点通常包括：

① 要测试的功能和特性都是已知的；

② 可以对测试过程进行评测和监测；

③ 可接受性标准是已知的；

④ 与正式验收测试相比，可以发现更多由于主观原因造成的缺陷。

α 测试的缺点包括：

① 无法控制所使用的测试用例；

② 最终用户可能会沿用系统工作的方式，并可能无法发现缺陷；

③ 最终用户可能专注于比较新的版本与遗留系统，而不是专注于查找缺陷；

④ 用于验收测试的资源不受项目的控制，并且可能受到压缩。

6.3.3 β 测试

β 测试是由软件的多个用户在一个或多个用户的实际使用环境下进行的测试。这些用户是与公司签订了支持产品预发行合同的外部客户，他们要求使用该产品，并愿意返回有关错误信息给开发者。与 α 测试不同的是，开发者通常不在测试现场。因而，β 测试是在开发者无法控制的环境下进行的软件现场应用。

一般软件公司提供 β 测试的时候，主要通过两种不同的途径：公共 β 和私有 β。公共 β 程序允许每个人员可以访问这个软件(如：Microsoft 的 β 软件测试)。而私有 β 被限制在一小部分人当中，这些人在有协议的公司或受控的环境中使用软件，愿意积极报告缺陷并反馈信息。随着互联网的普及，越来越多的公司把软件的测试依赖在 β 测试上，然而，广泛的β测试并不能完全替代实验室内的系统测试，这主要基于一下几个原因：

(1) β 测试人员不是专业的测试人员，很难发现一些深层次的问题，更多的是停留在使用性方面的问题上；

(2) 由于 β 测试是不受控的，因此无法了解 β 测试人员实际是如何操作系统的，有很多 β 测试人员反馈的问题是由于使用不当而引起的；

(3) 对于一些细小的问题，β 测试人员往往不愿意反馈；

(4) 有些 β 测试人员往往不是为了测试软件而参与，而是为了评价软件或获得软件而参与测试，并且当他们发现软件中存在一些重要缺陷时，并不是积极反馈，而是私下决定不再购买该软件；

(5) β 测试人员反馈的问题信息很简单，经常不能指导问题的修改，开发人员往往需要花费更多的精力去定位问题。

β 测试的优点是：

① 测试由最终用户实施。

② 拥有大量的潜在测试资源。

③ 提高客户对系统的满意程度。

④ 与正式或非正式验收测试相比，可以发现更多由于主观原因造成的缺陷。

β 测试的缺点是：

① 未对所有功能和特性进行测试，测试不具完备性。

② 测试流程难以统一评测。

③ 可接受性标准是未知的。

④ 需要更多辅助性资源来管理 β 测试员。

6.4　验收测试执行

6.4.1　验收测试实施

用户验收测试实施大体流程如图 6-2 所示。

文档审核部分主要审核开发类文档和管理类文档。开发类文档包括《需求分析说明书》、《概要设计说明书》、《详细设计说明书》、《数据库设计说明书》、《测试计划》、《测试报告》、《程序维护手册》、《程序员开发手册》、《用户操作手册》、《项目总结报告》。在这些文档中比较容易被忽视的文档有《程序维护手册》和《程序员开发手册》。

《程序维护手册》的主要内容包括：系统说明(包括程序说明)、操作环境、维护过程、源代码清单等，编写目的是为将来的维护、修改和再次开发提供有用的技术信息。

《程序员开发手册》的主要内容包括：系统目标、开发环境使用说明、测试环境使用说明、编码规范及相应的流程等，实际上就是程序员的培训手册。

文档审核、源代码审核、配置脚本审核、测试程序和脚本审核都涉及了审核，通常，正式的审核过程如图 6-3 所示。

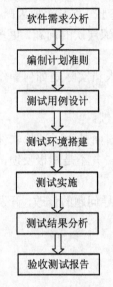

图 6-2　验收测试过程　　　　　图 6-3　正式审核过程

(1) 审核计划：事先要对需要进行审核的文档、源代码、配置脚本等进行必要的规划。

(2) 预备会议：对审核内容进行介绍并讨论。

(3) 准备阶段：各责任人事先审核并记录发现的问题。

(4) 审核会议：最终确定工作产品中包含的错误和缺陷。

(5) 问题追踪：对发现的问题进行跟踪。

审核要达到的基本目标是：

根据共同制定的审核表，尽可能地发现被审核内容中存在的问题，并最终得到解决。在根据相应的审核表进行文档审核和源代码审核时，还要注意文档与源代码的一致性。

在真正进行用户验收测试之前一般应该已经完成了以下工作(也可以根据实际情况有选择地采用或增加)：

- 软件开发已经完成，并全部解决了已知的软件缺陷。
- 验收测试计划已经过评审并批准，并且置于文档控制之下。
- 对软件需求规格说明书的审查已经完成。
- 对概要设计、详细设计的审查已经完成。
- 对所有关键模块的代码审查已经完成。
- 对单元、集成、系统测试计划和报告的审查已经完成。
- 所有的测试脚本已完成，并至少执行过一次，且通过评审。
- 使用配置管理工具且代码置于配置控制之下。

- 软件问题处理流程已经就绪。
- 已经制定、评审并批准验收测试完成标准。

6.4.2　验收测试报告

作为测试的一个重要环节，也是最后一步，在验收测试的结束部分，需要以文档的形式提供"验收测试报告"作为对验收测试结果的一个书面说明。

验收报告一般分为两个部分：顶层信息和主体信息。项目验收报告顶层信息应该标明项目的一些基本情况，具体格式如表 6-1 所示。

表 6-1　顶 层 信 息

项目名称	
产品名称	
产品版本	
客户名称	
供应方	
验收日期	

验收报告主体部分主要包括：

1. 目录
2. 前言
(1) 编写目的
(2) 项目背景
3. 功能验收
(1) 验收项类别
(2) 验收项名称
(3) 说明
(4) 是否通过验收
(5) 备注
4. 性能验收
(1) 验收项类别
(2) 验收项名称
(3) 说明
(4) 是否通过验收
(5) 备注
5. 交付物验收
(1) 验收项类别
(2) 验收项名称
(3) 说明

(4) 是否通过验收

(5) 备注

6. 验收结论

习　题

1. 何为验收测试？

2. 简述验收测试的原则？

3. 验收测试内容有哪些？

4. 简述验收测试的步骤？

5. 验收测试策略有哪些？

6. α 测试主要用于发现哪些问题？

7. β 测试为什么不能完全替代实验室内的系统测试？

8. 简述验收测试流程。

9. 试述验收测试报告组成。

第 7 章　面向对象的软件测试

学习目标 📝

- 了解面向对象测试概念。
- 理解面向对象测试模型。
- 掌握面向对象测试流程。

就测试而言，针对用面向对象方法开发的系统进行的测试与用其他方法开发的系统进行的测试没有什么不同，在所有开发系统中都是根据需求规格说明书来验证系统设计的正确性。面向对象的测试策略也是从小规模测试直至大规模测试，即从单元测试开始，逐步展开，然后是集成测试、系统测试和验收测试，只是在测试中要考虑面向对象的因素。面向对象技术所独有的多态、继承、封装等新特点，使面向对象程序设计比传统语言程序设计产生错误的可能性增大，使得传统软件测试中的重点不再显得那么突出，或原来测试经验和实践证明的次要方面成为了主要问题。

用户使用低质量的软件，在运行过程中会产生各种各样的问题，可能带来不同程度的严重后果，轻者影响系统的正常工作，重者造成事故和财产损失。软件测试是保证软件质量的最重要的手段，它使用人工或自动化的手段来运行或测定某个系统的过程，其目的在于检验它是否满足规定的需求，弄清预期结果与实际结果之间的差别。

面向对象技术是一种普遍使用的软件开发技术，正逐渐代替面向过程开发方法，被看成是解决软件危机的新兴技术。面向对象技术产生更好的系统结构，更规范的编程风格，极大地优化了数据使用的安全性，提高了程序代码的重用。应该看到，尽管面向对象技术的基本思想保证了软件应该有更高的质量，但实际情况却并非如此，因为无论采用什么样的编程技术，编程人员的错误都是不可避免的，而且由于面向对象技术开发的软件代码重用率高，更需要严格测试，避免错误的繁衍。因此，软件测试并没有因面向对象编程的兴起而丧失掉它的重要性。

从美国北卡罗来纳大学召开首次软件测试的正式技术会议至今，软件测试理论迅速发展，并相应出现了各种软件测试方法，使软件测试技术得到极大的提高。然而，一度实践证明行之有效的软件测试技术对面向对象技术开发的软件多少显得有些力不从心，尤其是面向对象技术所独有的多态，继承，封装等新特点，使得传统语言设计所不可能产生的错误成为可能，或者使得传统软件测试中的重点不再显得突出，或者使原来测试经验认为和实践证明的次要方面成为了主要问题。例如：在传统的面向过程程序中，对于函数 y=Function(x)，你只需要考虑单一的函数(Function())的行为特点，而在面向对象程序中，你不得不同时考虑基类函数的行为和继承类函数的行为。

面向对象程序的结构不再是传统的用功能模块构成一个整体，原有集成测试所要求的渐增式测试模式将开发的模块搭建在一起进行测试的方法已不再可能。而且，面向对象软件抛弃了传统的开发模式，对每个开发阶段都有不同以往的要求和结果，已经不可能用功能细化的观点来检测面向对象分析和设计的结果。因此，传统的测试模型对面向对象软件已经不再适用。针对面向对象软件的开发特点，应该有一种新的测试模型。

面向对象的开发模型实质是将软件测试过程分成 3 个阶段，即面向对象分析(OOA)、面向对象设计(OOD)和面向对象编程(OOP)。

面向对象测试的类型可分为：面向对象单元测试(OO Unit Test)、面向对象集成测试(OO Integration Test)、面向对象系统测试(OO System Test)和面向对象验收测试(OO Acceptance Test)。

面向对象测试类型的另一种划分：模型测试、类测试(用于代替单元测试)、交互测试(用于代替集成测试)、系统(包括子系统)测试、接收测试、部署测试。

传统测试模式与面向对象的测试模式的最主要的区别在于，面向对象的测试更关注对象而不是完成输入/输出的单一功能，测试可以在分析与设计阶段就先行介入，使得测试更好地配合软件生产过程并为之服务。与传统测试模式相比，面向对象测试的优点在于：更早地定义出测试用例；早期介入可以降低成本；尽早的编写系统测试用例以便于开发人员与测试人员对系统需求的理解保持一致；面向对象的测试模式更注重于软件的实质。

7.1　面向对象相关概念

7.1.1　对象

从一般意义上讲，对象是现实世界中实际存在事物，它可以是有形的(比如一台电脑)，也可以是无形(比如一个理想)。一个对象构成世界的一个独立单位，它具有自己的静态特征和动态特征。静态特征即可用某种数据来描述的特征，动态特征即对象所表现的行为或所具有的功能。

现实世界中的任何事物都可以称作对象，它是大量的、无处不在的。不过，人们在开发一个系统时，通常只是在一定的范围(问题域)内考虑和认识与系统目标有关的事物，并用系统中的对象抽象地表示它们。所以面向对象方法在提到"对象"这个术语时，既可能泛指现实世界中的某些事物，也可能专指它们在系统中的抽象表示，即系统中的对象。我们主要对后一种情况讨论对象的概念，其定义是：对象是系统中用来描述客观事物的一个实体，它是构成系统的一个基本单位。一个对象由一组属性和对这组属性进行操作的一组服务构成。

属性和服务是构成对象的两个主要因素，其定义是：属性是用来描述对象静态特征的数据项。服务是用来描述对象动态特征(行为)的一个操作序列。

一个对象可以有多项属性和多项服务。一个对象的属性和服务被结合成一个整体，对象的属性值只能由这个对象的服务存取。

在有些文献中把对象标示(OID)列为对象的另一要素。对象标示也就是对象的名字，有"外部标示"和"内部标示"之分。前者供对象的定义者或使用者用，后者为系统内部唯一的识别对象。

另外需要说明以下两点：第一点是，对象只描述客观事物本质的与系统目标有关的特征，而不考虑那些非本质的与系统目标无关的特征。也就是说，对象是对事物的抽象描述。第二点是，对象是属性和服务的结合体，二者是不可分的。而且对象的属性值只能由这个对象的服务来读取和修改，这就是后文将讲述的封装概念。

根据以上两点，也可以如下定义对象：对象是问题域或实现域中某些事物的一个抽象，它反映该事物在系统中需要保存的信息和发挥的作用，它是一组属性和有权对这些属性进行操作的一组服务的封装体。

系统中的一个对象，在软件生命周期的各个阶段可能有不同的表示形式。例如，在分析与设计阶段是用某种 OOD/OOA 方法所提供的表示法给出比较粗略的定义，而在编程阶段则要用一种 OOPL 写出详细而确切的源程序代码。这就是说，系统中的对象要经历若干演化阶段，其表现形式各异，但在概念上是一致的，即都是问题域中某一事物的抽象表示。

7.1.2　类

把众多的事物归类是人类在认识客观世界时经常采用的思维方法。分类所依据的原则是抽象，即：忽略事物的非本质特征，只注意那些与当前目标有关的本质特征，从而找出事物的共性，把具有共同性质的事物划分为一类，得出一个抽象的概念。例如：马、树木、石头等等都是一些抽象概念，它们是一些具有共同特征的事物的集合，被称作类。类的概念使我们能对属于该类的全部个体事物进行统一的描述。例如："树具有树根、树干、树枝和树叶，它能进行光合作用"，这个描述适合所有的树，从而不必对每棵具体的树进行一次这样的描述。

在面向对象方法中，类的定义是：类是具有相同属性和服务的一组对象的集合，它为属于该类的全部对象提供了统一的抽象描述，其内部包括属性和方法两个主要部分。

在面向对象的编程语言中，类是一个独立的程序单位，它应该有一个类名并包括属性说明和方法说明两个主要部分。类的作用是定义对象。比如，程序中给出一个类的说明，然后以静态声明或动态创建等方式定义它的对象实例。

类与对象的关系如同一个模具与用这个模具铸造出来的铸件之间的关系。类给出了属于该类的全部对象的抽象定义，而对象则是符合这种定义的一个实体。所以，一个对象又称作类的一个实例(instance)，而有的文献又把类称作对象的模板(template)。所谓"实体"、"实例"意味着什么呢？最现实的一件事是：在程序中，每个对象需要有自己的存储空间，以保存它们自己的属性值。我们说同类对象具有相同的属性与服务，是指它们的定义形式相同，而不是说每个对象的属性值都相同。

可以对照面向过程程序设计语言中的数据类型与变量之间的关系来理解类和对象，二者十分相似，都是集合与成员、抽象描述与具体实例的关系。多数情况下，类型用于定义数据，类用于定义对象。有些面向对象的编程语言，既有类的概念也有类型概念。比如在

C++中，用类定义对象，用类型定义对象的成员变量。但是也有少数面向对象编程语言(例如 Object Pascal)不采用类的概念，对象和普通数据都是用类型定义的。

事物(对象)既具有共同性，也具有特殊性。运用抽象的原则舍弃对象的特殊性，抽取其共同性，则得到一个适应一批对象的类。如果在这个类的范围内考虑定义这个类时舍弃的某些特殊性，则在这个类中只有一部分对象具有这些特殊性，而这些对象彼此是共同的，于是得到一个新的类。它是前一个类的子集，称作前一个类的特殊类。而前一个类称作这个新类的一般类，这是从一般类发现特殊类，也可以从特殊到一般。考虑若干类所具有的彼此共同的特征，舍弃它们彼此不同的特殊性，则得到这些类的一般类。

一般类和特殊类是相对而言的，它们之间是一种真包含的关系(即特殊类是一般类的一个真子集)。如果两个类之间没有这种关系，就谈不上一般和特殊。特殊类具有它的一般类的全部特征，同时又具有一些只适应于本类对象的独特特征。

7.1.3　封装

封装是面向对象方法的一个重要原则，它有两层含义。第一层含义是，把对象的全部属性和全部方法结合在一起，形成一个不可分割的独立单位(即对象)；第二层含义也称作"信息隐蔽"，即尽可能隐蔽对象的内部细节，对外形成一个边界(或者说形成一道屏障)，只保留有限的对外接口使之与外部发生联系。这主要是指对象的外部不能直接地存取对象的属性，只能通过几个允许外部使用的方法与对象发生联系。用比较简练的语言给出封装的定义就是：封装就是把对象的属性和方法结合成一个独立系统单位，并尽可能隐蔽对象的内部细节。

用"超市"对象描述现实中的一个超市，它的属性是超市内的各种货品(其名称、定价)和钱箱(总金额)，它有两个方法——售货和款货清点。封装意味着，这些属性和方法结合成一个不可分割的整体——超市对象。它对外有一道边界，即售货通道，并留一个接口，即收款处，这里提供售货服务。顾客只能从这个通道要求提供服务。款货清点是一个内部方法，不向顾客开放。

封装的原则具有很重要的意义，对象的属性和方法紧密结合反映了这样一个基本事实：事物的静态特征和动态特征是事物不可分割的两个方面，系统中把对象看成它的属性和方法的结合体，就使对象能够集中而完整地描述并对应一个具体的事物。以往有些方法把数据和功能分离开进行处理，很难具有这种对应性。封装对信息的隐蔽作用反映了事物的相对独立性。当我们站在对象以外的角度观察一个对象时，只需要注意它对外呈现什么行为(做什么)，而不必关心它的内部细节(怎么做)。规定了它的职责之后，就不应该随意从外部插手去改动它的内部信息或干预它的工作。封装的原则在软件上表现为要求使对象以外的部分不能随意存取对象的内部数据(属性)，从而有效地避免了外部错误对它的"交叉感染"，使软件错误能够局部化，因而大大减少了查错和排错的难度。另一方面，当对象的内部需要修改时，由于它只通过少量的服务接口对外提供服务，因此大大减少了内部的修改对外部影响，即减小了修改引起的"波动效应"。

封装是面向对象方法的一个原则，也是面向对象技术必须提供的一种机制。例如在面向对象语言中，要求把属性和方法结合起来定义成一个程序单位，并通过编译系统保证对象的外部不能直接存取对象的属性或调用它的内部服务。这种机制就叫作封装机制。

与封装密切相关的一个术语是可见性，它是指对象的属性和方法允许对象外部存取和引用的程度。我们已经讨论了封装的好处，然而封装也有它的缺陷。如果强调严格的封装，则对象的任何属性都不允许外部直接存取，因此就要增加许多没有其他意义，只负责读或写的方法。这为编程工作增加了负担，增加了运行开销，并且使程序显得臃肿。为了避免这点，编程语言往往采取一种比较现实的灵活态度——允许对象有不同程度的可见性。

可见性的代价是放弃封装所带来的好处。各种语言采取了不同的作法。纯面向对象的编程语言一般采取严格的封装(如 smalltalk)；混合型面向对象编程语言有的完全可见(如 object pascal 和 Objective-C)；有的采取折中方案，即允许程序员指定哪些属性和服务是可见的，哪些是不可见的(如 C++)。目前看来，折中的做法最受用户欢迎。

7.1.4　继承

继承是面向对象方法中的一个十分重要的概念，并且是面向对象技术可提高软件开发效率的重要原因之一，其定义是：

特殊类的对象拥有其一般类的全部属性与方法，称作特殊类是对一般类的继承。继承意味着"自动地拥有"，或者说是"隐含地复制"。就是说，特殊类中不必重新定义已在它的一般类中定义过的属性或方法，而它却自动地、隐含地拥有其一般类的所有属性与方法。面向对象方法的这种特性称作对象的继承性。从一般类和特殊类的定义可以看到，后者对前者的继承逻辑上是必然的。继承的实现则是通过面向对象系统的继承机制来保证的。

一个特殊类即有自己新定义的属性和方法，又有从它的一般类中继承下来的属性和方法。继承来的属性和方法，尽管是隐式的(不用书写出来)，但是无论在概念上还是在实际效果上，都确确实实地是这个类的属性和方法。当这个特殊类又被它更下层的特殊类继承时，它继承来的和自己定义的属性和方法又都一起被更下层的类继承下去。也就是说，继承关系具有传递性。

继承具有重要的实际意义，它简化了人们对事物的认识和描述，比如我们认识了客机的特征之后，在考虑客轮时只要我们知道客机也是一种飞机这个事实，那就认为它理所当然的具有飞机的全部一般特征，只需要把精力用于发现和描述客机独有的那些特征上。在软件开发过程中，在定义特殊类时，不需把它的一般类已经定义过的属性和方法重写一遍，只需要声明它是某个类的特殊类，并定义它自己的特殊属性与方法。无疑这将明显地减少开发工作量。

继承对于软件复用是很有益的。在开发一个系统时，使特殊类继承一般类，这本身就是软件复用，然而其复用意义不仅如此，如果把用面向对象方法开发的类作为可复用构件提交到构件库，那么在开发新系统时不仅可以直接地复用这个类，还可以把它作为一般类，通过继承而实现复用，从而大大扩展了复用范围。

一个类可以是多个一般类的特殊类，它从多个一般类中继承了属性与方法，这种继承模式叫多继承。

这种情况是常常可以遇到的。例如我们有了客机和空运工具两个一般类，在考虑客机这个类时就可以发现，客机既是一种飞机，又是一种空运工具，所以它可以同时作为飞机和空运工具这两个类的特殊类。在开发这个类时，如果能让它同时继承飞机和空运工具这两个类的属性与方法，则需要为它新增加的属性和方法就更少了。这无疑将进一步提高开发效率。但在实现时能不能做到这一点却取决于编程语言是否支持多继承。继承是任何一种面向对象编程语言必须具备的功能，多继承则未必，现在有许多面向对象编程语言只能支持单继承而不能支持多继承。

多继承无论从概念上还是从技术上都是单继承的推广。用集合论的术语解释多继承结构，即具有多个一般类的特殊类是它各个一般类交集的一个子集(可能是这个交集的真子集，也可能等于这个交集)。多继承模式在现实中是很常见的，但系统开发是否采用多继承受到 OOPL 功能的影响。目前比较现实的做法是，在 OOA 阶段如实地用多继承结构描述问题域中的多继承现象，从而使系统模型与问题域具有良好的对应。在考虑实现时，如果决定选用一种仅支持单继承的语言，则把多继承转化为单继承。

与多继承相关的一个问题是"命名冲突"问题。所谓命名冲突是指当一个特殊类继承了多个一般类时，如果这些一般类中的方法或服务有彼此同名的现象，则当特殊类中引用这样的属性名或者服务名时，系统无法判定它的语义到底是指哪个一般类中的属性和方法。解决的办法有两种，一是不允许多继承结构中的各个一般类的属性及方法取相同的名字，以免为开发者带来不便；二是由面向对象编程语言提供一种更名机制，使程序可以在特殊类中更换从各个一般类继承来的属性或方法的名字。

7.1.5　多态

对象的多态性是指在一般类中定义的属性或方法被特殊类继承之后，可以具有不同的数据类型或表现不同的行为。这使得同一个属性或方法名在一般类及其各个特殊类中具有不同的语义。

如果一种面向对象编程语言能支持对象的多态性，则可为开发者带来不少方便。例如，在一般类"几何图形"中定义了一个方法"绘图"，但并不确定执行时到底画一个什么图形。特殊类"椭圆"和"多边形"都继承了几何图形类的绘图服务，但其功能却不同：一个画出的是一个椭圆，一个画出的是一个多边形。进而，在多边形类更下层的特殊类"矩形"类中，绘图服务又可以采用一个比画一般的多边形更高效的算法来画一个矩形。这样，当系统的其余部分请求画出任何一种几何图形时，消息中给出的服务名同样都是"绘图"，而椭圆、多边形、矩形等类的对象接收到这个消息时却各自执行不同的绘图算法。

7.2　面向对象测试模型

面向对象的开发模型突破了传统的瀑布模型，将开发分为面向对象分析(OOA)，面向对象设计(OOD)和面向对象编程(OOP)三个阶段。分析阶段产生整个问题空间的抽象描述，在此基础上，进一步归纳出适用于面向对象编程语言的类和类结构，最后形成代码。由于面向对象的特点，采用这种开发模型能有效地将分析设计的文本或图表代码化，不断适应用户需求的变动。针对这种开发模型，结合传统的测试步骤的划分，建立一种在整个软件开发过程中不断测试的测试模型，使开发阶段的测试与编码完成后的单元测试、集成测试、系统测试成为一个整体。该测试模型如图 7-1 所示。

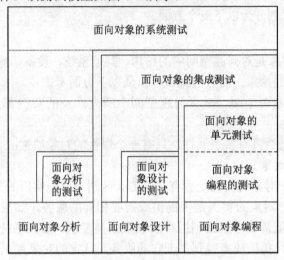

图 7-1　测试模型

OOA Test 和 OOD Test 是分别对分析结果和设计结果进行的测试，主要针对分析设计产生的文本，是软件开发前期的关键性测试。OOP Test 主要是针对编程风格和程序代码实现进行的测试，其主要的测试内容在面向对象单元测试和面向对象集成测试中体现。面向对象单元测试是对程序内部具体单一的功能模块的测试。如果程序是用 C++语言实现，主要就是对类成员函数的测试。面向对象单元测试是进行面向对象集成测试的基础。面向对象集成测试主要对系统内部的相互服务进行测试，如成员函数间的相互作用、类间的消息传递等。

面向对象集成测试不但要基于面向对象单元测试，更要参考 OOD 或 OOD Test 的结果。面向对象系统测试是基于面向对象集成测试的下个阶段的测试，主要以用户需求为测试标准，需要借鉴 OOA 或 OOA Test 的结果。

7.2.1　面向对象分析的测试

传统的面向过程分析是一个功能分解的过程，是把一个系统看成可以分解的若干功能的集合。这种传统的功能分解分析法的着眼点在于一个系统需要什么样的信息处理方法和过程，以过程的抽象来对待系统的需要。而面向对象分析(OOA)是"把 E-R 图和语义网络模型，即信息造型中的概念，与面向对象程序设计语言中的重要概念结合在一起而形成的分析方法"，最后通常是得到问题空间的图表的形式描述。

OOA 直接映射问题空间，全面地将问题空间中实现功能的现实抽象化。将问题空间中的实例抽象为对象，用对象的结构反映问题空间的复杂实例和复杂关系，用属性和服务表示实例的特性和行为。对一个系统而言，与传统分析方法产生的结果相反，行为是相对稳定的，结构是相对不稳定的，这更充分反映了现实的特性。OOA 的结果是为后面阶段类的选定和实现、类层次结构的组织和实现提供平台。因此，OOA 对问题空间分析抽象的不完整，最终会影响软件的功能实现，导致软件开发后期大量不可避免的修补工作；而一些冗余的对象或结构会影响类的选定、程序的整体结构或增加程序员不必要的工作量。因此，本文对 OOA 的测试重点在其完整性和冗余性。

OOA 阶段的测试划分为以下五个方面。

1. 对象的测试

OOA 中认定的对象是对问题空间中的结构、其他系统、设备、被记忆的事件、系统涉及的人员等实际实例的抽象。对它的测试可以从以下方面考虑：

(1) 认定的对象是否全面，是否问题空间中所有涉及的实例都反映在认定的抽象对象中。

(2) 认定的对象是否具有多个属性。只有一个属性的对象通常应看成其他对象的属性，而不是抽象为独立的对象。

(3) 对认定为同一对象的实例是否有共同的、区别于其他实例的共同属性。

(4) 对认定为同一对象的实例是否提供或需要相同的服务，如果服务随着不同的实例而变化，认定的对象就需要分解或利用继承性来分类表示。如果系统没有必要始终保持对象代表的实例的信息，提供或者得到关于它的服务，认定的对象也无必要。

2. 结构的测试

结构指的是多种对象的组织方式，用来反映问题空间中的复杂实例和复杂关系。一般的结构分为分类结构和组装结构两种。分类结构体现了问题空间中实例的一般与特殊的关系，组装结构体现了问题空间中实例的整体与局部的关系。

1) 对分类结构的测试可从如下方面考虑

(1) 对于结构中的一种对象，尤其是处于高层的对象，是否在问题空间中含有不同于下一层对象的特殊可能性，即是否能派生出下一层对象；

(2) 对于结构中的一种对象，尤其是处于同一低层的对象，是否能抽象出在现实中有意义的更一般的上层对象；

(3) 对所有认定的对象，是否能在问题空间内向上层抽象出在现实中有意义的对象；

(4) 高层的对象的特性是否完全体现下层的共性；

(5) 低层的对象是否有高层特性基础上的特殊性。

2) 对组装结构的测试从如下方面入手

(1) 整体(对象)和部件(对象)的组装关系是否符合现实的关系；

(2) 整体(对象)的部件(对象)是否在考虑的问题空间中有实际应用；

(3) 整体(对象)中是否遗漏了反映在问题空间中有用的部件(对象)；

(4) 部件(对象)是否能够在问题空间中组装新的有现实意义的整体(对象)。

3. 主题的测试

主题是在对象和结构的基础上更高一层的抽象，是为了提供 OOA 分析结果的可见性，如同文章对各部分内容的概要。对主题层的测试可从以下方面考虑：

(1) 如果主题个数超过 7 个，就要求对有较密切属性和服务的主题进行归并；

(2) 主题所反映的一组对象和结构是否具有相同和相近的属性和服务；

(3) 认定的主题是否是对象和结构更高层的抽象，是否便于理解 OOA 结果的概貌；

(4) 主题间的消息联系(抽象)是否代表了主题所反映的对象和结构之间的所有关联。

4. 属性和实例关联的测试

属性是用来描述对象或结构所反映的实例的特性。而实例关联则反映了实例集合间的映射关系。对属性和实例关联的测试可从如下方面考虑：

(1) 定义的属性是否对相应的对象和分类结构的每个现实实例都适用；

(2) 定义的属性在现实世界是否与这种实例关系密切；

(3) 定义的属性在问题空间是否与这种实例关系密切；

(4) 定义的属性是否能够不依赖于其他属性被独立理解；

(5) 定义的属性在分类结构中的位置是否恰当，低层对象的共有属性是否在上层对象属性中体现；

(6) 在问题空间中每个对象的属性是否定义完整；

(7) 定义的实例关联是否与现实相符；

(8) 在问题空间中实例关联是否定义完整，特别需要注意 1-多和多-多实例的关联。

5. 服务和消息关联的测试

服务，就是定义的每一种对象和结构在问题空间所要求的行为。由于问题空间中实例间必要的通信，在 OOA 中需要定义相应的消息关联。对服务和消息关联的测试可从如下方面考虑：

(1) 对象和结构在问题空间的不同状态是否定义了相应的服务；

(2) 对象或结构所需要的服务是否都定义了相应的消息关联；

(3) 定义的消息关联所指引的服务提供是否正确；

(4) 沿着消息关联执行的线程是否合理，是否符合现实过程；

(5) 定义的服务是否重复，是否定义了能够得到的服务。

7.2.2 面向对象设计的测试

通常的结构化的设计方法，用的是面向过程的设计方法，它把系统分解以后，提出一个过程，这些过程是实现系统的基础构造，把问题域的分析转化为求解域的设计，分析的结果是设计阶段的输入。

而面向对象设计(OOD)以 OOA 为基础归纳出类，并建立类结构或进一步构造成类库，实现分析结果对问题空间的抽象。OOD 归纳的类，可以是对象简单的延续，可以是不同对象的相同或相似的服务。由此可见，OOD 不是在 OOA 上的另一思维方式的大动干戈，而是 OOA 的进一步细化和更高层的抽象。所以，OOD 与 OOA 的界限通常是难以严格区分的。OOD 确定类和类结构不仅是满足当前需求分析的要求，更重要的是通过重新组合或加以适当的补充，能方便实现功能的重用和扩增，以不断适应用户的要求。因此，对 OOD 的测试可以从如下三方面考虑。

1. 类的测试

OOD 认定的类可以是 OOA 中认定的对象，也可以是对象所需要的服务的抽象，或对象所具有的属性的抽象。认定的类原则上应该尽量注重基础性，这样才便于维护和重用。测试认定的类主要包括：

- 是否涵盖了 OOA 中所有认定的对象；

- 是否能体现 OOA 中定义的属性；
- 是否能实现 OOA 中定义的方法；
- 是否对应着一个含义明确的数据抽象；
- 是否尽可能少的依赖其他类。

2．类层次结构的测试

为能充分发挥面向对象的继承共享特性，OOD 的类层次结构，通常以基于 OOA 中产生的分类结构的原则来组织，着重体现父类和子类间一般性和特殊性的关系及两者概念上的差异。在当前的问题空间，对类层次结构的主要要求是能在解空间构造实现全部功能的结构框架。为此，测试如下方面：

- 类层次结构是否涵盖了所有定义的类；
- 是否能体现 OOA 中所定义的实例关联；
- 是否能实现 OOA 中所定义的消息关联；
- 子类是否具有父类没有的新特性；
- 子类间的共同特性是否完全在父类中得以体现。

3．对类库支持的测试

对类库的支持虽然也属于类层次结构的组织问题，但其强调的重点是二次开发的重用。由于它并不直接影响当前软件的开发和功能实现，因此，将其单独提出来测试，也可作为对高质量类层次结构的评估。测试点如下：

- 一组子类中关于某种含义相同或基本相同的操作，是否有相同的接口(包括名字和参数表)；
- 类中方法功能是否较单纯，相应的代码行是否较少；
- 类的层次结构是否是深度大、宽度小。

7.2.3　面向对象编程的测试

典型的面向对象程序具有继承、封装和多态的新特性，这使得传统的测试策略必须有所改变。封装是对数据的隐藏，外界只能通过提供的操作来访问或修改数据，这样降低了数据被任意修改和读写的可能性，降低了传统程序中对数据非法操作的危险。继承是面向对象程序的另一重要特点，继承使得代码的重用率提高，同时也使错误传播的概率提高。继承使得传统测试遇见了这样一个难题：对继承的代码究竟应该怎样测试？多态使得面向对象程序对外呈现出强大的处理能力，但同时却使得程序内"同一"函数的行为复杂化，测试时不得不考虑不同类型具体执行的代码和产生的行为。

面向对象程序是把功能的实现分布在类中。能正确实现功能的类，通过消息传递来协同实现设计要求的功能。正是这种面向对象程序风格，将出现的错误能精确地定位在某一具体的类中。因此，在面向对象编程(OOP)阶段的测试，可忽略类功能实现的细则，将测试的目光集中在类功能的实现和相应的面向对象程序风格上，主要体现为以下两个方面：

1．数据成员是否满足数据封装的要求

数据封装是数据和数据有关的操作集合。检查数据成员是否满足数据封装的要求，基本原则是数据成员是否被外界(数据成员所属的类或子类以外的调用)直接调用。更直观地

说，当改变数据成员的结构时，是否影响了类的对外接口，是否会导致相应外界必须改动。值得注意，有时强制的类型转换会破坏数据的封装特性。

2．类是否实现了要求的功能

类所实现的功能，都是通过类的成员函数执行。在测试类的功能实现时，应该首先保证类成员函数的正确性。单独地看待类的成员函数，与面向过程程序中的函数或过程没有本质的区别，几乎所有传统的单元测试中所使用的方法，都可在面向对象的单元测试中使用。具体的测试方法在面向对象的单元测试中介绍。类函数成员的正确行为只是类能够实现要求的功能的基础，类成员函数间的作用和类之间的服务调用是单元测试无法确定的。因此，需要进行面向对象的集成测试。具体的测试方法在面向对象的集成测试中介绍。

7.3　面向对象测试流程

7.3.1　UML

1．UML 简介

公认的面向对象建模语言出现于 70 年代中期。从 1989 年到 1994 年，其数量从不到十种增加到了五十多种。在众多的建模语言中，语言的创造者努力推崇自己的产品，并在实践中不断完善。但是，OO 方法的用户并不了解不同建模语言的优缺点及相互之间的差异，因而很难根据应用特点选择合适的建模语言，于是爆发了一场"方法大战"。90 年代中，一批新方法出现了，其中最引人注目的是 Booch 1993、OOSE 和 OMT-2 等。

Booch 是面向对象方法最早的倡导者之一，他提出了面向对象软件工程的概念。1991年，他将以前面向 Ada 的工作扩展到整个面向对象设计领域。Booch 1993 比较适合于系统的设计和构造。Rumbaugh 等人提出了面向对象的建模技术(OMT)，采用了面向对象的概念，并引入各种独立于语言的表示符。这种方法用对象模型、动态模型、功能模型和用例模型，共同完成对整个系统的建模，所定义的概念和符号可用于软件开发的分析、设计和实现的全过程，软件开发人员不必在开发过程的不同阶段进行概念和符号的转换。OMT-2 特别适用于分析和描述以数据为中心的信息系统。Jacobson 于 1994 年提出了 OOSE 方法，其最大特点是面向用例(Use-Case)，并在用例的描述中引入了外部角色的概念。用例的概念是精确描述需求的重要武器，但用例贯穿于整个开发过程，包括对系统的测试和验证。OOSE 比较适合于支持商业工程和需求分析。此外，还有 Coad/Yourdon 方法，即著名的 OOA/OOD，它是最早的面向对象的分析和设计方法之一。该方法简单、易学，适合于面向对象技术的初学者使用，但由于该方法在处理能力的局限，目前已很少使用。

概括起来，首先，面对众多的建模语言，用户由于没有能力区别不同语言之间的差别，因此很难找到一种比较适合其应用特点的语言；其次，众多的建模语言实际上各有千秋；第三，虽然不同的建模语言大多类同，但仍存在某些细微的差别，极大地妨碍了用户之间的交流。因此，在客观上，极有必要在精心比较不同的建模语言优缺点及总结面向对象技术应用实践的基础上，组织联合设计小组，根据应用需求，取其精华，去其糟粕，求同存异，统一建模语言。

1994 年 10 月，Grady Booch 和 Jim Rumbaugh 开始致力于这一工作。他们首先将 Booch 93 和 OMT-2 统一起来，并于 1995 年 10 月发布了第一个公开版本，称之为统一方法 UM 0.8 (Unitied Method 0.8)。1995 年秋，OOSE 的创始人 Ivar Jacobson 加盟到这一工作中。经过 Booch、Rumbaugh 和 Jacobson 三人的共同努力，于 1996 年 6 月和 10 月分别发布了两个新的版本，即 UML 0.9 和 UML 0.91，并将 UM 重新命名为 UML(Unified Modeling Language，统一建模语言)。1996 年，一些机构将 UML 作为其商业策略已日趋明显。UML 的开发者得到了来自公众的正面反应，并倡议成立了 UML 成员协会，以完善、加强和促进 UML 的定义工作。当时的成员有 DEC、HP、I-Logix、Itellicorp、IBM、ICON Computing、MCI Systemhouse、Microsoft、Oracle、Rational Software、TI 以及 Unisys 等。这一机构对 UML 1.0(1997 年 1 月)及 UML 1.1(1997 年 11 月 17 日)的定义和发布起了重要的促进作用。

UML 是一种定义良好、易于表达、功能强大且普遍适用的建模语言。它融入了软件工程领域的新思想、新方法和新技术。它的作用域不限于支持面向对象的分析与设计，还支持从需求分析开始的软件开发的全过程。

在美国，截止 1996 年 10 月，UML 获得了工业界、科技界和应用界的广泛支持，已有 700 多家公司表示支持采用 UML 作为建模语言。1996 年底，UML 已稳占面向对象技术市场的 85%，成为可视化建模语言事实上的工业标准。1997 年 11 月 17 日，OMG 采纳了 UML 1.1 作为基于面向对象技术的标准建模语言。UML 代表了面向对象方法的软件开发技术的发展方向，具有巨大的市场前景，也具有重大的经济价值和国防价值。

2．UML 各种图

1) 用例图(见图 7-2)

(1) 用例定义。

用例是对包括变量在内的一组动作序列的描述，系统执行这些动作，并产生传递特定参与者的价值的可观察结果。这是 UML 对用例的正式定义，可以这样去理解，用例是参与者想要系统做的事情，用例在画图中用椭圆来表示，椭圆下面附上用例名称。

用例图定义:

由参与者(Actor)、用例(Use Case)以及它们之间的关系构成的用于描述系统功能的动态视图称为用例图。

(2) 用途。

用例(Use Case)图是被称为参与者的外部用户所能观察到的系统功能的模型图，呈现了一些参与者和一些用例，以及它们之间的关系，主要用于对系统、子系统或类的功能行为进行建模。用例图主要的作用有三个：获取需求、指导测试和在整个过程中对其他工作流起到指导作用。

(3) 组成元素以及元素之间的关系说明。

用例图由参与者(Actor)、用例(Use Case)、系统边界(用矩形表示，应注明系统名称)、箭头组成，用画图的方法来完成。

参与者不是特指人，是指系统以外的，在使用系统或与系统交互中所扮演的角色。因此参与者可以是人，可以是事物，也可以是时间或其他系统等等。还有一点要注意的是，参与者不是指人或事物本身，而是表示人或事物当时所扮演的角色。

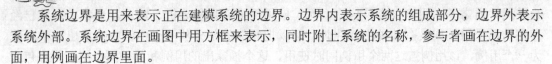

系统边界是用来表示正在建模系统的边界。边界内表示系统的组成部分，边界外表示系统外部。系统边界在画图中用方框来表示，同时附上系统的名称，参与者画在边界的外面，用例画在边界里面。

箭头用来表示参与者和系统通过相互发送信号或消息进行交互的关联关系。箭头尾部用来表示启动交互的一方，箭头头部用来表示被启动的一方，其中用例总是要由参与者来启动。

元素之间的关系：

用例图中包含的元素除了系统边界、角色和用例，另外就是关系。关系包括用例之间的关系、角色之间的关系、用例和角色之间的关系。

角色之间的关系：

由于角色实质上也是类，所以它拥有与类相同的关系描述，即角色之间存在泛化关系(泛化关系可以先简单理解为继承)，泛化关系的含义是把某些角色的共同行为提取出来表示为通用的行为。

用例之间的关系：

● 包含关系

基本用例的行为包含了另一个用例的行为。基本用例描述在多个用例中都有的公共行为。包含关系本质上是比较特殊的依赖关系。它比一般的依赖关系多了一些语义。在包含关系中箭头的方向是从基本用例到包含用例。在 UML1.1 中用例之间是使用和扩展这两种关系，这两种关系都是泛化关系的版型。在 UML1.3 以后的版本中用例之间是包含和扩展这两种关系。

● 泛化关系

与面向对象程序设计中的继承的概念类似。不同的是继承使用在实施阶段，泛化使用在分析、设计阶段。在泛化关系中子用例继承了父用例的行为和含义，子用例也可以增加新的行为和含义或者覆盖父用例中的行为和含义。

● 扩展关系

扩展关系的基本含义和泛化关系类似，但在扩展关系中，对于扩展用例有更多的规则限制，基本用例必须声明扩展点，而扩展用例只能在扩展点上增加新的行为和含义。与包含关系一样，扩展关系也是依赖关系的版型。在扩展关系中，箭头的方向是从扩展用例到基本用例，这与包含关系是不同的。

用例的泛化、包含、扩展关系的比较。一般来说可以使用 "is a" 和 "has a" 来判断使用那种关系。泛化和扩展关系表示用例之间是 "is a" 关系，包含关系表示用例之间是 "has a" 关系。扩展与泛化相比多了扩展点，扩展用例只能在基本用例的扩展点上进行扩展。在扩展关系中基本用例是独立存在的。在包含关系中执行基本用例的时候一定会执行包含用例。当需要重复处理两个或多个用例时可以考虑使用包含关系，实现一个基本用例对另一个的引用；当处理正常行为的变形是偶尔描述时可以考虑只用泛化关系；当描述正常行为的变形希望采用更多的控制方式时，可以在基本用例中设置扩展点，使用扩展关系。扩展关系比较难理解，如果把扩展关系看作是带有更多规则限制的泛化关系，可以帮助理解。通常先获得基本用例，针对这个用例中的每一个行为提问：该步骤会出什么差错？该步骤有不同的情况吗？该步骤的工作怎样以不同的方式进行等，把所有的变化情况都标示为扩展。通常基本用例很容易构造，而扩展用例需要反复分析、验证。当我们发现已经存在的两个用例间具有某种相似性时，可以把相似的部分从两个用例中抽象出来单独作为一个用例，该用例被这两个用例同时使用，这个抽象出的用例和另外两个用例形成包含关系。

用例之间的关系举例：

包含关系：业务中，总是存在着维护某某信息的功能，如果将它作为一个用例，那新建、编辑以及修改都要在用例详述中描述，过于复杂；如果分成新建用例、编辑用例和删除用例，则划分太细。这时包含关系可以用来理清关系。

扩展关系：系统中允许用户对查询的结果进行导出、打印。对于查询而言，能不能导出、打印查询结果都是一样的，导出、打印是不可见的。导出、打印和查询相对独立，而且为查询添加了新行为。

泛化关系：子用例将继承父用例的所有结构、行为和关系。子用例可以使用父用例的一段行为，也可以重载它。父用例通常是抽象的。

(4) 画法如图 7-2 所示。

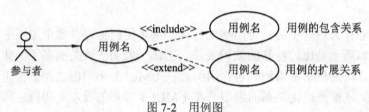

图 7-2　用例图

2) 类图

(1) 定义。

类图通过展示了系统的类及其之间的关系来表示系统。类图是静态的，它们显示出什么可以产生影响但不会告诉你什么时候产生影响。在系统分析阶段将类分成三种类型：边界类、实体类和控制类。

边界类用于描述外部参与者与系统之间的交互。识别边界类可以帮助开发人员识别出用户对界面的需求。

实体类主要是作为数据管理和业务逻辑处理层面上存在的类别；它们主要在分析阶段区分。实体类的主要职责是存储和管理系统内部的信息，它也可以有行为，甚至很复杂的行为，但这些行为必须与它所代表的实体对象密切相关。

控制类用于描述一个用例所具有的事件流控制行为，控制一个用例中的事件顺序。

(2) 用途。

类图的目的是显示建模系统的类型，描述组成系统的对象内容及其与对象之间的关系。

(3) 组成元素以及元素之间的关系说明。

类名

UML 用一个长方形表示类，垂直地分为三个区，如图 7-3 所示：顶部区域显示类的名字；中间的区域列出类的属性；底部的区域列出类的操作。当在一个类图上画一个类元素时，你必须要有顶端的区域，下面的两个区域是可选择的。

类属性列表

类的属性节(中部区域)在分隔线上列出类的每一个属性。属性节是可选择的，一旦使用它，包含类的列表就显示每个属性。

类操作列表

类操作记录在类图长方形的第三个(最低的)区域中，它也是可选择的。和属性一样，类的操作以列表格式显示，每个操作在它自己线上。

类和类之间还有泛化、关联、组合、聚集以及依赖等关系，在这里不再赘述。

(4) 画法如图 7-3 所示。

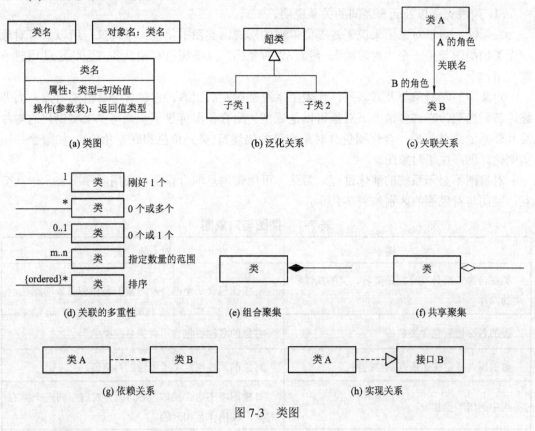

图 7-3   类图

3) 对象图

(1) 定义。

对象图用于显示一组对象和它们之间的关系。使用对象图来说明数据结构，如同类图中的类或组件等的实例的静态快照。对象图和类图一样反映系统的静态过程，但它是从实际的或原型化的情景来表达的。

对象图是类图的实例，几乎使用与类图完全相同的标示。它们的不同点在于对象图显示类的多个对象实例，而不是实际的类。一个对象图是类图的一个实例。由于对象存在生命周期，因此对象图只能在系统某一时间段存在。

(2) 用途。

对象图显示某时刻对象和对象之间的关系。一个对象图可看成一个类图的特殊用例，实例和类可在其中显示。对象也和合作图相联系，合作图显示处于语境中的对象原型(类元角色)。对象图的用途如下：

- 捕获实例和连接；
- 在分析和设计阶段创建；
- 捕获交互的静态部分；
- 举例说明数据/对象结构；
- 详细描述瞬态图；
- 由分析人员、设计人员和代码实现人员开发。

(3) 组成元素以及元素之间的关系说明。

表示法：对于对象图来说无需提供单独的形式。类图中就包含了对象，所以只有对象而无类的类图就是一个"对象图"。然而，"对象图"这条短语在刻画各方面特定使用时非常有用。

对象图显示对象集及其联系，代表了系统某时刻的状态。它包含带有值的对象，而非描述符，当然，在许多情况下对象可以是原型。用合作图可显示一个可多次实例化的对象及其联系的总体模型，合作图包含对象和链的描述符(类元角色和联系角色)。如果合作图实例化，则产生了对象图。

对象图不显示系统的演化过程。为此，可用带消息的合作图，或用顺序图表示一次交互，类图与对象图的区别如表 7-1 所示。

表 7-1　类图与对象图

类　　　图	对　象　图
类图包含三部分，分别是类名、类的属性和类的操作	对象图包含两个部分：对象的名称和对象的属性
类的名称栏只包含类名	对象的名称栏包含"对象名：类名"
类的属性栏定义了所有属性的特征	对象的属性栏定义了属性的当前值
类中列出了操作	对象图中不包含操作内容，因为对属于同一个类的对象，其操作是相同的
类中使用了关联连接，关联中使用名称、角色以及约束等特征定义	对象使用链进行连接，链中包含名称、角色
类是一类对象的抽象，类不存在多重性	对象可以具有多重性

4) 构件图

(1) 定义。

我们可以使用构件图来描述系统整体的分系统与子系统的关系构成，因为从建模的观点看，构件图与子系统图没有区别。

在 UML1.1 中一个组件表现了实施项目，如文件和可运行的程序。不幸的是，这与构件这个术语更为普遍的用法，如 COM 组件这样的东西相冲突。随着时间的推移及 UML 的不断升级更新，UML 构件已经失去了最初的绝大部分含义。UML2 正式改变了构件概念的本质含义。在 UML2 中，构件被认为是独立的，是一个系统或子系统中的封装单位，提供一个或多个接口。虽然 UML2 规范没有严格地声明它，但是构件是呈现事物的更大的设计单元，这些事物一般使用可更换的构件来实现。但是，并不像在 UML 1.x 中那样，现在，构件必须有严格的逻辑，在设计时构造。主要思想是，很容易在设计中重用并/或替换一个不同的构件实现，因为一个构件封装了行为，实现了特定接口(可以理解为将接口的定义与实现封装在一起的明确使用范围的组合)。

(2) 用途。

构件图的主要目的是显示系统构件间的结构关系。在以构件为基础的开发(CBD)中，构件图为架构师提供一个开始为解决方案建模的自然形式。构件图允许一个架构师验证系统的必需功能是由组件实现的，这样能确保接受最终系统。

除此之外，构件图便于小组间的交流。构件图可以呈现给关键项目发起人及实现人员。通常，当构件图将系统的实现人员连接起来的时候，构件图通常可以使项目发起人感到轻松，因为构件图展示了对将要被建立的整个系统的早期理解。

开发者发现构件图是有用的，因为构件图给他们提供了将要建立的系统的高层次的架构视图，这将帮助开发者开始建立实现的目标，并决定关于任务分配及(或)增进需求技能。系统管理员发现构件图是有用的，因为他们可以获得将运行于他们系统上的逻辑软件组件的早期视图。虽然系统管理员将无法从图上确定物理设备或物理的可执行程序，但是，他们仍然欢迎构件图，因为它较早地提供了关于组件及其关系的信息(这允许系统管理员轻松地计划后面的工作)。

5) 顺序图

(1) 定义。

顺序图用来描述对象之间发送消息的时间顺序，显示多个对象之间的动态协作。它可以表示用例的行为顺序。当执行一个用例行为时，每条消息对应了一个类操作或状态机中引起转换的触发事件。

(2) 用途。

顺序图用于为使用方案进行逻辑建模。使用方案恰如其名称所揭示的那样——描述使用系统的潜在方法。使用方案的逻辑可以是用例的一部分，也可能是备选过程，还可以是整个用例过程，例如，由基本行动过程描述的逻辑，或者部分基本行动过程再加上一个或多个替代方案描述的逻辑。使用方案的逻辑也可以是几个用例中包含的逻辑。顺序图可视化地为系统中逻辑的流程建模，能够让您记载和验证逻辑，这通常用于分析和设计的目的。

(3) 组成元素以及元素之间的关系说明。

分类器

横贯该图顶部的那些框表示的是分类器或它们的实例——通常是用例、对象、类或参与者(往往用长方形表示，但它们也可以是符号)。因为既可以向对象发送消息，又可以向类发送消息(对象通过调用操作来响应消息，而类则通过调用静态操作来响应消息)，所以有必要将它们都包括在顺序图中。另外，因为参与者在使用方案中发起操作并占据主动地位，因此也要将他们包括在顺序图中。对象的标签具有标准 UML 格式"name: ClassName"，其中的"name"是可选的(在图中没有给出名称的对象称为匿名对象)。类标签的格式为"ClassName",而参与者名的格式为"Actor Name"——这些也都是 UML 标准。

生命线

从各个框垂下来的虚线称为对象生命线,表示在对方案建模期间对象的生命跨度。生命线上的细长框是方法调用框,表明正在由目标对象/类执行处理,以完成消息。方法调用框底部的 X 是一种 UML 约定,表明对象已从内存中除去,这通常是接收到原型为 <<destroy>>的消息的结果。

为消息建模

消息以带有标签的箭头表示。当消息的源和目标为对象或类时,标签是响应消息时所调用方法的签名。不过,如果源或目标中有一方是人类参与者,那么消息就用描述正在流的信息摘要作为标签。

(4) 画法如图 7-4 所示。

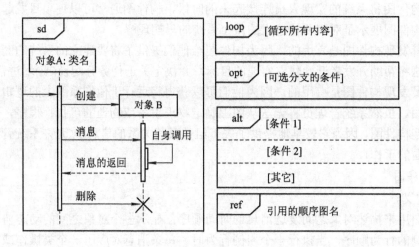

图 7-4　顺序图

至于协作图、状态图和活动图等 UML 图表说明在这就不再详述,画法如图 7-5～图 7-7 所示。

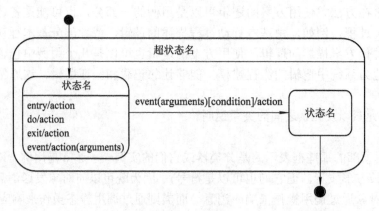

图 7-5　状态图

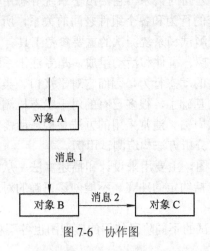

图 7-6　协作图

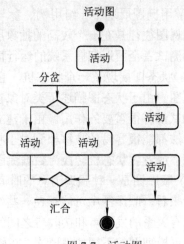

图 7-7　活动图

3．UML 图在面向对象软件测试中的应用

上一小节详细讲述了包括类图、对象图、构件图、实施图、用例图、顺序图、协作图、状态图和活动图在内的 9 种图形。在 9 种 UML 图中，把用于对系统的静态方面的进行可视化、详述、构造和文档化的图称为结构事物，它们的名称和描述对象如表 7-2 所示。

表 7-2　结构事物的名称和描述对象

名　称	描 述 对 象
类图	类、接口、协作
对象图	对象
构件图	构建
实施图	节点

同样，可以把用于系统的动态方面进行可视化、详述、构造和文档化的图称为行为事物，它们的名称和描述对象，如表 7-3 所示。

表 7-3　行为事物的名称和描述对象

名　称	描 述 对 象
用例图	组织系统的行为
顺序图	消息的时间顺序
协作图	收发消息的对象的结构组织
状态图	有事件驱动的系统的变化状况
活动图	从活动到活动的控制流

以下将分析几种常用的图形的特点及其对软件测试的影响：

(1) 类图展现了一组对象、接口、协作和它们之间的关系。类图是面向对象建模中最为常见的图形。类图给出了系统的静态设计视图。包含主动类的类图给出了系统的静态进程图。好的类图不仅能够描述系统中的类和这些类之间的关系，而且能针对方法层的类和对象来引入附加的属性和关系。因为类图是对面向对象系统中类的最为详尽和全面的描述方式，因此能够帮助测试者全面掌握系统中的类结构，其必然对于类的测试有很大的帮助。

(2) 用例图展现了一组用例、参与者以及它们之间的关系。它给出了系统静态用例视图。用例图往往是在一个较高的抽象层次描述系统的行为和各个组件之间的关系，所以能够帮助测试者全面地把握系统的运行情况，是集成测试和系统测试的重要参考工具。

(3) 状态图展现了一个状态机，它由状态、转换、事件和活动组成，是专注于系统的动态视图。由于状态图描述了类对象在生命周期内的动态行为，因而它对于接口、类和协作的测试都有很重要的作用。由于建立在状态机的基础上，很多已有的对于状态机测试的有效方法都能很容易的被移植到对于状态图的测试中去。通常采用的方法是构造所需的测试用例，或者将状态机转换为数据流图，依据数据分析方法构造测试用例。

(4) 顺序图是一种强调消息的时间顺序的交互图，主要用来设计和描述算法。从测试的角度来看，顺序图中可能存在一些错误，其中包括约定的冲突、不能创建正确的对象、图中没有关系的发送者和接收者之间的消息传递等。

根据模型图的不同抽象层次，在软件开发和测试的不同阶段使用的模型图也各不相同，其具体对应关系如图 7-8 所示。

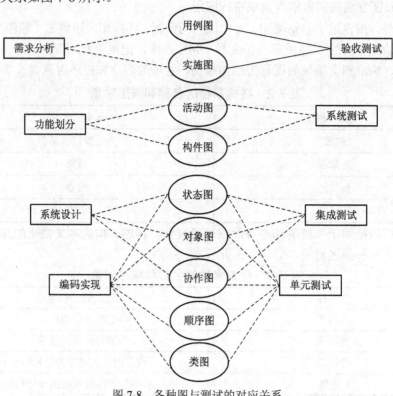

图 7-8　各种图与测试的对应关系

7.3.2　面向对象的单元测试

传统的单元测试是针对程序的函数、过程或完成某一定功能的程序块。沿用单元测试的概念，实际测试类成员函数。一些传统的测试方法在面向对象的单元测试中都可以使用。如等价类划分法，因果图法，边值分析法，逻辑覆盖法，路径分析法，程序插装法等等。单元测试一般建议由程序员完成。

用于单元级测试进行的测试分析(提出相应的测试要求)和测试用例(选择适当的输入，达到测试要求)，规模和难度等均远小于后面将介绍的对整个系统的测试分析和测试用例，而且强调对语句应该有 100%的执行代码覆盖率。在设计测试用例选择输入数据时，可以基于以下两个假设：

- 如果函数(方法)对某一类输入中的一个数据正确执行，对同类中的其他输入也能正确执行。该假设的思想可参见第 2 章介绍的等价类划分。
- 如果函数(方法)对某一复杂度的输入正确执行，对更高复杂度的输入也能正确执行。例如需要选择字符串作为输入时，基于本假设，就无须计较字符串的长度，除非字符串的长度是要求固定的，如 IP 地址字符串。

在面向对象程序中，类成员函数通常都很小，功能单一，方法间调用频繁，容易出现一些不易发现的错误。因此，在做测试分析和设计测试用例时，应该注意面向对象程序的这个特点，仔细的进行测试分析和测试用例设计，尤其是针对以函数返回值作为条件判断的选择、字符串操作等情况。

面向对象编程的特性使得对成员方法的测试，又不完全等同于传统的对函数或过程测试。尤其是继承特性和多态特性，使子类继承或重载的父类成员函数出现了传统测试中未遇见的问题。这里有两方面的考虑：

- 继承的成员函数是否都不需要测试？

对父类中已经测试过的成员函数，两种情况需要在子类中重新测试：继承的成员函数在子类中做了改动；成员函数调用了改动过的成员函数的部分。例如：假设父类 Bass 有两个成员函数：Inherited()和 Redefined()，子类 Derived 只对 Redefined()做了改动。Derived::Redefined()显然需要重新测试。对于 Derived::Inherited()，如果它有调用 Redefined()的语句(如：x=x/Redefined())，就需要重新测试，反之，无此必要。

- 对父类的测试是否能照搬到子类？

沿用上面的假设，Base::Redefined()和 Derived::Redefined()已经是不同的成员函数，它们有不同的服务说明和执行。对此，照理应该对 Derived::Redefined()重新测试分析，设计测试用例。但由于面向对象的继承使得两个函数有相似，故只需在 Base::Redefined()的测试要求和测试用例上添加对 Derived::Redfined()新的测试要求和相应的测试用例。

多态有几种不同的形式，如参数多态，包含多态，过载多态。包含多态和过载多态在面向对象语言中通常体现在子类与父类的继承关系，对这两种多态的测试参见上述对父类成员函数继承和过载的论述。包含多态虽然使成员函数的参数可有多种类型，但通常只是增加了测试的繁杂，对具有包含多态的成员函数测试时，只需要在原有的测试分析和基础上扩大测试用例中输入数据的类型。

7.3.3　面向对象的集成测试

在面向对象软件中，"集成"具有更广泛的概念，相应地，面向对象软件的集成测试也具有更广的范围。具体而言，在面向对象集成测试中，需要考虑以下几个方面的内容。

- 单个类内部的方法集成。
- 两个或两个以上类之间通过继承关系的集成。

- 两个关联关系的类之间的集成。
- 两个或两个以上的类组装成构件的集成。
- 构件组装成一个应用程序的集成。

此外，面向对象的迭代式增量开发，通过不断的集成产生系统的可执行的版本，但每一个集成环节都可能引入错误，导致软件中存在缺陷。因此，对面向对象软件进行全面系统地集成测试，具有十分重要的意义，在整个软件测试过程中具有不可替代性。面向对象的集成测试技术能够检测出相对独立的单元测试无法检测出的类方法交互的错误。在单元测试保证成员函数行为正确性的前提下，集成测试重点关注的是系统内部的结构和内部的相互作用，确保对象的消息传送能够正确进行。

对于类内部方法之间的集成测试，通常把对象和状态结合起来，进行对象状态行为的测试，考察类的实例在其生命周期各个状态下，消息的传递和状态的转换是否正确。对于类间方法的集成测试，通常根据系统中类的层次关系图，将相互有影响的类作为一个整体，检查各相关类之间的消息连接是否合法、子类的继承特性与父类是否一致、动态绑定的执行是否正确、类簇协同完成的系统功能是否正确等。

传统的由底向上集成测试，是通过集成完成的功能模块进行测试，一般可在部分程序编译完成的情况下进行。而对于面向对象的程序相互调用的功能是散布在程序的不同类中，类通过消息相互作用申请和提供服务。面向对象软件没有层次的控制结构，传统的自顶向下和自底向上集成策略就没有意义。面向对象的集成测试采用两种新的测试策略：

- 基于线程的测试。这种集成测试策略对回应系统的一个输入或事件所需要的一组类(称为一个线程)，分别集成并测试，同时应用回归测试保证没有产生副作用。
- 基于使用的测试。这种测试策略通过测试那些几乎不使用服务器类的类(称为独立类)而开始构造系统，在独立类测试完成后，再增加使用独立类的类称为依赖类进行测试，一直到构造完整个系统。

目前，针对面向对象软件集成测试方法的研究，有许多方向，大体总结如下：

- 基于状态的测试：即利用有限状态自动机的相关理论来对面向对象系统进行集成测试。
- 基于事件的测试：用同步序列来表示同步事件之间的关系，依据同步序列来集成各对象，在此基础上进行测试。
- 确定性与可达性技术：通过执行预定的某个同步序列来检验某个确定性的结果。
- 变异测试：它是一种错误驱动测试，即针对某类特定程序错误，通过检验测试数据集的排错能力来判断测试的充分性。
- 基于 UML 测试：即利用半形式化建模语言的 UML 类图、状态图和协作图等提供的面向对象系统的信息来产生测试用例。
- 数据流分析：它使用程序插装技术，在程序执行的相关行为和变量处插入探针，记录相关信息，来检测变量定义使用对之间的数据流异常。

面向对象的集成测试能够检测出相对独立的单元测试无法检测出的那些类相互作用时才会产生的错误。基于单元测试对成员函数行为正确性的保证，集成测试只关注于系统的结构和内部的相互作用。面向对象的集成测试可以分成两步进行：先进行静态测试，再进行动态测试。

静态测试主要针对程序的结构进行，检测程序结构是否符合设计要求。现在流行的一些测试软件都能提供一种称为"可逆性工程"的功能，即通过原程序得到类关系图和函数功能调用关系图，将"可逆性工程"得到的结果与 OOD 的结果相比较，检测程序结构和实现上是否有缺陷。换句话说，通过这种方法检测 OOP 是否达到了设计要求。

动态测试在设计测试用例时，通常需要上述的功能调用结构图、类关系图或者实体关系图为参考，确定不需要被重复测试的部分，从而优化测试用例，减少测试工作量，使得进行的测试能够达到一定覆盖标准。测试所要达到的覆盖标准可以是：达到类所有的服务要求或服务提供的一定覆盖率；依据类间传递的消息，达到对所有执行线程的一定覆盖率；达到类的所有状态的一定覆盖率等。同时也可以考虑使用现有的一些测试工具来得到程序代码执行的覆盖率。

具体设计测试用例，可参考下列步骤：

- 先选定检测的类，参考 OOD 分析结果，分析类的状态和相应的行为，类或成员函数间传递的消息，输入或输出的界定等。
- 确定覆盖标准。
- 利用结构关系图确定待测类的所有关联。
- 根据程序中类的对象构造测试用例，确认使用什么输入激发类的状态、使用类的服务和期望产生什么行为等。

值得注意的是，设计测试用例时，不但要设计确认类功能满足的输入，还应该有意识的设计一些被禁止的例子，确认类是否有不合法的行为产生，如发送与类状态不相适应的消息，要求不相适应的服务等。根据具体情况，动态的集成测试，有时也可以通过系统测试完成。

具体来说，一个状态图表现了一个对象的生存期，显示触发状态转移的事件和因状态改变而导致的动作。状态图由表示状态的节点和表示状态之间的转移的弧组成。在状态图中，若干个状态节点由一条或多条转移弧作连接，状态的转移由事件触发。在状态图中引起状态迁移的原因通常有两种，一是在状态图中相应的迁移上未指明事件，这表示当位于迁移箭头源头的状态中的内部动作全部执行完后，该状态迁移被自动触发状态迁移的另一种情况是当出现某一事件时会引起状态的迁移，在状态图中把这种引起状态迁移的事件标在该迁移的箭头上。因此，状态图清晰地展现了类内状态转移情况，特别适合于以类为单元的类内方法之间的行为测试，是测试用例的很好的基础，但是一般来说，对于多个类的测试，很难合并状态图，不便于在较高层次上观察其行为。

UML 协作图描述了系统在一个协作过程中参与对象之间的结构关系和交互行为，用于显示组件及其交互关系的空间组织结构，它并不侧重于交互的顺序。协作图显示了交互中各个对象之间的组织交互关系以及对象彼此之间的链接。与顺序图不同，协作图显示的是对象之间的关系。另一方面，协作图没有将时间作为一个单独的维度，因此序列号就决定了消息及并发线程的顺序。协作图是一个介于符号图和序列图之间的交叉产物，它用带有编号的箭头来描述特定的方案，以显示在整个方案过程中消息的移动情况。因此，协作图显示了类之间的信息传输，非常类似传统的单元调用图。在面向对象的集成测试中，协作图既支持成对集成测试也支持相邻集成测试，对于成对集成测试，通过向被集成的类发送消息或接收消息，对独立"相邻"类进行单元测试；对于相邻集成，在集成的顺序上，以某个类为中心首先集成相邻一条边之外的邻居类，然后再增加两条边之外的邻居类，以此类推，这种类的相邻集成会降低桩工作量，但是要付出降低诊断精度的代价，如果测试用例失败，则必须在更多的类中寻找缺陷。

7.3.4 面向对象的系统测试

通过单元测试和集成测试，仅能保证软件开发的功能得以实现。但不能确认在实际运行时，它是否满足用户的需要，是否大量存在实际使用条件下会被诱发产生错误的隐患。为此，对完成开发的软件必须经过规范的系统测试。换个角度说，开发完成的软件仅仅是实际投入使用系统的一个组成部分，需要测试它与系统其他部分配套运行的表现，以保证在系统各部分协调工作的环境下也能正常工作。

系统测试应该尽量搭建与用户实际使用环境相同的测试平台，应该保证被测系统的完整性，对临时没有的系统设备部件，也应有相应的模拟手段。系统测试时，应该参考 OOA 分析的结果，对应描述的对象、属性和各种服务，检测软件是否能够完全"再现"问题空间。系统测试不仅是检测软件的整体行为表现，从另一个侧面看，也是对软件开发设计的再确认。这里说的系统测试是对测试步骤的抽象描述。它体现的具体测试内容包括：

● 面向对象功能测试：测试是否满足开发要求，是否能够提供设计所描述的功能，用户的需求是否都得到满足。面向对象功能测试是系统测试最常用和必需的测试，通常以正式的软件说明书为测试标准。

● 面向对象强度测试：测试系统的能力最高实际限度，即软件在一些超负荷的情况，功能实现情况。如要求软件某一行为的大量重复、输入大量的数据或大数值数据、对数据库大量复杂的查询等。

● 面向对象性能测试：测试软件的运行性能。这种测试常常与面向对象强度测试结合进行，需要事先对被测软件提出性能指标，如传输连接的最长时限、传输的错误率、计算的精度、记录的精度、响应的时限和恢复时限等。

● 面向对象安全测试：验证安装在系统内的保护机构确实能够对系统进行保护，使之不受各种非常的干扰。面向对象安全测试时需要设计一些试图突破系统的安全保密措施的测试用例，以检验系统是否有安全保密的漏洞。

● 恢复测试：采用人工的干扰使软件出错，中断使用，检测系统的恢复能力，特别是通讯系统。恢复测试时，应该参考性能测试的相关测试指标等等。

系统测试需要对被测的软件结合需求分析做仔细的测试分析，建立测试用例。

<h2 style="text-align:center">习 题 </h2>

1. 试分析面向对象分析模型？
2. UML 中各图形对软件测试有何影响？
3. 进行面向对象单元测试时需要考虑哪两方面因素？
4. 面向对象测试中，如何处理程序的集成和多态？

第 8 章　软件测试工具

学习目标 ✍

- 了解单元软件测试工具。
- 理解功能测试工具及性能测试工具思想。
- 掌握 JUnit、QTP 和 LoadRunner 的使用方法。

软件测试工具分为自动化测试工具和测试管理工具两大类。软件测试工具可以提高测试效率。而测试管理工具则可用于复用测试用例，提高软件测试的价值。软件测试工具和测试管理工具结合使用可使软件测试效率大大提高。

8.1　单元测试工具 JUnit

8.1.1　JUnit 简介

JUnit 是一个基于 Java 语言的单元测试框架。它由 Kent Beck 和 Erich Gamma 建立，逐渐成为源于 Kent Beck 的 sUnit 的 xUnit 家族中最为成功的一个。多数 Java 的开发环境都已经集成了 JUnit 作为单元测试的工具。JUnit 是一个开源的测试框架。在 JUnit 单元测试框架的设计时，设定了三个总体目标：第一个是简化测试的编写，这种简化包括测试框架的学习和实际测试单元的编写；第二个是使测试单元保持持久性；第三个则是可以利用既有的测试来编写相关的测试。

JUnit 主要用来帮助开发人员进行 Java 的单元测试，其设计非常小巧，但功能却非常强大。下面是 JUnit 一些特性的总结：

- 提供的 API 可以让开发人员写出测试结果明确的可重用的单元测试用例。
- 提供了多种方式来显示测试结果，而且可以扩展。
- 提供了单元测试批量运行的功能，而且可以与其他可视化集成开发环境很容易地整合。
- 对不同性质的被测对象，如 Class、JSP、Servlet 等，JUnit 有不同的测试方法。

8.1.2　JUnit 的作用

以前，熟练地 Java 开发人员编写一个方法，并不困难。下面就是一段示例代码：

```
//******* Calculator.java*************
public Class Calculator {
    public static int add(int a，  int b) {
        int num = a + b;
        return num;
    }
    public static int sub(int a，  int b) {
        int num = a - b;
        return num;
    }
}
```

如果要对 Calculator 类中 add 和 sub 方法进行测试，通常要在 main 里编写相应的测试方法，代码如下：

```
//******* MathComputer.java*************
public Class AddAndSub {
    public static int add(int a，  int b) {
        int num = a + b;
        return num;
    }
    public static int sub(int a，  int b) {
        int num = a - b;
        return num;
    }
    public static void main(String args[]) {
        if (add (1，  2) == 3)) {
            System.out.printIn("Test Ok");
        } else {
            System.out.printIn("Test Fail");
        }
        if (sub (3，  2) ==1)) {
            System.out.printIn("Test Ok");
        } else {
            System.out.printIn("Test Fail");
        }
    }
}
```

从上面的示例代码中可以看出，业务代码和测试代码是放在一起的，对于复杂的业务逻辑，这样做的结果是代码量会非常庞大，而且测试代码会显得比较凌乱，但使用 JUnit 就能改变这种状况，它提供了更好的方法来进行单元测试。

8.1.3 JUnit3.8 使用方法

JUnit 的使用非常简单，共有 3 步：第一步，编写测试类，使其继承 TestCase；第二步，编写测试方法，使用 test+×××的方式来命名；第三步，编写断言。如果测试方法有公用的变量等需要初始化和销毁，则可以使用 setUp()，tearDown()方法。

1．新建待测项目

第一步，新建 Java 工程名字为 junit，其他选择默认，如图 8-1 所示。

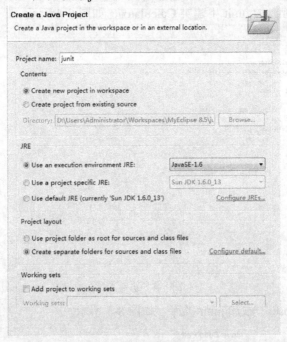

图 8-1　新建工程

第二步，在工程里创建名字为 com.test.junit 的包，如图 8-2 所示。

图 8-2　新建程序包

该程序包置于 Source Folder 文件夹下，程序包的具体位置如图 8-3 所示。

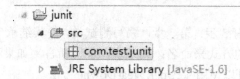

图 8-3　程序包位置

第三步，在包 com.test.junit 下建类 Calculator，如图 8-4 所示。

```java
package com.test.junit;

public class Calculator {
    public static int add(int a, int b) {
        int num = a + b;
        return num;
    }
    public static int sub(int a, int b) {
        int num = a - b;
        return num;
    }
}
```

图 8-4　新建类

第四步，在 Eclipse 中添加 junit 类库，如图 8-5 所示。

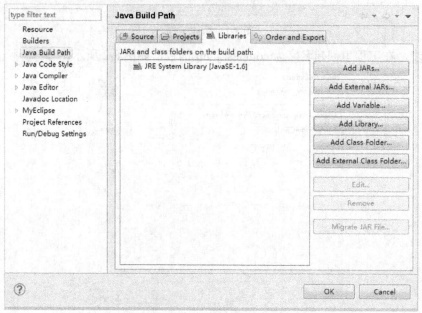

图 8-5　添加类库(1)

在 Libraries 里点击 Add Library 添加 JUnit 类库，如图 8-6 所示。

点击 Next，选择在该工程中使用的 JUnit3，如图 8-7 所示。

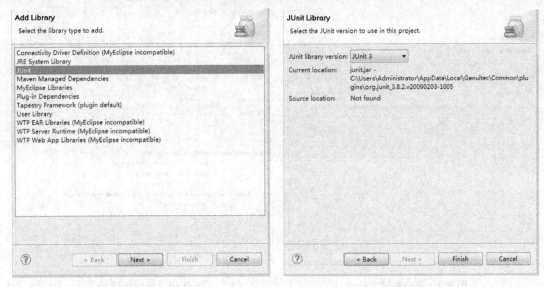

图 8-6　添加类库(2)　　　　　　　　　　　　　　图 8-7　添加类库(3)

点击 Finish 完成添加。将 JUnit3 类库包添加进工程中，如图 8-8 所示。

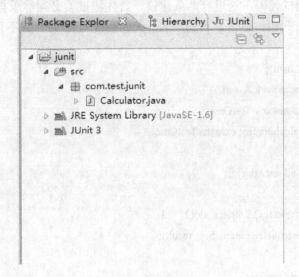

图 8-8　添加类库(4)

2．新建测试项目

第一步，新建一个测试用的 Source Folder 文件夹，名称为 test，这样可以把测试代码统一放到这个文件夹下管理，如图 8-9 所示。

点击 Finish 进入下一步。

第二步，在 test 文件夹下新建测试用包，这里建议包名与待测代码的包名相同。

点击 Finish 完成。

第三步，新建一个名为 CalculatorTest 的测试类，如图 8-10 所示。

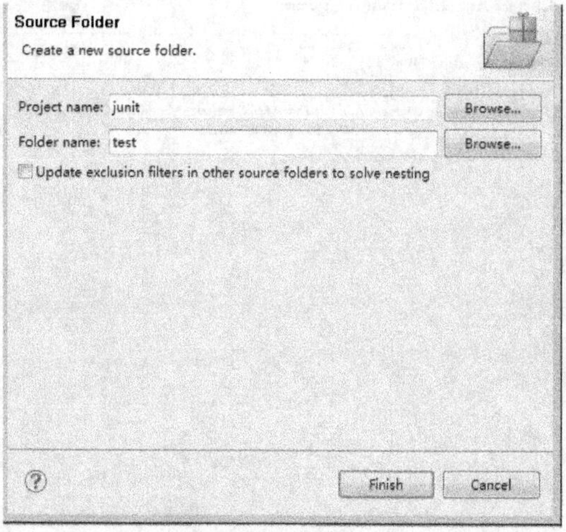

Source Folder
Create a new source folder.

Project name: junit　　　　　　　　　Browse...

Folder name: test　　　　　　　　　　Browse...

☐ Update exclusion filters in other source folders to solve nesting

Finish　　Cancel

Java Class
Create a new Java class.

Source folder: junit/test　　　　　　　　　Browse...
Package: com.test.junit　　　　　　　　Browse...
☐ Enclosing type:　　　　　　　　　　　　Browse...

Name: CalculatorTest
Modifiers: ⦿ public　○ default　○ private　○ protected
　　　　　☐ abstract　☐ final　☐ static
Superclass: java.lang.Object　　　　　　Browse...
Interfaces:　　　　　　　　　　　　　　Add...
　　　　　　　　　　　　　　　　　　Remove

Which method stubs would you like to create?
　☐ public static void main(String[] args)
　☐ Constructors from superclass
　☑ Inherited abstract methods
Do you want to add comments? (Configure templates and default value here)
　☐ Generate comments

Finish　　Cancel

图 8-9　新建测试文件夹 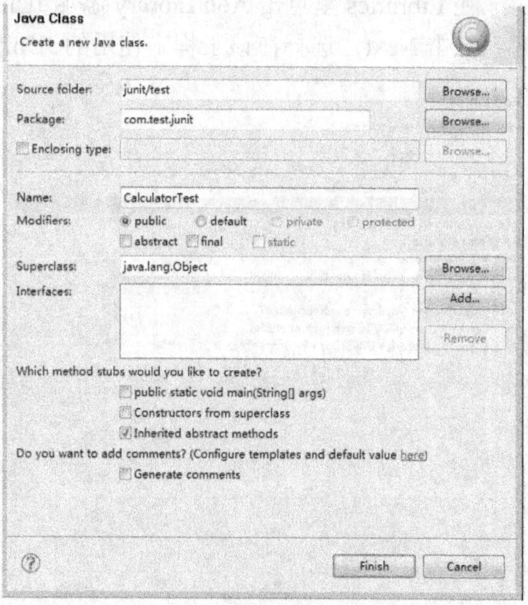　　　　　　　　图 8-10　新建测试类

点击 Finish 完成。

第四步，编写测试代码，这里有两条建议，首先测试类必须继承自 TestCase；其次测试方法名必须以 Test 开头、必须是 public 的、无返回值 void 的并且不可以带任何参数。代码如下：

```
package com.test.junit;
    import junit.framework.Assert;
    import junit.framework.TestCase;
    public class CalculatorTest extends TestCase
    {
        public void testAdd()
        {
            int result=Calculator.add(2， 3);
            Assert.assertEquals(5， result);
        }
        public void testSub()
        {
            int result=Calculator.sub(3， 2);
            Assert.assertEquals(1， result);
        }
    }
```

在 JUnit3.8 框架里有个非常重要的类——断言类，即 Assert，这里介绍断言类中几个常用的方法：

● assertEquals(期望值，实际值)，检查两个值是否相等。

● assertEquals(期望对象，实际对象)，检查两个对象是否等同，利用对象的 equals()方法进行判断。

● assertSame(期望对象，实际对象)，检查具有相同内存地址的两个对象是否相等，利用内存地址进行判断，注意和上面 assertEquals 方法的区别。

● assertNotSame(期望对象，实际对象)，检查两个对象是否不相等。

● assertNull(对象 1，对象 2)，检查一个对象是否为空。

● assertNotNull(对象 1，对象 2)，检查一个对象是否不为空。

● assertTrue(布尔条件)，检查布尔条件是否为真。

● assertFalse(布尔条件)，检查布尔条件是否为假。

第五步，运行测试结果，如图 8-11 所示。

如果运行正确显示是绿色的，如果错误测试红色的，如图 8-12 所示。

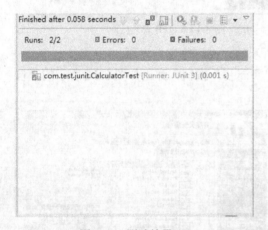

图 8-11　测试结果(1)

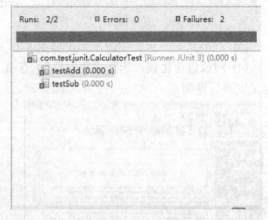

图 8-12　测试结果(2)

8.2　功能测试工具 QTP

8.2.1　QTP 简介

自动化功能测试工具是一种企业级的用于检验应用程序是否如期运行的功能性测试工具。通过自动捕获、检测和重复用户交互的操作，能够辨认缺陷并且确保那些跨越多个应用程序和数据库的业务流程在初次发布就能避免出现故障，并且保持长期可靠运行。惠普的自动化功能测试套件包 QuickTest Professional(QTP)，可以覆盖绝大多数的软件开发技术，简单高效，并具备测试用例可重用的特点。使用 QTP 实施自动化功能测试克服了手工测试难于重复的缺点，同时具有很高的可靠性。可以覆盖大部分的系统测试，减少人为错误，可以让测试人员集中精力提高效率来专注新模块的测试。

1．QTP 安装

在 Window 7 上以 QTP11 版本为例演示 QTP 的安装过程。步骤如下：

(1) 在安装盘下执行 setup.exe 文件，弹出如图 8-13 所示界面。

(2) 点击"QuickTest Professional 安装程序"链接，弹出如图 8-14 所示的欢迎界面。

图 8-13　安装窗口　　　　　　　　　　　　图 8-14　QTP 安装(1)

(3) 点击"下一步"按钮，弹出如图 8-15 所示的"许可协议"界面。

(4) 阅读许可协议，选择"我同意"，点击"下一步"按钮，弹出如图 8-16 所示的"自定义安装"界面。

图 8-15　QTP 安装(2)　　　　　　　　　　　图 8-16　QTP 安装(3)

(5) 点击"下一步"按钮，弹出如图 8-17 所示的"选择安装文件夹"界面。

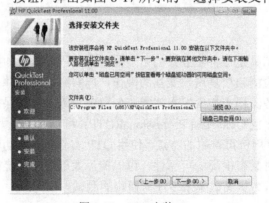

图 8-17　QTP 安装(4)

选择安装文件夹，默认是："C:\Program File(x86)\HP\QuickTest Pofessional\"，选择浏览可以更改安装文件夹。

(6) 点击"下一步"，弹出如图 8-18 所示的"确定安装"界面。

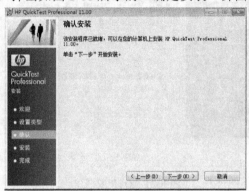

图 8-18　QTP 安装(5)

(7) 点击"下一步"确认安装，弹出如图 8-19 所示的"正在安装"界面。程序正在安装中，这时如果点击"取消"按钮，就会取消安装。

图 8-19　QTP 安装(6)

单击"下一步"，弹出如图 8-20 所示的"安装完成"界面。

图 8-20　QTP 安装(7)

(8) 点击"完成"按钮，弹出如图 8-21 所示的"其他安装要求"界面。

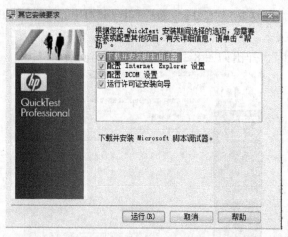

图 8-21　QTP 安装(8)

（9）根据安装期间选择的选项，根据需要勾选需要安装或配置其他项目，然后点击"运行"按钮，进入 QTP 运行界面。

（10）完成安装后，重启电脑。

2．QTP 工作流程

1）录制测试脚本前的准备

在测试前需要确认你的应用程序及 QuickTest 是否符合测试需求？确认你已经知道如何对应用程序进行测试，如要测试哪些功能、操作步骤、预期结果等。

同时也要检查一下 QuickTest 的设定，如 Test Settings 以及 Options 对话窗口，以确保 QuickTest 会正确的录制并储存信息。确认 QuickTest 以何种模式储存信息。

2）录制测试脚本

操作应用程序或浏览网站时，QuickTest 会在 Keyword View 中以表格的方式显示录制的操作步骤。每一个操作步骤都是使用者在录制时的操作，如在网站上点击了链接，或在文本框中输入的信息。

3）加强测试脚本

在测试脚本中加入检查点，可以检查网页的链接、对象属性、或者字符串，以验证应用程序的功能是否正确。

以参数取代录制的固定值，使用多组的数据测试程序。使用逻辑或者条件判断式，可以进行更复杂的测试。

4）对测试脚本进行调试

修改过测试脚本后，需要对测试脚本进行调试，以确保测试脚本能正常并且流畅的执行。

5）在新版应用程序或者网站上执行测试脚本

通过执行测试脚本，QuickTest 会在新版的网站或者应用程序上执行测试，检查应用程序的功能是否正确。

6）分析测试结果

分析测试结果，找出问题所在。

7) 测试报告

如果你安装了 TestDirector(Quality Center)，你可以将发现的问题反馈到 TestDirector (Quality Center)数据库中。TestDirector(Quality Center)是 Mercury 测试管理工具。

3. QTP 程序界面

QTP 的一般程序界面如图 8-22 所示。

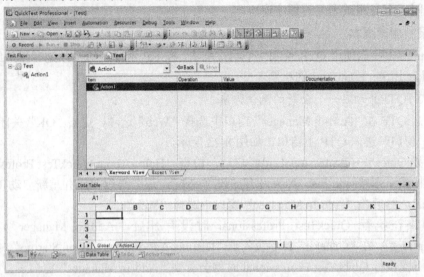

图 8-22　QTP 界面

在 QTP 界面中，包含标题栏、菜单栏、文件工具条等几个界面元素，下面简单解释各界面元素的功能：

- 标题栏，显示了当前打开的测试脚本的名称。
- 菜单栏，包含了 QTP 的所有菜单命令项。
- 文件工具条，在工具条上包含了新建、打开、保存和打印等工具按钮。
- 测试工具条，包含了在创建、管理测试脚本所要使用的工具按钮。
- 调试工具条，包含在调试测试脚本时要使用的工具条。
- 测试脚本管理窗口，提供了两个可切换的窗口，分别通过图形化方式和 VBScript 脚本方式来管理测试脚本。
- Data Table 窗口，用于参数化测试。
- 状态栏，显示测试过程的状态。

上面简要介绍了 QTP 的主窗口，你可能对一些窗口元素到底是干什么的感到很困惑，下面介绍 QTP 具体的功能时，会真正了解它们的作用。但现在，应该尽可能地去熟悉这些界面元素，记住它们大概的功能，最好是花一些时间通过实际的操作来探索一下它们的功能，这对你能够顺利学习下面的内容是很有帮助的。

8.2.2　录制/执行测试脚本

当浏览网站或使用应用程序时，QTP 会记录你的操作步骤，并产生测试脚本。当停止录制后，会看到 QTP 在 Keyword View 中以表格的方式显示测试脚本的操作步骤。

1．录制前的准备

在录制脚本前，首先要确认以下几项：

- 已经在 HP 示范网站上注册了一个新的用户账号。
- 在正式开始录制一个测试之前，关闭所有已经打开的 IE 窗口。这是为了能够正常的进行录制，这一点要特别注意。
- 关闭所有与测试无关的程序窗口。

2．录制测试脚本

在这一节中我们使用 QTP 录制一个测试脚本，在 HP 示范网站上预定一张从纽约(New York)到旧金山(San Francisco)的机票。

1) 执行QTP并开启一个全新的测试脚本

- 开启 QTP 在 "Add-in Manager" 窗口中选择 "Web" 选项，点击 "OK" 关闭 "Add-in Manager" 窗口，进入 QTP 主窗口，如图 8-23 所示。

- 如果 QuickTest Professional 已经启动，检查 "Help>About QuickTest Professional"，查看目前加载了那些 add-ins。如果没有加载 "Web"，那么必须关闭并重新启动 QuickTest Professional，然后在 "Add-in Manager" 窗口中选择 "Web"。

- 如果在执行 QuickTest Professional 时没有开启 "Add-in Manager"，则点击 "Tool>Options"，在 "General" 标签页勾选 "Display Add-in Manager on Startup"，如图 8-24 所示。在下次执行 QuickTest Professional 时就会看到 "Add-in Manager" 窗口了，如图 8-23 所示。

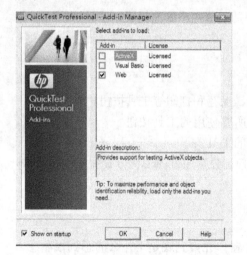
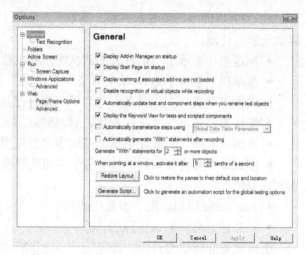

图 8-23　QTP 开启　　　　　　　　　　图 8-24　QTP 开启设置

2) 开始录制测试脚本

选中 "Automation> Record and Run Settings" 或者点选工具栏上的 "Record" 按钮，打开 "Record and Run Settings" 对话框，如图 8-25 所示。

在 "Web" 标签页选择 "Open the following browser when a record or run session begins"，在 "Type" 下拉列表中选择 "Microsoft Internet Explorer" 为浏览器的类型；然后切换到 "Windows Application" 标签页，如图 8-26 所示。

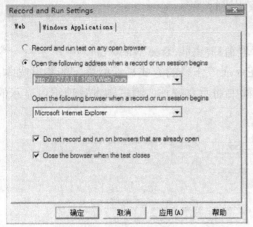

图 8-25 Record and Run Settings 对话框(1)　　图 8-26 Record and Run Settings 对话框(2)

　　如果选择"Record and run test on any open Windows-based application"单选按钮，则在录制过程中，QuickTest 会记录你对所有的 Windows 程序所做的操作；如果选择了"Record and run only on"单选按钮，则在录制过程中，QuickTest 只会记录对那些添加到下面"Application details"列表框中的应用程序的操作(你可以通过"Add"、"Edit"、"Delete"按钮来编辑这个列表)。

　　3) 点击"Sign-in"，进入"Flight Finder"网页

　　页面设置如下：

● Departure City：New York；

● Departure Date：默认；

● Arrival City：San Fransisco；

● Return Date：默认；

● Seating Preference：默认；

● Type of Seat：Business。

点击"CONTINUE"按钮打开"Select Flight"页面。

　　4) 选择飞机航班

可以保存默认值，点击"CONTINUE"按钮打开"Book a Flight"页面。

　　5) 个人信息添加

测试页，可以不用添加。

　　6) 完成定制流程

查看订票数据，并选择"HOME"回到 HP 网站首页。

　　7) 停止录制

在 QuickTest 工具列上点击"Stop"按钮，停止录制。到这里已经完成了预定从"纽约-旧金山"机票的动作，并且 QuickTest 已经录制了从按下"Record"按钮后到"Stop"按钮之间的所有操作。

　　8) 保存脚本

选择"File>Save"或者工具栏上的"Save"按钮，打开"Save"对话框，选择好路径，

填写文件名，这里取名为 test。点击"保存"按钮进行保存。

3．分析录制的测试脚本

在录制过程中，QuickTest 会在测试脚本管理窗口(也叫 Tree View 窗口)中产生每一个操作的相应记录，并在 Keyword View 中以类似 Excel 工作表的方式显示所录制的测试脚本。当录制结束后，QuickTest 也就记录下了测试过程中的所有操作。测试脚本管理窗口显示的内容如图 8-27 所示。

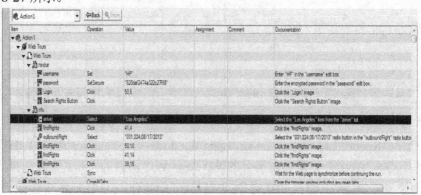

图 8-27 Tree View 窗口

在 Keyword View 中的每一个字段的含义如下：

● Item：以阶层式的图标表示这个操作步骤所作用的组件(测试对象、工具对象、函数调用或脚本)。

● Operation：作用在组件上的动作，如点击、选择等。

● Value：执行动作的参数，例如当鼠标点击一张图片时是用左键还是右键。

● Assignment：使用到的变量。

● Comment：在测试脚本中加入的批注。

● Documentation：自动产生用来描述此操作步骤的英文说明。

● 脚本中的每一个步骤在 Keyword View 中都会显示，其中步骤列存放此组件类别的图标，说明列存放步骤的详细数据。下面我们针对一些常见的操作步骤作详细说明如表 8-1 所示。

表 8-1 操作步骤说明表

步　骤	说　　　明
Action1	Action1 是一个动作的名称
▼ Web Tours	开启浏览器
username　　Set　　"HP"	userName 是 edit box 的名称 Set 是在这个 edit box 上执行的动作 HP 是被输入得值
password　　SetSecure　　"520daf2474a322c27f98"	password 是 edit box 的名称 SetSecure 是在这个 edit box 上执行的动作，此动作有加密的功能 "520daf2474a322c27f98"是被加密过的密码
Login　　Click　　50,6	Login 是图像对象的名称 Chick 是在这个图像上执行的动作 50，6 则是这个图像被点击的 X，Y 坐标

4．执行测试脚本

当运行录制好的测试脚本时，QuickTest 会打开被测试程序，执行你在测试中录制的每一个操作。测试运行结束后，QuickTest 显示本次运行的结果。

下面，我们执行在上一节中录制的 test 测试脚本。

(1) 打开录制的 test 测试脚本。

(2) 设置运行选项。点击"Tool>Options"打开设置选项对话框，选择"Run"标签页，如图 8-28 所示。

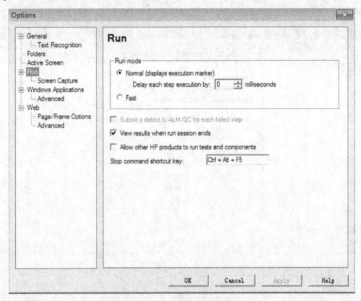

图 8-28　Run 窗口(1)

(3) 在工具条上点击"Run"按钮，打开"Run"对话框，如图 8-29 所示。

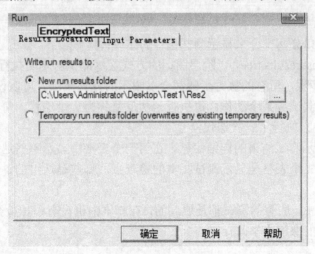

图 8-29　Run 窗口(2)

询问要将本次的测试运行结果保存到何处。选择"New run results folder"单选按钮，设定好存放路径(在这使用预设的测试结果名称)。

(4) 点击"确定"按钮开始执行测试。

可以看到 QTP 按照你在脚本中录制的操作，一步一步地运行测试，操作过程与你手工操作时完全一样。同时可以在 QuickTest 的 Keyword View 中会出现一个黄色的箭头，指示目前正在执行的测试步骤。

5．分析测试结果

在测试执行完成后，QTP 会自动显示测试结果窗口，如图 8-30 所示。

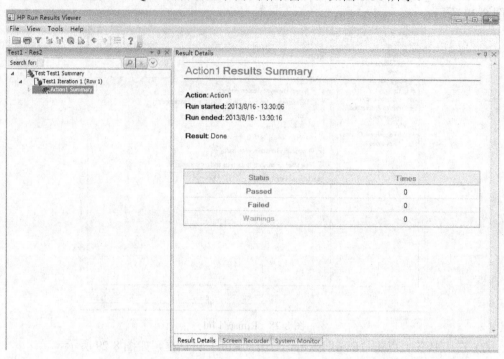

图 8-30　测试结果

该测试结果窗口分两部分来显示测试执行的结果：

● 左边显示 Test results tree，以阶层图标的方式显示测试脚本所执行的步骤。可以选择"+"检查每一个步骤，所有的执行步骤都会以图示的方式显示。可以设定 QuickTest 以不同的资料执行每个测试或某个动作，每执行一次反复称为一个迭代，每一次迭代都会被编号(在上面的例子中只执行了一次迭代)。

● 右边则是显示测试结果的详细信息。在第一个表格中显示哪些迭代是已经通过的，哪些是失败的。第二个表格是显示测试脚本的检查点，哪些是通过的，哪些是失败的，以及有几个警告信息。

在上面的测试中，所有的测试都是通过的，在脚本中也没有添加检查点(有关检查点的内容我们将在以后的课程中学习)。

8.2.3　建立检查点

通过上一节的学习，我们已经掌握了如何录制、执行测试脚本以及查看测试结果。但是我们只是实现了测试执行的自动化，没有实现测试验证的自动化，所以这并不是真正的自动化测试。在这一章我们学习如何在测试脚本中设置检查点，以验证执行结果的正确性。

"检查点"是将指定属性的当前值与该属性的期望值进行比较的验证点。这能够确定网站或应用程序是否正常运行。当添加检查点时，QTP 会将检查点添加到关键字视图中的当前行并在专家视图中添加一条"检查检查点"语句。运行测试或组件时，QTP 会将检查点的期望结果与当前结果进行比较。如果结果不匹配，检查点就会失败。可以在"测试结果"窗口中查看检查点的结果。

1．QTP 检查点种类

首先我们了解一下 QTP 支持的检查点种类，如表 8-2 所示。

表 8-2　QTP 支持的检查点种类表

检查点类型	说　　明	范　　例
标准检查点	检查对象的属性	检查某个按钮是否被选取
图片检查点	检查图片的属性	检查图片的来源文件是否是正确的
表格检查点	检查表格的内容	检查表格内的内容是否正确对的
网页检查点	检查网页的属性	检查网页加载的时间或是网页是否含有不正确的链接
文字/文字区域检查点	检查网页上或是窗口上出现的文字是否正确	检查登陆系统后时候出行登陆成功的文字
图像检查点	提取网页和窗口的画面检查画面是否正确	检查网页或者网页的一部分是否如期显示
数据库检查点	检查数据库的内容时候正确	检查数据库查询的值是否正确
XML 检查点	检查 XML 文件的内容	XML 检测点有两种：XML 文件检测点和 XML 应用检测点。XML 文件检测点用于检查一个 XML 文件；XML 应用检测点用于检查一个 Web 页面的 XML 文档

你可以在录制测试的过程中，或录制结束后，向测试脚本中添加检测点。下面我们学习如何在测试脚本上创建检查点。

2．创建检查点

打开 test 测试脚本，将脚本另存为"Checkpoint"测试脚本。我们在 Checkpoint 测试脚本中创建 2 个检查点，分别是：对象检查、网页检查。

1）对象检查点

首先在 Checkpoint 测试脚本上添加一个标准检查点，这个检查点用以检查登录名称。

创建标准检查点：

(1) 打开 Checkpoint 测试脚本。

(2) 选择要建立检查点的网页。

在 QTP 的视图树中展开"Action1>Web Tours>navbar>username"，如图 8-31 所示。

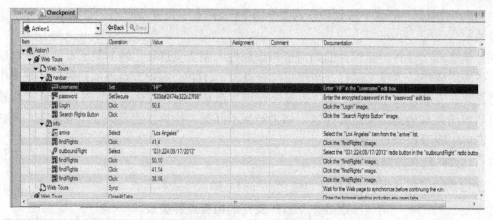

图 8-31　QuickTest 的视图树

(3) 建立标准检查点。

右击"username"显示插入选择点的类型，如图 8-32 所示。

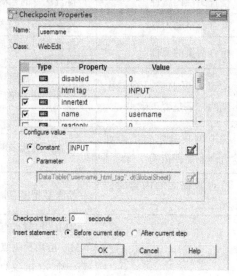

图 8-32　检查点类别

对于每一个检查点，QTP 会使用预设的属性作为检查点的属性，表 8-3 说明了这些预设的属性。

表 8-3　检查点类别说明

属性	值	说　明
html tag	INPUT	HTML 原始码中的 INPUT 标签
innertext		在这个范例中，innertext 只是空的，检查点会检查当执行时这个属性是不是空的
name	username	username 是这个编辑框的名称
type	text	text 是 HTML 原始码中 INPUT 对象的类型
value	用户名(录制脚本时输入的姓氏)	在编辑框中输入的文字

我们接受预设的设定值，点击"OK"。QTP 会在选取的步骤之前建立一个标准检查点。

(4) 在工具栏上点击"Save"保存脚本。

通过 1-4 的步骤，添加一个标准检查点的操作就此结束。

2）网页检查点

我们在 Checkpoint 测试脚本中再添加一个网页检查点，网页检查点会检查网页的链接以及图像的数量时候与当前录制时的数量一致。网页检查点只能应用于 Web 页面中。创建网页检查总步骤如下：

(1) 选择要建立检查点的网页。

展开"Action1> Web Tours"选择"Web Tours"页面。

(2) 建立网页检查点。

在"Web Tours"上的任意地方点击鼠标右键，选取"Insert Standard Checkpoint"，如图 8-33 所示。

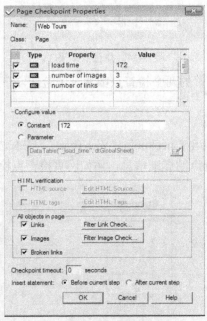

图 8-33　插入检查点

当执行测试时，QTP 会检查网页的链接与图片的数量，以及加载的时间，如同对话框上方所显示的那样。QTP 页检查每一个链接的 URL 以及每一个图片的原始文件是否存在。接受默认设定，点击"OK"。QTP 会在 Web Tours 网页上加一个网页检查。

(3) 在工具栏上点击"Save"保存脚本。

3．执行并分析使用检查点的测试脚本

在上一节中，我们在脚本中添加了两个检查点，现在，运行 Checkpoint 测试脚本，分析插入检查点后，观察脚本的运行情况。

(1) 在工具栏上点击"Run"按钮，运行脚本。

(2) 当 QTP 执行完测试脚本后，测试执行结果窗口会自动开启。如果所有的检查点都通过了验证，运行结果为 Passed。如果有一个或多个检查点没有通过验证，则运行结果显示为 Failed，如图 8-34 所示。

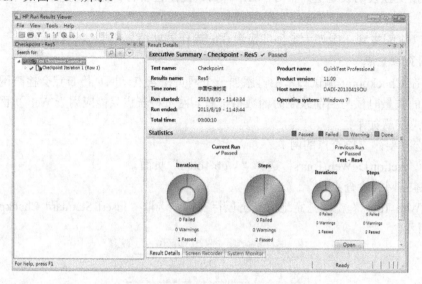

图 8-34　检查点结果(1)

在上图中可以看到，设置的两个检查点都通过了验证，下面我们看一下各个检查点的验证结果。

● 验证网页检查点。

在 test results tree 中展开至 Checkpoint "WebTours"，在右边的 "Result Details" 窗口中，如图 8-35 可以看到网页检查点的详细信息，例如网页检查点检查了哪些项目。

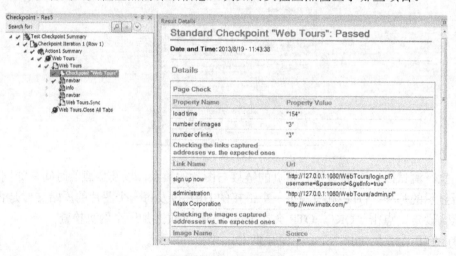

图 8-35　检查点结果(2)

由于所有网页检查的项目，其实际值与预期值相符，所以这个网页检查点的结果为 Passed。

● 验证对象检查点。

在 test results tree 中展开至 "username"，在 "Result Details" 窗口中可以看到标准检查点的详细结果，如图 8-36 所示，检查了哪些属性，以及属性的值。

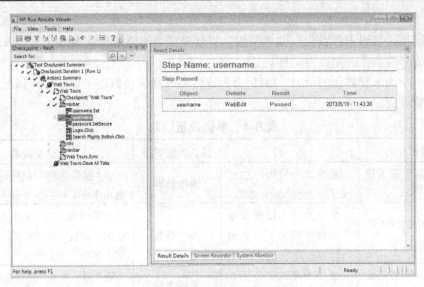

图 8-36　检查点结果(2)

8.2.4　参数化

在测试应用程序时，可能想检查对于不同的输入数据应用程序进行同一操作时，是否能正常的工作。在这种情况下，可以将这个操作重复录制多次，每次填入不同的数据，这种方法虽然能够解决问题，但实现起来太笨拙了。QTP 提供了一个更好的解决方案——参数化测试脚本。参数化测试脚本包括数据输入的参数化和检测点的参数化。

使用 QTP 时可以通过将固定值替换为参数，扩展基本测试或组件的范围。该过程(称为参数化)大大提高了测试或组件的功能和灵活性。可在 QTP 中使用参数功能，通过参数化测试或组件所使用的值来增强测试或组件。参数是一种从外部数据源或生成器赋值的变量。

QTP 可以参数化测试或组件中的步骤和检查点中的值。还可以参数化操作参数的值。如果希望参数化测试或组件中多个步骤中的同一个值，可能需要考虑使用数据驱动器，而不是手动添加参数。

1．可参数化操作的值

如果操作中使用的方法或函数具有参数，则可以根据需要参数化该参数值。例如，如果操作使用 Click 方法，则可以参数化参数 x、参数 y 或这两者的值。

在关键字视图中选择已参数化的值时，将显示该参数类型的图标。例如，在下图中，已将 Set 方法的值定义为随机数字参数。每次运行测试或组件时，QTP 都会在 SignOff Button 编辑框中输入一个随机数字值。可以使用视图中的参数化图标"值"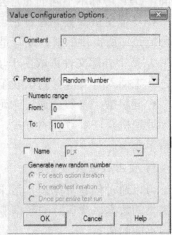列中来参数化操作值。单击参数化图标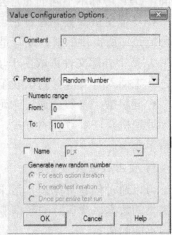，打开 "Value Configuration Qptions (值配置选项)"对话框，将显示当前定义的值。如图 8-37 所示。

图 8-37　参数化设置

选择"Parameters(参数)"，如果该值已经参数化，则"参数"部分将显示该值的当前参数定义。如果该值尚未参数化，则"参数"部分将显示该值的默认参数定义。单击"OK"接受显示的参数值并关闭该对话框。

选择一个尚未参数化的值时，QTP 会为该值生成默认参数定义。表 8-4 描述了如何确定默认参数设置。

表 8-4　参数设置说明

执行参数化时	条　件	默认参数类型	默认参数名
操作中的步骤或检查点的值	至少在当前操作中定义了一个输入操作参数	操作参数	在"操作属性"对话框的"参数"选项卡中显示第一个输入参数
嵌套操作的输入操作参数值	至少为调用该嵌套操作的操作定义了一个输入操作参数	操作参数	在调用操作的"操作属性"对话框的"参数"选项卡中显示第一个输入参数
顶层操作调用的输入操作参数值	至少为测试定义了一个输入参数	测试参数	在"测试设置"对话框的"参数"选项卡中显示第一个输入参数
组件中的步骤或检查点的值	至少为该组件定义了一个输入参数	组件参数	在"业务组件设置"对话框的"参数"选项卡中显示第一个输入参数

如果上述相关条件不为真，则默认参数类型为"数据表"。如果接受了默认参数详细信息，QTP 将用基于选定值的名称新建一个数据表参数。

2．参数种类

QTP 有以下三种类型的参数：

• 数据表参数。通过它可以使用所提供的数据创建可多次运行的数据驱动测试(或操作)。在重复(或循环)中，QTP 使用数据表中不同的值。例如，假设应用程序或网站包含一项功能，用户可以通过该功能从成员数据库中搜索联系信息。当用户输入某个成员的姓名时，将显示该成员的联系信息，以及一个标记为"查看<MemName> 的照片"的按钮，其中<MemName>是该成员的姓名。可以参数化按钮的名称属性，以便在运行会话的每次循环期间，QTP 可标示不同的照片按钮。

• 环境变量参数。通过它可以在运行会话期间使用来自其他来源的变量值。这些变量值可能是您所提供的值，或者是 QTP 基于您选择的条件和选项而生成的值。例如，可以让 QTP 从某个外部文件读取用于填写 Web 表单的所有值，或者可以使用 QTP 的内置环境变量之一来插入有关运行测试或组件的计算机的当前信息。

• 随机数字参数。通过它可以插入随机数字作为测试或组件的值。例如，要检查应用程序处理机票订单数目的方式，可以让 QTP 生成一个随机数字，然后将其插入到"票数"编辑字段中。

1) 使用数据表做参数

可以通过创建数据表参数来为参数提供可能的值列表。通过数据表参数可以创建使用所提供的数据多次运行的数据驱动测试、组件或操作。在每次重复中，QTP 每次使用数据表中不同的值。

例如，考虑 HP 飞机订票示例网站，通过该网站可预订航班。要预订航班，需要提供航班路线，然后单击"继续"按钮。该网站将针对请求的路线返回可用的航班。

可通过访问网站并录制大量查询的结果来执行该测试。这是一个既费时又费力的低效解决方案。通过使用数据表参数，可以连续对多个查询运行测试。

参数化测试或组件时，需要首先录制访问网站并针对所请求的一条路线来检查可用航班的步骤。然后将录制的路线替换为某个数据表参数，并在数据表的全局表中添加自己的数据集，每条路线一个。如图 8-38 所示。

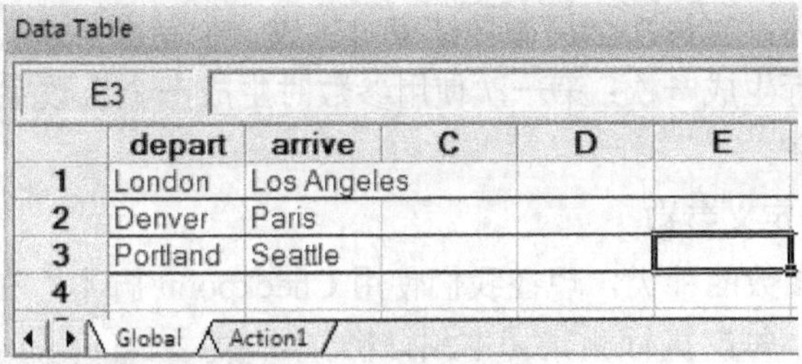

depart	arrive	C	D	E
London	Los Angeles			
Denver	Paris			
Portland	Seattle			

图 8-38　参数设置

新建数据表参数时，将在数据表中添加新的一列，并将参数化的当前值放在第一行中。如果要对值进行参数化并选择现有的数据表参数，则将保留所选参数列中的值，并且这些值不会被参数的当前值覆盖。

表中的每个列都表示单个数据表参数的值列表。列标题是参数名。表中的每一行都表示 QTP 在测试或组件的单次循环期间为所有参数提交的一组值。运行测试或组件时，QTP 将针对表中的每一行数据运行一次测试或组件循环。例如，如果测试在数据表的全局表中有十行，则运行十次循环。

2) 使用环境变量参数

QTP 可以插入环境变量列表中的值，该列表包含可通过测试访问的变量和相应的值。在测试运行的整个过程中，无论循环次数是多少，环境变量的值始终保持不变，除非在脚本中以编程方式更改变量的值。

QTP 有以下三种环境变量：用户定义的内部环境变量、用户定义的外部环境变量以及内置环境变量。

用户定义的内部环境变量：在测试内定义的变量。这些变量与测试一起保存，并且只能在定义这些变量的测试内访问。在"测试设置"对话框或"参数选项"对话框的"环境"选项卡中，可以创建或修改测试中用户定义的内部环境变量。

用户定义的外部环境变量：在活动外部环境变量文件中预定义的变量。可根据需要创建任意多的文件，并为每个测试选择一个适当的文件，或者更改用于每个测试运行的文件。

内置环境变量：表示有关测试和运行测试的计算机的信息的变量，例如测试路径和操作系统。从所有测试和组件中都可以访问这些变量，并且它们都被指定为只读变量

3) 使用随机数参数

当选择"随机数字"作为参数类型时，可以通过"参数选项"对话框将参数配置为使用随机数字。"值配置选项"对话框的"参数"部分与"参数选项"对话框非常相似。

数字范围：指定用于生成随机数字的范围。默认情况下，随机数字范围介于 0 和 100 之间。可通过在"从"和"到"框中输入不同的值来修改此范围。该范围必须介于 0 和

2147483647(包含)之间。

名称：指定参数的名称。通过为随机参数指定名称可以在测试中多次使用同一个参数。可以选择现有的命名参数，或者通过输入新的描述性名称来新建命名参数。

生成新随机数字：定义命名随机参数的生成计时。选中"名称"复选框时会启用该框。可以选择下列选项之一：

- 为每次操作循环：在每次操作循环结束时生成一个新数字。
- 为每次测试循环：在每次全局循环结束时生成一个新数字。
- 为整个测试运行生成一次：第一次使用参数时生成一个新数字。在整个测试运行中，对参数使用同一个数字。

3．以数据表为例定义参数

上面我们学习了了参数的种类，现在我们使用 Checkpoint 脚本，在测试脚本中，丹佛是个常数值，也就是说，每次执行测试脚本预订机票时，出发地点都是丹佛，现在，我们将测试脚本中的出发地点参数化，这样，执行测试脚本时就会以不同的出发地点去预订机票了。

(1) 首先，我们打开 Checkpoint 测试脚本，然后选择要参数化的文字：在视图树中展开"Action1>Web Tours>info"。

(2) 在视图树中选择"depart"右边的"Value"字段，然后再点击参数化图标，打开"Value Configuration Options"对话窗口。

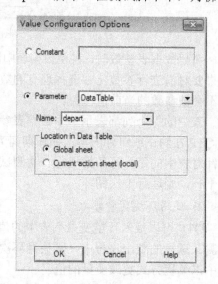

图 8-39　Value Configuration Options 窗口

(3) 设置要参数化的属性，选择"Parameter"选择项，这样就可以用参数值来取代"Denver"这个常数了，在参数中选择"Data Table"选项，这样这个参数就可以从 QTP 的 Data Table 中取得，将参数的名字改为"depart"。如图 8-39 所示。

(4) 点击"OK"确认，QTP 会在 Data Table 中新增 depart 参数字段，并且插入了一行 London 的值，London 会成为测试脚本执行使用的第一个值。

(5) 在 depart 字段中加入出发点资料，使 QTP 可以使用这些资料执行脚本。在 depart 字段的第二行，第三行分别输入：Denver、Portland。

(6) 同理，编辑另外一个参数 arrive，参数值分别为 Los Angeles、Paris 和 Seattle。

(7) 保存测试脚本。

4．执行并分析使用参数的测试脚本

参数化测试脚本后，运行 Parameter 测试脚本。QTP 会使用 Data Table 中 depart 字段值，执三次测试脚本。

执行测试脚本：点击工具栏上的"Run"按钮，打开 Run 对话框，选取"New run results folder"，其余为默认值，点击"OK"开始执行脚本。当脚本运行结束后，会打开测试结果窗口。如图 8-40 所示。

从图 8-40 中明显看出，系统迭代了 3 次。

由图 8-41 可知每次都正确通过了。

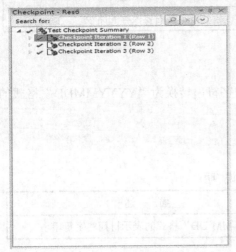

图 8-40　参数化结果(1)

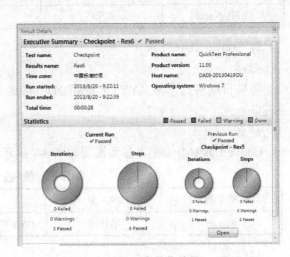

图 8-41　参数化结果(2)

8.2.5　QTP 常用公共函数说明

1．WEB

1) SelectWin 方法

描述

此方法选择运行脚本的浏览器，前提是用户打开了多个页面，需要在其中一个页面上运行脚本。

语法

SelectWin index，参数说明如表 8-5 所示。

表 8-5　参 数 说 明

参　数	类　型	描　述
Index	非负的整数或者表示非负整数的字符串（例如 3 与 "3" 表示的意思是一样的）	按照浏览器打开的先后顺序，第 1 个打开的值为 0，第 2 个打开的为 1，以此类推

例子

用户打开了 5 个浏览器，如果 QTP 需要在第 1 个打开的浏览器上运行脚本，则 SelectWin 0；如果需要在第 2 个打开的浏览器上运行脚本，则 SelectWin 1；以此类推。

2) Snapshot 方法

描述

对浏览器截图，保存在指定的位置。

语法

Snapshot(strFileName)，参数说明如表 8-6 所示。

表 8-6　参 数 说 明

参　数	类　型	描　述
strFileName	字符串	指定截图要保存的路径

3) ConvertDate 方法

描述

转换日期格式，将"YYYY-MM-DD"格式的字符串转换为"YYYYMMDD"格式的字符串。

语法

ConvertDate(datastr)，参数说明如表 8-7 所示。

表 8-7　参 数 说 明

参　数	类　型	描　述
datastr	字符串	"YYYY-MM-DD"格式的表示日期的字符串

返回值

"YYYYMMDD"格式的表示日期的字符串。

4) ClkAlert 方法

描述

判断页面有无弹出框。

语法

ClkAlert(choice)，参数说明如表 8-8 所示。

表 8-8　参 数 说 明

参　数	类　型	描　述
choice	正整数	值为 0 或 1，1 表示点击弹出框的"确定"按钮，0 表示不点击

返回值

先判断页面有没有弹出框，如果页面有弹出框，则返回 True，否则返回 False；如果页面有弹出框并且 choice 值为 1，函数还会点击弹出框的"确定"按钮，如果 choice 值为 0 则不点击。

5) CheckPage 方法

描述

检查页面上有无指定的字符串。

语法

CheckPage (strKeys)，参数说明如表 8-9 所示。

表 8-9　参 数 说 明

参　数	类　型	描　述
strKeys	文本类型	页面上指定的字符串

返回值

boolean 类型，如果指定的字符串在页面上，将该字符串选中并返回 True；否则返回 False，并且在 QTP 的 Result 中生成一个 warning，指出页面上没有找到指定文本。

6）CheckPage2 方法

描述

检查页面是否至少存在指定的两个字符串中的一个。

语法

Checkpage2(str_1，str_2)，参数说明如表 8-10 所示。

表 8-10　参　数　说　明

参　　数	类　　型	描　　述
str_1	字符串	页面上指定的字符串
str_2	字符串	页面上指定的字符串

返回值

如果页面上既没有 str_1 也没有 str_2，返回 False；　否则返回 True。

7）GetPage 方法

描述

获取页面上符合样式描述的字符串。

语法

GetPage(pattern_)，参数说明如表 8-11 所示。

表 8-11　参　数　说　明

参　　数	类　　型	描　　述
pattern_	字符串	正则样式描述

Pattern_描述说明如表 8-12 所示。

表 8-12　参　数　说　明

Pattern_描述	匹　配　说　明
[0-9]	0，1，…，9　10 个数字中任意一个，如 "w3c" 中的 "3"
[a-z]	a，b，…，z　26 个小写字母中任意一个
[A-Z]	A，B，…，Z　26 个小写字母中任意一个
[a-zA-Z]	a，b，…，z，A，B，…，Z　52 个字母中任意一个
{n}	前面的描述重复 n 次(n 为正整数)，如[0-9]{3}　匹配 "A314K" 中的 314
{n, m}	前面的描述最少重复 n 次，最多重复 m 次，如 o{1, 3}匹配 "food" 中的 "oo"
[xyz]	x，y，z 中的一个，如[p8m]匹配 "2008" 中的 "8"
\s	匹配空格，Tab 键，　换页符，换行符 等中的一个
.	匹配任意一个中、英字符
()	指定要截取的匹配内容，如 "Ver([1-9])" 取出 "Ver8" 中的 8，也就是说整个描述返回的是 "8"

返回值

如果页面上有符合的描述的字符串，则返回符合的字符串；否则返回空串(" ")。

8) GetCell 方法

描述

取出表格中指定行指定列的单元格中的数据。

语法

GetCell(objTb，iRow，iCol)，参数说明如表 8-13 所示。

表 8-13 参 数 说 明

参　数	类　型	描　　述
objTb		表格对象
iRow	正整数	表格中的第 i 行
iCol	正整数	表格中的第 j 行

返回值

如果指定的单元格存在，则返回该单元格的数据；如果指定的单元格不存在(比如指定的行超过表格的最大行)，则返回字符串 "ERROR：The specified cell does not exist."。

9) ClkTbByXY 方法

描述

点击表格中指定行，列的单元格。

语法

ClkTbByXY(objTb，iRow，iCol，strType)，参数说明如表 8-14 所示。

表 8-14 参 数 说 明

参　数	类　型	描　　述
objTb		表格对象
iRow	正整数	表格的第 i 行
iCol	正整数	表格的第 j 列
strType	单元格类型	要点击的单元格的类型(按钮为 "WebButton"，链接为 "Link"，图像为 "Image"， 复选框为 "WebCheckBox")

返回值

如果指定的单元格存在，则点击并则返回 True；否则返回 False。

10) ClkTbByVal 方法

描述

点击具有特定值的某一行的特定位置的单元格。

语法

ClkTbByVal(objTb，iCol1，strValue1，iCol2，strValue2， iOpCol，strType，iObjBeginRow)，参数说明如表 8-15 所示。

表 8-15　参 数 说 明

参　　数	类　　型	描　　述
objTb		表格对象
iCol1	正整数	列 1，要匹配的第一个值所在的列
strValue1	字符串	值 1，要匹配的第一个值
iCol2	正整数	列 2，要匹配的第二个值所在的列
strValue2	字符串	值 2，要匹配的第二个值
iOpCol	正整数	操作列，要操作的单元格所在的列
strType	单元格类型，字符串	要操作的单元格的类型(按钮为"WebButton"，单选框为"WebRadioGroup"，链接为"Link"，图像为"Image"，复选框为"WebCheckBox")
iObjBeginRow	非负整数	当要操作的单元格类型(strType)为"WebRadioGroup"时，指定第一个单选框所在的行；如果类型不为 WebRadioGroup，该参数填 0 即可

返回值

如果符合条件的单元格存在，点击并返回 True；否则返回 False。

11) Input *方法*

描述

设置文本输入框、下拉框、单选框、复选框的值。

语法

Input(type_, name_, value_)，参数说明如表 8-16 所示。

表 8-16　参 数 说 明

参　数	类　型	描　述
type_	字符串	不区分大小写，指定要操作的网页元素的类型
name_	字符串	要操作的网页元素的属性值
value_	字符串	要设置的值

返回值

无。

12) Click *方法*

描述

鼠标单击元素。

语法

Click(type_, name_)，参数说明如表 8-17 所示。

表 8-17　参 数 说 明

参　数	类　型	描　　述
type_	字符串	不区分大小写，指定要操作的网页元素的类型
name_	字符串	能够标志页面元素的属性值，如按钮上的文字("确定"，"取消"，…)，超链接的文字，图像的文件名，等

表 8-18 标明了 click 函数使用的各种类型的元素的标志属性(name_的值为该标示属性的值)。

表 8-18　各 类 属 性

类　型	描　述	标示属性
WebButton 或 B	按钮	value
Link 或 L	超链接	text
Image 或 I	图像	file name
WebElement 或 O	元素	innertext
WebCheckBox 或 C	复选框	name
WebRadioGroup 或 R	单选框	name
WebList 或 S	下拉列表框	name
WebEdit 或 E	文本输入框	name
WebTable 或 T	表格	name

返回值

无。

13) SelectObj 方法

描述

选择要操作的元素的编号(当页面具有相同属性的元素不唯一时使用)。

语法

SelectObj(index_)，参数说明如表 8-19 所示。

表 8-19　参 数 说 明

参　数	类　型	描　　述
index_	非负的整数或者表示非负整数的字符串(3 与 "3" 表示的意思是一样的)	当页面具有相同属性的元素不唯一时，选择对那一个进行操作；选择只会对下一个动作产生作用

返回值

无。

14) ViewObj 方法

描述

高亮显示页面元素并统计个数。

语法

ViewObj(type_，property_，value_)，参数说明如表 8-20 所示。

表 8-20 参 数 说 明

参 数	类 型	描 述
type_	字符串	不区分大小写，指定要操作的网页元素的类型
property_	字符串	指定要使用那个属性对元素进行定位
value_	字符串	属性的值

返回值
无。

2. PCOM

1) OpenPcom *方法*
描述
启动 PCOM 并连接会话。
语法
OpenPcom(SessionProfile，SessionID，WindowStatus)，参数说明如表 8-21 所示。

表 8-21 参 数 说 明

参 数	类 型	描 述
SessionProfile	字符串	会话配置文件路径，后缀为.WS 的文件
SessionID	字符串	会话 ID 号，可以为 A~Z，具体体现在 PCOM 窗口上的名称，如：会话 A、会话 B
WindowStatus	非负整数	启动 PCOM 会话时窗口的状态，默认为 1，窗口正常显示

WindowStatus 可能的取值见表 8-22 所示。

表 8-22 WindowStatus 取值

取 值	情 景
0	hide(隐藏窗口)
1	shownormal(常规显示)
2	showminimized(最小化显示)
3	showmaximized(最大化显示)
5	show(显示)
6	minimize(最小)
9	restore(重置)

返回值
成功返回 True，失败将提示信息。

2) QueryPcomStatus *方法*
描述
查询 PCOM 客户端状态。

语法

QueryPcomStatus(SessionID)，参数说明如表 8-23 所示。

表 8-23　参数说明

参　数	类　型	描　述
SessionID	字符串	会话 ID 号，可以为 A A~Z

返回值

如表 8-24 所示。

表 8-24　返　回　值

情　景	取　值
会话窗口不存在	0
窗口活动但未连接	1
窗口活动且成功连接	7

3）PECheckpage *方法*

描述

检查 PCOM 当前界面是否出现特定字符串。

语法

PECheckpage(Str)，参数说明如表 8-25 所示。

表 8-25　参数说明

参　数	类　型	描　述
Str	字符串	待查找的字符串

返回值

查找到返回 True，否则 False。

4）PEGetpage *方法*

描述

从 PCOM 当前界面上截取特定范围内的文本。

语法

PEGetpage(LRow，LCol，RRow，RCol)，参数说明如表 8-26 所示。

表 8-26　参数说明

参　数	类　型	描　述
LRow	字符串	字符串起始位置的行坐标
LCol	字符串	字符串起始位置的列坐标
RRow	字符串	字符串结束位置的行坐标
RCol	字符串	字符串结束位置的列坐标

返回值

返回截取的字符串。

5) PEWaitText 方法

描述

在一定时间内等待特定的字符出现。

语法

PEWaitText(Str，TimeOut)，参数说明如表 8-27 所示。

表 8-27 参 数 说 明

参　数	类　型	描　述
Str	字符串	等待出现的字符串
TimeOut	正整数	超时时间数，以秒来计算

返回值

在指定时间内等到特定的字符则返回 True，否则为 False。

6) PEInput 方法

描述

向 PCOM 界面上输入文本或者向 PCOM 发出操作命令。

语法

PEInput(Str)，参数说明如表 8-28 所示。

表 8-28 参 数 说 明

参　数	类　型	描　述
Str	字符串	向 PCOM 发出的操作命令

返回值

成功输入返回 True，否则返回 False。

7) PEFieldInput 方法

描述

向 PCOM 界面上特定字段域输入文本。

语法

PEFieldInput(Str，Row，Col)，参数说明如表 8-29 所示。

表 8-29 参 数 说 明

参　数	类　型	描　述
Str	字符串	只能是字符串文本，不能处理命令，如有命令也当文本处理
Row	字符串	字段域的行坐标
Col	字符串	字段域的列坐标

返回值

成功输入返回 0。

8) PEInputEx 方法

描述

向 PCOM 界面上指定的区域输入特定文本。

语法

PEInputEx(Str，LRow，LCol，RRow，RCol)，参数说明如表 8-30 所示。

表 8-30 参 数 说 明

参数	类型	描 述
Str	字符串	只能是字符串文本，不能处理命令，如有命令也当文本处理
LRow	字符串	字符串起始位置的行坐标
LCol	字符串	字符串起始位置的列坐标
RRow	字符串	字符串结束位置的行坐标
RCol	字符串	字符串结束位置的列坐标

返回值

成功输入返回 0；请查看返回码对应表。

9) PESetCursor 方法

描述

设置 PCOM 界面上光标的位置。

语法

PESetCursor(Row，Col)，参数说明如表 8-31 所示。

表 8-31 参 数 说 明

参 数	类 型	描 述
Row	字符串	设置光标所在的行坐标
Col	字符串	设置光标所在的列坐标

返回值

成功返回 True；否则 False。

10) MsgBoxTimeout 方法

描述

提示信息的对话框，一定时间后自动关闭。

语法

MsgBoxTimeout(Text，Title，TimeOut)，参数说明如表 8-32 所示。

表 8-32 参 数 说 明

参 数	类 型	描 述
Text	字符串	对话框中显示的文本信息
Title	字符串	对话框标题
TimeOut	正整数	对话框显示的时间，以秒为单位

返回值

无。

3. TAR 界面

1) TEWaitCursor 方法

描述

在 2 秒内判断光标是否停留在给定的位置。

语法

TEWaitCursor(byVAL rowLoc，byVal colLoc)，参数说明如表 8-33 所示。

表 8-33　参数说明

参　数	类　型	描　述
rowLoc	int	给定的位置所在的行
colLoc	int	给定的位置所在的列

返回值

在 2 秒内判断光标是否停留在给定的位置,如果在给定的位置返回 true,否则返回 false。

2) TECheckCursor 方法

描述

检查光标是否到达指定位置(与 TEWaitCursor 功能类似)。

语法

TECheckCursor(byVAL rowLoc，byVal colLoc，byVal TimeOut)，参数说明如表 8-34 所示。

表 8-34　参数说明

参　数	类　型	描　述
rowLoc	int	给定位置的行坐标值
colLoc	int	给定位置的列坐标值
TimeOut	int	等待超时时间

返回值

在 TimeOut 时间段内，检查成功，返回 True；否则返回 False。

3) TEWaitText 方法

描述

在给定的时间内判断是否能等到给定的字符。

语法

TEWaitText(byVal Text，byVal WaitType，ByVal OptType)，参数说明如表 8-35 所示。

表 8-35　参数说明

参　数	类　型	描　述
Text	string	等待出现的文本
WaitType	string	等待时间类型
OptType	int	操作类型

WaitType 的不同取值如表 8-36。

表 8-36　WaitType 取值

取　值	描　述
1	直接等待 TAR 窗口中的文本、提示输入密码的等待、返回前一个窗口操作提示
2	翻页同步等待、刷折成功提示等待
3	与后台非交易提交时的交互(如：显示"查询成功"、"　")
4	交易提交后与核心系统的交互时间

返回值

在给定的时间内判断是否能等到给定的字符，如果等到，返回 True，否则，返回 False。

4) TECheckText 方法

描述

在 TAR 整个界面中，检查是否出现指定文本。

语法

TECheckText(byVal Text)，参数说明如表 8-37 所示。

表 8-37　参 数 说 明

参　数	类　型	描　述
Text	string	需要检查的字符串

返回值

检查成功，返回 True ；否则，返回 False。

5) TEInput 方法

描述

判断是否在界面文本框中成功输入文本。

语法

TE Input(byVal Text)，参数说明如表 8-38 所示。

表 8-38　参 数 说 明

参　数	类　型	描　述
Text	string	输入的文本

返回值

判断是否在界面文本框中成功输入文本，成功则返回 True,，否则 Flase。

6) TEFieldInput 方法

描述

在 TAR 界面指定的输入域范围内，输入指定的文本。

语法

TEFieldInput(byVal LRow, byVal LCol, byVal RRow, byVal RCol, byVal Text, byVal Opt)，
参数说明如表 8-39 所示。

表 8-39 参 数 说 明

参 数	类 型	描 述
Text	string	输入的字符串
LRow	int	输入域最左边位置的行坐标
LCol	int	输入域最左边位置的列坐标
RRow	int	输入域最右边位置的行坐标
RCol	int	输入域最右边位置的列坐标
Opt	=1	控制符

返回值

成功输入，返回 True；否则，返回 False。

8.2.6 QTP 常用 VBScript 函数

QTP 中常用的 VBS 函数如下。

1．Left 函数

返回从字符串左边算起的指定数量的字符。

语法

Left(string，length)，Left 函数的语法有下面的命名参数：

● string 必选参数。其中字符串表达式最左边长度为 length 的那些字符将被返回。如果 string 包含空字符，将返回 Null。

● length 必选参数；为 Variant(Long)型。数值表达式，指出将返回多少个字符。如果为 0，返回零长度字符串("")。如果大于或等于 string 的字符数，返回整个字符串。

说明

欲知 string 的字符数，使用 Len 函数。Left()函数作用于包含在字符串中的字节数据。所以 length 指定的是字节数，而不是要返回的字符数。

2．Mid 函数

从字符串中返回指定数目的字符。

语法

Mid(string，start[，length])

参数

● string 字符串表达式，从中返回字符。如果 string 包含 Null，则返回 Null。

● Start 字符串中被提取的字符部分的开始位置。如果 start 超过了 string 中字符的数目，Mid 将返回零长度字符串("")。

● Length 要返回的字符数。如果省略或 length 超过文本的字符数(包括 start 处的字符)，将返回字符串中从 start 到字符串结束的所有字符。

说明

要判断 string 中字符的数目，可使用 Len 函数。下面的示例利用 Mid 函数返回字符串中从第三个字符开始的六个字符：

> Dim MyVar
>
> MyVar = Mid("VB Scrint is fun!"，3，6) 'MyVar 包含"Script"。

注意：Mid 函数与包含在字符串中的字节数据一起使用。其参数不是指定字符数，而是字节数。

3. Len 函数

返回字符串内字符的数目，vanrame 所指变量所包含的字节数。

语法

Len(string | varname)

参数

● string 任意有效的字符串表达式。如果 string 参数的值为空，则返回 Null。

● Varname 任意有效的变量名。如果 varname 参数的值为空，则返回 Null。

说明

下面的示例利用 Len 函数返回字符串中的字符数目。

> Dim MyString
>
> MyString = Len("VBSCRIPT") 'MyString 的长度为 8。

注意：Len()函数与包含在字符串中的字节数据一起使用。Len()不是返回字符串中的字符数，而是返回用于代表字符串的字节数。

4. Right 函数

从字符串右边返回指定数目的字符。

Right(string，length)

参数

● string 字符串表达式，其最右边的字符被返回。如果 string 参数值为空，则返回 Null。

● Length 数值表达式，指明要返回的字符数目。如果为 0，返回零长度字符串；如果此数大于或等于 string 参数中的所有字符数目，则返回整个字符串。

说明

要确定 string 参数中的字符数目，使用 Len 函数。下面的示例利用 Right 函数从字符串右边返回指定数目的字符。

> Dim AnyString，MyStr
>
> AnyString = "Hello World"　　　　'定义字符串。
>
> MyStr = Right(AnyString，1)　　　'返回"d"
>
> MyStr = Right(AnyString，6)　　　'返回" World"
>
> MyStr = Right(AnyString，20)　　'返回"Hello World"

注意：Right()函数用于字符串中的字节数据，length 参数指定返回的是字节数目，而不是字符数目。

5. InStr 函数

返回某字符串在另一字符串中第一次出现的位置。

语法

    InStr([start，]string1，string2[，compare])

参数

● start 可选项。数值表达式，用于设置每次搜索的开始位置。如果省略，将从第一个字符的位置开始搜索。如果 start 值为空时，则会出现错误。如果已指定 compare，则必须要有 start 参数。

● string1 必选项。接受搜索的字符串表达式。

● string2 必选项。要搜索的字符串表达式。

● compare 可选项。指示在计算子字符串时使用的比较类型的数值。

说明

下面的示例利用 InStr 搜索字符串。

    Dim SearchString, SearchChar, MyPos

    SearchString ="XXpXXpXXPXXP"   '要搜索的字符串。

    SearchChar = "P" Search for "P".

    MyPos = Instr(4，SearchString, SearchChar, 1)   '从位置 4 开始进行的文本比较。返回 6。

    MyPos = Instr(1，SearchString, SearchChar, 0)   '从位置 1 开始进行的二进制比较。返回 9。

    MyPos = Instr(SearchString, SearchChar)   '默认情况下，进行的是二进制比较(省略了最后的参数)，返回 9

    MyPos = Instr(1，SearchString, "W")   '从位置 1 开始进行的二进制比较。返回 0 (找不到"W")

6. LTrim、Rtrim 与 Trim 函数

返回不带前导空格(LTrim)、后续空格(RTrim)或前导与后续空格(Trim)的字符串副本。

语法

    LTrim(string)

    RTrim(string)

    Trim(string)

string 参数是任意有效的字符串表达式。如果 string 参数中包含 Null，则返回 Null。

说明

下面的示例利用 LTrim，RTrim，和 Trim 函数分别用来除去字符串开始的空格、尾部空格、开始和尾部空格：

    Dim MyVar

    MyVar = LTrim("   vbscript ") 'MyVar 包含 "vbscript "

    MyVar = RTrim("   vbscript ") 'MyVar 包含 "   vbscript"

    MyVar = Trim("   vbscript ") 'MyVar 包含 "vbscript"

7. Rnd 函数

返回一个随机数。

语法

    Rnd[(number)]

number 参数可以是任意有效的数值表达式。

说明

Rnd 函数返回一个小于 1 但大于或等于 0 的值。number 的值决定了 Rnd 生成随机数的方式。因每一次连续调用 Rnd 函数时都用序列中的前一个数作为下一个数的种子，所以对于任何最初给定的种子都会生成相同的数列。在调用 Rnd 之前，先使用无参数的 Randomize 语句初始化随机数生成器，该生成器具有基于系统计时器的种子。

要产生指定范围的随机整数，请使用以下公式：Int((upperbound - lowerbound +1)* Rnd + lowerbound)。这里，upperbound 是此范围的上界，而 lowerbound 是此范围内的下界。

注意：要重复随机数的序列，请在使用数值参数调用 Randomize 之前，立即用负值参数调用 Rnd。使用同样 number 值的 Randomize 不能重复先前的随机数序列。

8．Randomize 语句

初始化随机数生成器。

语法

> Randomize [number]

可选的 number 参数是 Variant 或任何有效的数值表达式。

说明

Randomize 用 number 将 Rnd 函数的随机数生成器初始化，该随机数生成器给 number 一个新的种子值。如果省略 number，则用系统计时器返回的值作为新的种子值。

如果没有使用 Randomize，则(无参数的)Rnd 函数使用第一次调用 Rnd 函数的种子值。

注意：若想得到重复的随机数序列，在使用具有数值参数的 Randomize 之前直接调用具有负参数值的 Rnd。使用具有同样 number 值的 Randomize 是不会得到重复的随机数序列的。

Rnd 函数示例

本示例使用 Rnd 函数随机生成一个 1 到 6 的随机整数。

本示例用 Randomize 语句初始化随机数生成器。由于忽略了数值参数，所以 Randomize 用 Timer 函数的返回值作为新的随机数种子值。

```
Dim MyValue
Randomize                      '对随机数生成器做初始化的动作
MyValue = Int((6 * Rnd) + 1)   '生成 1 到 6 之间的随机数值
```

9．Split 函数

描述

返回一个下标从零开始的一维数组，它包含指定数目的子字符串。

语法

> Split(expression[，delimiter[，count[，compare]]])

Split 函数语法有如下几部分：

- expression 必需的。包含子字符串和分隔符的字符串表达式。如果 expression 是一个长度为零的字符串("")，Split 则返回一个空数组，即没有元素和数据的数组。
- delimiter 可选的。用于标示子字符串边界的字符串字符。如果忽略，则使用空格字符(" ")作为分隔符。如果 delimiter 是一个长度为零的字符串，则返回的数组仅包含一个元素，即完整的 expression 字符串。

- count 可选的。要返回的子字符串数，–1 表示返回所有的子字符串。
- compare 可选的。数字值，表示判别子字符串时使用的比较方式。

10. Replace 函数

返回字符串，其中指定数目的某子字符串被替换为另一个子字符串。

语法

    Replace(expression，find，replacewith[，compare[，count[，start]]])

参数

- expression 必选项。包含要替代的子字符串的字符串表达式。
- find 必选项。被搜索的子字符串。
- replacewith 必选项。用于替换的子字符串。
- start 可选项。expression 中开始搜索子字符串的位置。如果省略，缺省值为 1。在和 count 关联时必须用。
- count 可选项。执行子字符串替换的数目。如果省略，默认值为 –1，表示进行所有可能的替换。在和 start 关联时必须用。
- compare 可选项。指示在计算子字符串时使用的比较类型的数值。如果省略，缺省值为 0，这意味着必须进行二进制比较。

说明

Replace 函数的返回值是经过替换(从由 start 指定的位置开始到 expression 字符串的结尾)后的字符串，而不是原始字符串从开始至结尾的副本。

下面的示例利用 Replace 函数返回替换后的字符串。

```
Dim MyString
MyString = Replace("XXpXXPXXp"，"p"，"Y")            '二进制比较从字符串左端开始。
                                                        返回"XXYXXPXXY"
MyString = Replace("XXpXXPXXp"，"p"，"Y"，3，-1，1)  '文本比较从第三个字符开始。
                                                        返回 "YXXYXXY"
```

11. StrComp 函数

返回一个表明字符串比较结果的值。

语法

    StrComp(string1，string2[，compare])

参数

- string1 必选项。任意有效的字符串表达式。
- string2 必选项。任意有效的字符串表达式。
- Compare 可选项。指示字符串比较时的类型的数值。如果省略，则执行二进制比较。

说明

下面的示例利用 StrComp 函数返回字符串比较的结果。如果第三个参数为 1，执行文本比较；如果第三个参数为 0，或者缺省执行二进制比较。

```
Dim MyStr1, MyStr2,  MyComp
MyStr1 = "ABCD": MyStr2 = "abcd"              '定义变量
MyComp = StrComp(MyStr1,  MyStr2,  1)         '返回 0。
MyComp = StrComp(MyStr1,  MyStr2,  0)         '返回 -1。
MyComp = StrComp(MyStr2,  MyStr1)             '返回 1。
```

12. CInt 函数

返回表达式，此表达式已被转换为 Integer 子类型的 Variant。

语法

CInt(expression)

参数

expression 参数是任意有效的表达式。

说明

通常，可以使用子类型转换函数书写代码，以显示某些操作的结果应被表示为特定的数据类型，而不是默认类型。例如，在出现货币、单精度或双精度运算的情况下，使用 CInt 或 CLong 强制执行整数运算。

CInt 函数用于进行从其他数据类型到 Integer 子类型的国际公认的格式转换。例如对十进制分隔符(如千分符)的识别，可能取决于系统的区域设置。如果 expression 在 Integer 子类型可接受的范围之外，则发生错误。

下面的示例利用 CInt 函数把值转换为 Integer。

```
Dim MyDouble,  MyInt
MyDouble = 2345.5678         'MyDouble 是 Double
MyInt = CInt(MyDouble)       'MyInt 包含 2346
```

注意：CInt 不同于 Fix 和 Int 函数是对数值取整，而是采用四舍五入的方式。当小数部分正好等于 0.5 时，CInt 总是将其四舍五入成最接近该数的偶数。例如，0.5 四舍五入为 0，以及 1.5 四舍五入为 2。

13. CStr 函数

该函数用于将指定的表达式转换成 String 子类型的 Variant。

语法

CStr(expression)

参数

expression 参数是任意有效的表达式。

说明

通常，可以使用子类型转换函数书写代码，以显示某些操作的结果应被表示为特定的数据类型，而不是默认类型。例如，使用 CStr 强制将指定表达式表示为 String 类型。

CStr 函数用于替代 Str 函数来进行从其他数据类型到 String 子类型的国际公认的格式转换。例如对十进制分隔符的识别取决于系统的区域设置。

下面的示例利用 CStr 函数把数值数据转换为 String 类型。

```
Dim MyDouble，MyString
MyDouble = 437.324                    'MyDouble 是双精度值
MyString = CStr(MyDouble)             'MyString 包含"437.324"
```

14．LCase 函数

返回字符串的小写形式。

语法

```
LCase(string)
```

参数

string 参数是任意有效的字符串表达式。如果 string 参数值为空，则返回 Null。

说明

仅大写字母转换成小写字母；所有小写字母和非字母字符保持不变。

下面的示例利用 LCase 函数把大写字母转换为小写字母：

```
Dim MyString
Dim LCaseString
MyString = "VBSCript"
LCaseString = LCase(MyString)         'LCaseString 包含"vbscript"
```

15．MsgBox 函数

在对话框中显示消息，等待用户单击按钮，并返回一个值指示用户单击的按钮。

语法

```
MsgBox(prompt[，buttons][，title][，helpfile，context])
```

参数

● prompt 显示在对话框中的提示字符串。prompt 的最大长度大约是 1024 个字符，这取决于所使用的字符的宽度。如果 prompt 中包含多个行，则可在各行之间用回车符(Chr(13))、换行符(Chr(10)) 或回车换行符的组合(Chr(13) & Chr(10))分隔各行。

● buttons 数值表达式，是表示指定显示按钮的数目和类型、使用的图标样式，默认按钮的标示以及消息框样式的数值的总和。如果省略，则 buttons 的默认值为 0。

● title 显示在对话框标题栏中的字符串。如果省略 title，则将应用程序的名称显示在标题栏中。

● helpfile 字符串表达式，用于标示为对话框提供上下文相关帮助的帮助文件。如果已提供 helpfile，则必须提供 context。在 16 位系统平台上不可用。

● context 数值表达式，用于标示由帮助文件的作者指定给某个帮助主题的上下文编号。如果已提供 context，则必须提供 helpfile。

说明

如果同时提供了 helpfile 和 context，则用户可以按 F1 键以查看与上下文相对应的帮助主题；如果对话框显示取消按钮，则按 Esc 键与单击取消的效果相同；如果对话框包含帮助按钮，则有为对话框提供的上下文相关帮助，但是在单击其他按钮之前，不会返回任何值。当 MicroSoft Internet Explorer 使用 MsgBox 函数时，任何对话框的标题总是包含"VBScript"，以便于将其与标准对话框区别开来。

下面的例子演示了 MsgBox 函数的用法。

```
Dim MyVar
MyVar = MsgBox ("Hello World!"，  65，"MsgBox Example")
  ' MyVar 包含 1 或 2，这取决于单击的是哪个按钮。
```

8.3 性能测试工具 LoadRunner

8.3.1 LoadRunner 简介

1．轻松创建虚拟用户

使用 LoadRunner 的 Virtual User Generator(虚拟用户发生器)，可以很方便地创立系统负载。该引擎能够生成虚拟用户，并模拟真实用户的业务操作行为。它先记录下业务流程(如下订单或机票预定)，然后将其转化为测试脚本。利用虚拟用户，可以在 Windows，UNIX或 Linux 机器上同时产生成千上万个访问用户。

2．创建真实的负载

建立起虚拟用户后，需要设定的负载方案、业务流程组合和虚拟用户数量。用 Load-Runner 的 Controller(控制器)，能很快组织起多用户的测试方案。Controller 的 Rendezvous功能提供了一个互动的环境，在其中既能建立起持续且循环的负载，又能管理和驱动负载测试方案。

3．定位性能问题

LoadRunner 内含集成的实时监测器，在负载测试过程的任何时候，都可以观察到应用系统的运行性能。这些性能监测器为实时显示交互数据(如响应时间)和其他系统组件包括Application Server，Web Server、网路设备和数据库等的实时性能。这样，就可以在测试过程中从客户和服务器的双方评估这些系统组件的运行性能，从而更快地发现问题。

4．分析结果以精确定位问题所在

一旦测试完毕后，LoadRunner 可收集汇总所有的测试数据，并提供高级的分析和报告工具，以便迅速查找到性能问题并追溯原由。使用 LoadRunner 的 Web 交互细节监测器，可以了解到将所有的图像、框架和文本下载到每一网页上所需的时间。

5．重复测试保证系统发布的高质量

负载测试是一个重复过程。每次处理完一个出错情况，都需要对应用程序在相同的方案下，再进行一次负载测试。以此检验所做的修正是否改善了运行性能。

8.3.2 LoadRunner 的安装

在 HP 公司网站通过关键字可找到 HP 性能中心并下载 LoadRunner 最新版本。本书以LoadRunner 11.0 安装为例(请先注册账号申请)。

首先在安装盘下执行 setup.exe 文件。弹出如图 8-42 所示界面。

图 8-42 LoadRunner 安装(1)

点击"LoadRunner 完整安装程序",弹出图 8-43 所示的界面。

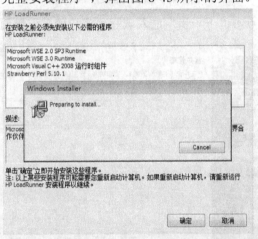

图 8-43 LoadRunner 安装(2)

这里界面中提示了需要先安装一些运行 LoadRunner 所必备的程序,只需逐一安装即可。安装完毕后出现图 8-44 所示的"欢迎使用 HP LoadRunner 11.00 安装程序"界面。

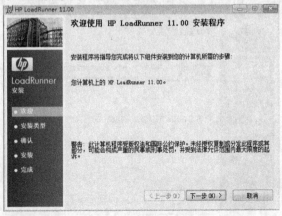

图 8-44 LoadRunner 安装(3)

点击"下一步",进入"许可协议"界面,如图 8-45 所示。

图 8-45 LoadRunner 安装(4)

同意许可协议后,点击"下一步"进入填写"客户信息"界面,如图 8-46 所示。

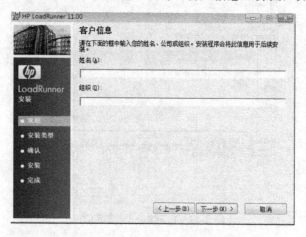

图 8-46 LoadRunner 安装(5)

填写完客户信息后,点击"下一步",进入"选择安装文件夹"界面,如图 8-47 所示。

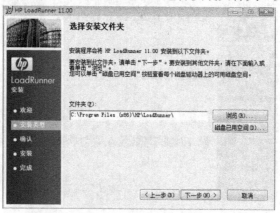

图 8-47 LoadRunner 安装(6)

通过"浏览"选择好安装路径或直接接受默认路径，然后点击"下一步"，进入"确认安装"界面，如图 8-48 所示。

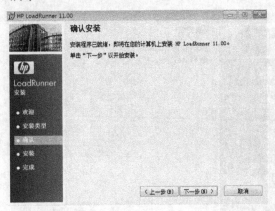

图 8-48 LoadRunner 安装(7)

确认安装，点击"下一步"进入"正在安装 HP LoadRunner 11.00"界面，如图 8-49 所示。

图 8-49 LoadRunner 安装(8)

软件安装中，如图 8-50 所示。

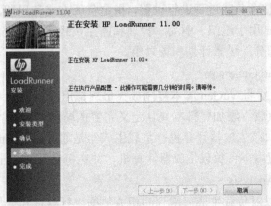

图 8-50 LoadRunner 安装(9)

安装过程结束后，点击"下一步"，进入"安装完成"界面，进行产品配置，如图 8-51 所示。

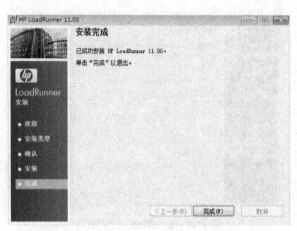

图 8-51 LoadRunner 安装(10)

点击"完成"，安装完毕。

8.3.3 LoadRunner 组件与流程

1. LoadRunner 组件

LoadRunner 主要由脚本生成器 VuGen、压力调度和监控系统 Controller、压力生成器 Load Generator、结果分析工具 Analysis 四部分组成。

1) 脚本生成器(Virtual User Generator，VuGen)

VuGen 提供了基于录制脚本的可视化图形开发环境，可以方便地生成用于负载性能测试的脚本。脚本生成器可以捕获最终用户业务流程，创建自动性能测试脚本(也称为虚拟用户脚本)。在测试环境中，LoadRunner 会在物理计算机上用虚拟用户(即 Vuser)代替实际用户。Vuser 通过以可重复、可预测的方式模拟典型用户的操作，在系统上创建负载。

2) 压力调度和监控系统Controller

Controller 负责对整个负载过程进行设置，指定负载方式和周期，同时提供了整个系统监控的功能。Controller 用于组织、驱动、管理和监控负载测试。Controller 窗口的"设计"选项卡包含两个主要部分：场景计划和场景组。

3) 压力生成器Load Generator

Load Generator 负责将 VuGen 脚本复制成大量虚拟用户对整个系统产生负载。它通过运行虚拟用户来生成负载。添加完脚本并且定义完要在场景中运行的 Vuser 数之后，Load Generator 就可以配置负载生成器计算机。负载生成器是通过运行 Vuser 在应用程序中创建负载的计算机。可以使用多台负载生成器计算机，并在每台计算机上创建多个虚拟用户。

4) 结果分析工具Analysis

通过 Analysis 可以对负载生成后得到的相关数据进行整理和分析。Analysis 可用于查看、分析和比较性能结果。Analysis 窗口包括三个主要部分：图树、图查看区域和图例。

2. LoadRunner 流程

LoadRunner 负载测试通常由六个阶段组成：规划测试、创建 Vuser 脚本、创建方案、运行方案、监视方案和分析测试结果，如图 8-52 所示。

● 规划测试：定义性能测试要求，例如并发用户的数量、典型业务流程和所需的响应时间。

● 创建 Vuser 脚本：将最终用户活动捕获到自动脚本中。

● 创建方案：使用 LoadRunner Controller 设置负载测试环境。

● 运行方案：通过 LoadRunner Controller 驱动、管理负载测试。

● 监视方案：监控负载测试。

● 分析测试结果：使用 LoadRunner Analysis 创建图和报告并评估性能。

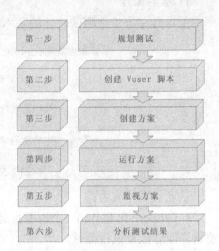

图 8-52　LoadRunner 负载测试组成部分

8.3.4　LoadRunner 使用

1. 录制测试脚本

安装成功后运行 LoadRunner.exe，主界面如图 8-53 所示。

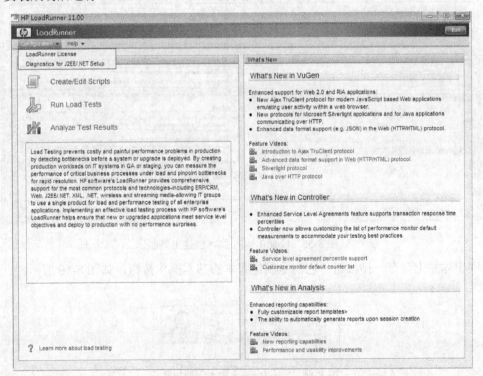

图 8-53　LoadRunner 主界面

1) 基本操作

主界面左上角是测试软件的基本操作，分为三个模块，如图 8-54 所示。

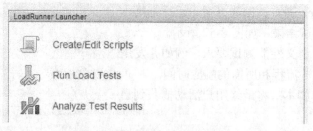

图 8-54　LoadRunner 基本操作

从上至下依次为：

● Create/Edit Script：创建/编辑脚本，创建空白的脚本文件以记录测试的过程，以便该使软件能够重复执行测试。

● Run Load Tests：运行负载测试，用上面生成的脚本记录进行负载测试。

● Analyze Test Results：分析测试结果，对负载测试的结果进行分析。

2) 创建负载测试脚本

要进行负载测试，首先要创建脚本，点击 Create/Edit Scrip，弹出如图 8-55 所示主界面。

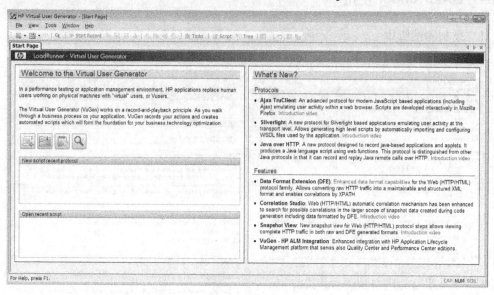

图 8-55　LoadRunner 脚本创建主界面

在窗体左上角有一排按钮，它们是创建脚本的基本操作按钮，如图 8-56 所示。

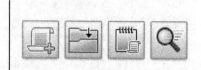

图 8-56　LoadRunner 脚本创建操作台

从左至右依次为：

- New Script，新建空白脚本。
- Open Existing Script，打开已存在的脚本。
- Create Script From Template，根据模板创建脚本。
- Protocol Advisor，方案顾问。

(1) 创建一个空白 Web 脚本。

点击 New Script 弹出对话框，如图 8-57 所示。

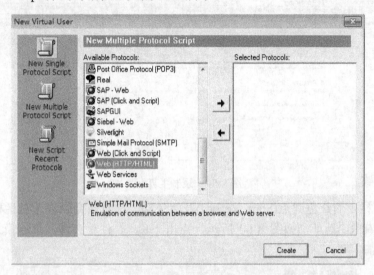

图 8-57　LoadRunner 脚本创建操作台

这里可以创建各种类型的脚本，在左侧选取第二个 New Multiple Protocol Script(创建多协议脚本)这次是测试网页的负载测试，那么我们选 Web(HTTP/HTML)协议，鼠标双击或按中间的黑色箭头把这一项加到右侧列表中，如图 8-58 所示，最后点击 Create 完成新建脚本操作。

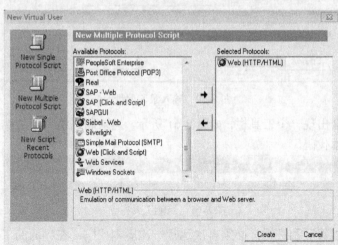

图 8-58　New Multiple Protocol Script

(2) 录制并生成脚本。

新建空白脚本后界面如图 8-59 所示，这时候我们可以开始录制了，录制过程中的所有操作该软件都会转换成脚本记录下来。

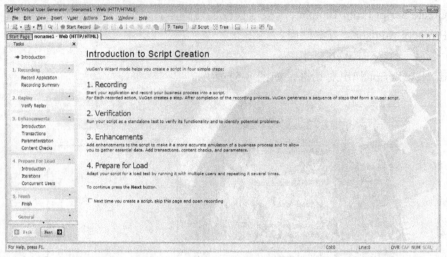

图 8-59　录制主界面

点击工具栏上的红色圆点(Start Record)开始录制，这时候会弹设置对话框如图，填上要测试的网址(URL)地址，如图 8-60 所示，点击 OK，软件就会进入录制模式并且打开刚刚选择的 URL。

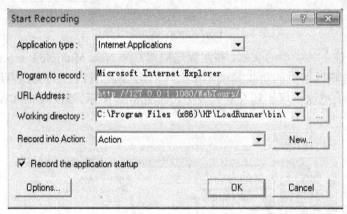

图 8-60　输入录制网址

录制过程中会出现一个工具栏，如图 8-61 所示，当录制完毕后点击▇停止录制，软件就会自动生成脚本代码。

图 8-61　录制工具栏

为了让测试能够顺利进行，必须再次运行一次脚本代码，在界面的工具栏中点击蓝色的 Run 按钮或者按 F5 进行测试，如果有错误的代码请删除，直到无任何错误为止，最后保存退出。

2．负载测试

当上述的脚本创建成功后，就可以开始进行负载测试，首先回到如图 8-53 所示的主界面，点击第二个按钮(Run Load Tests)，界面如图 8-62 所示。

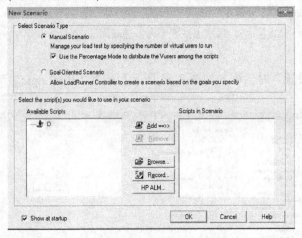

图 8-62　脚本选择界面

选择刚刚生成的测试脚本名称，点击"OK"，打开测试设置，如图 8-63 所示。

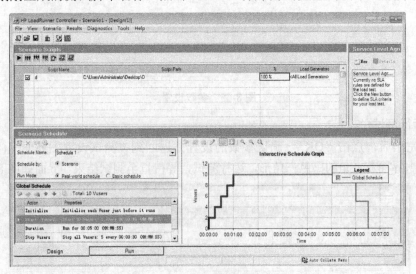

图 8-63　测试设置主界面

我们主要设置左边的几个参数，如图 8-64 所示。

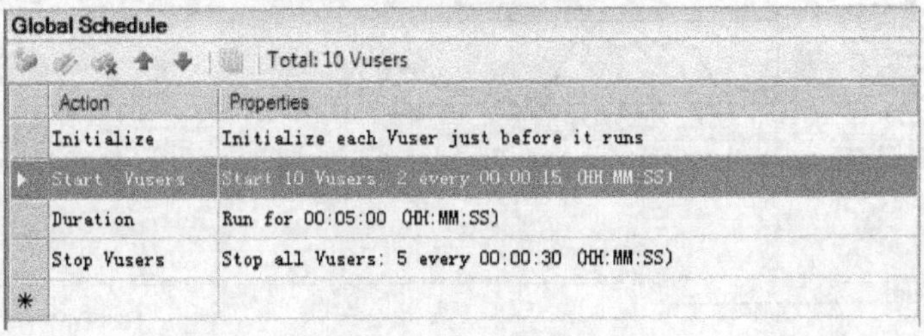

图 8-64　参数设置

修改第 2、3、4 项，分别为开始的用户数、测试时间、结束的用户数。双击进行修改，参数设置如下：

Start　Vusers：20(个)，每次递增 2 个，递增间隔 15 秒；

Duration：00:05:00(5 分钟)；

Stop　Vusers：All(所有)，每次递减 5 个人，递减间隔 30 秒。

3．运行时设置

打开"运行时设置"对话框，如图 8-65 所示，选择"RunLogic"节点，设置运行次数等参数。

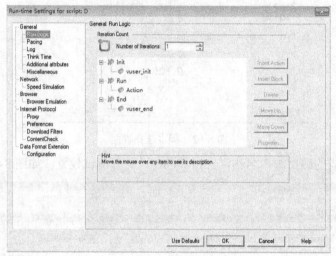

图 8-65　参数设置

4．运行测试

修改完毕后，点击"OK"，确认参数的设置并返回到"测试设置主界面"(如图 8-60 所示)，点击界面左上角的黑色三角形，运行测试，等待直至测试结束，界面如图 8-66 所示。

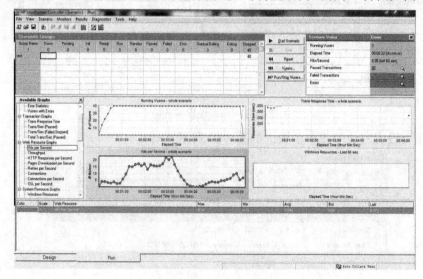

图 8-66　测试运行界面

5.生成测试报告

当测试完成后，点击顶侧工具栏的 ▦ (Analyze Result)生成分析结果，如图 8-67 所示。

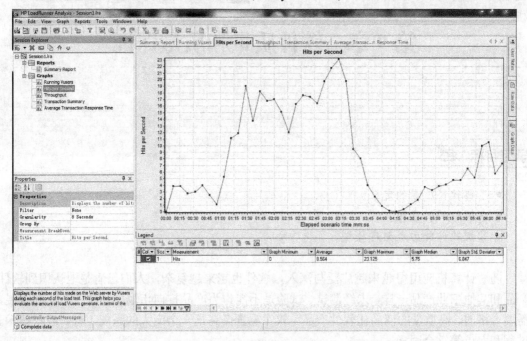

图 8-67　分析结果

习 题

1. 简述 JUnit 使用流程？
2. QTP 检查点有哪些？
3. 性能测试工具 LoadRunner 有哪些功能？
4. 试述 LoadRunner 各组件及其功能？

第 9 章　软件质量和质量保证

学习目标 ✍

- 了解软件质量的定义。
- 理解软件的度量。
- 掌握软件能力成熟度模型。

随着计算机应用得越来越广泛与深入，软件也越来越复杂，人们已清楚地认识到软件产品和其他工业产品一样，未经测试、试验是不能作为产品推向市场的。软件产业的发展，需要合格的、高质量的商品化软件产品。软件质量提高是一个庞大的系统工程，涉及技术、过程和人员等综合因素。

9.1　软件质量

9.1.1　软件质量定义

软件质量作为参与国际竞争的必要条件，日益受到人们的关注。由于受到资源限制和环境影响，多数 IT 组织追求短期利益、放弃长远质量投资在所难免，因此软件陷入发展的恶性循环。显然，在合理借鉴国外成功经验的基础上，探寻切合国内实际情况的软件质量提高途径是当务之急。

软件质量是软件产品的灵魂。首先来看一些关于质量的定义：1970 年，Juran 和 Gryna 把质量定义为"适于使用"；1979 年，Crosby 将质量定义为"符合需求"；在 GB/T 6583—ISO 8404(1994 版)中，将质量定义为"反映实体满足明确和隐含需要的能力的特性的总和"，这里的实体是"可以单独描述和研究的事物"，如产品、活动、过程、组织的体系等；在 ISO 9000：2000 中，将质量定义为"一组固有特性满足要求的程度"。

至于软件质量，很容易从上述质量的定义扩展而来。IEEE 对软件质量的定义如下："系统、部件或过程满足顾客或者用户需要或期望的程度以及系统、部件或过程满足规定需求的程度。"

9.1.2 软件质量模型

"模型(Model)",是所研究的系统、过程、事物或概念的一种表达形式,很自然地,我们可以理解为软件质量模型便是对软件质量评价要素的一种表达形式。在软件工程中,软件质量模型是一个复杂且又抽象的概念,不同行业软件亦有不同要求,理解起来不会像有实物模型的产品质量好理解。例如谈起一辆车的质量,我们马上便会在脑海中浮现出车的模型,然后对车的轮子、离合、刹车等组件的质量要求都能说上大概。软件质量是许多质量属性的综合体现,各种质量属性反映了软件质量的方方面面,就像评价一个人的优缺点一样,并没有绝对的唯一答案,它是多维的。我们可以通过改善软件的各种质量属性,从而提高软件的整体质量。对不同质量属性的评估过程,即为软件测试执行的过程。由此看来选择不同的质量属性进行评估决定着测试服务的过程。软件的质量属性,或叫质量要素,与行业特点、技术实现的复杂度等都有关。

1. McCall 模型

McCall 模型是 McCall 和他同事在 1977 年提出的,如图 9-1 所示。

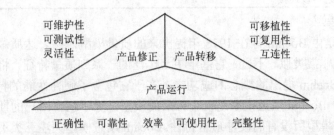

图 9-1 McCall 模型

J. A. McCall 等人将质量模型分为三层:因素、衡量准则、度量,并对软件质量因素进行了研究,认为软件质量是正确性、可靠性、效率等构成的函数,而正确性、可靠性、效率等被称为软件质量因素,或软件质量特征,它表现了系统可见的行为化特征。每一因素又由一些准则来衡量,而准则是跟软件产品和设计相关的质量特征的属性。例如,正确性由可跟踪性、完全性、相容性来判断;每一准则又由一些定量化指标来计量,指标是捕获质量准则属性的度量。McCall 认为软件质量可从两个层次去分析,其上层是外部观察的特性,下层是软件内在的特性。McCall 定义了 11 个软件外部质量特性,称为软件的质量要素,它们是正确性、可靠性、效率、完整性、可使用性、可维护性、可测试性、灵活性、可移植性、可复用性和互连性。同时,还定义了 22 个软件的内部质量特征,称之为软件的质量属性,它们是完备性、一致性、准确性、容错性、简单性、模块性、通用性、可扩充性、工具性、自描述性、执行效率、存储效率、存取控制、存取审查、可操作性、培训性、通信性、软件系统独立性、机独立性、通信通用性、数据通用性和简明性。软件的内部质量属性通过外部的质量要素反映出来。然而,实践证明以这种方式获得的结果会有一些问题。例如,本质上并不相同的一些问题有可能会被当成同样的问题来对待,导致通过模型获得的反馈也基本相同。这就使得指标的制定及其定量的结果变得难以评价。各外部特性详解如表 9-1 所示。

表 9-1 外部特性详表

正确性	在预定的环境下，软件满足设计规格说明及用户预期目标的程度。它要求软件本身没有错误
可靠性	软件按照设计要求，在规定的时间和条件下不出故障，持续运行的程度
效率	为了完成预定功能，软件系统所需要的计算机资源的多少
完整性	为某一目的而保护数据，避免它受到偶然的或有意的破坏、改动或遗失的能力
可使用性	对于一个软件系统，用户学习、使用软件及为程序准备输入和解释输出所需工作量的大小
可维护性	为满足用户新的要求，或当环境发生了变化，或运行中发现了新的错误时，对一个已投入运行的软件进行相应诊断和修改所需工作量的大小
可测试性	测试软件以确保其能够执行预定功能所需工作量的大小
灵活性	修改或改进一个已投入运行的软件所需工作量的大小
可移植性	当一个软件系统从一个计算机系统或环境移植到另一个计算机系统或环境中运行时所需工作量的大小
可复用性	一个软件(或软件的部件)能再次用于其他应用(该应用的功能和此软件或软件部件所完成的功能有关)的程度
互连性	又称相互操作性，指连接一个软件和其他系统所需工作量的大小。如果这个软件要联网或与其他系统通信或要把其他系统纳入到自己的控制之下，必须有系统间的接口，使之可以连接

2. Boehm 模型

Boehm 模型是由 Boehm 等在 1978 年提出来的质量模型，在表达质量特征的层次性上它与 McCall 模型非常类似。不过，它基于更为广泛的一系列质量特征，将这些特征最终合并成 15 个标准。Boehm 提出的概念的成功之处在于它包含了硬件性能的特征，这在 McCall 模型中是没有的。Boehm 质量模型是一个分层的模型，除了包含用户的期望和需求外，它还包含了 McCall 模型所没有的硬件质量特性。Boehm 质量模型关注三类不同类型的用户需求。第一类用户是初始用户，第二类用户是要将软件移植到其他软硬件系统中使用的用户，第三类用户是系统维护人员。也可以说，Boehm 质量模型反映了不同类型的用户对软件质量的理解。Boehm 模型如图 9-2 所示。

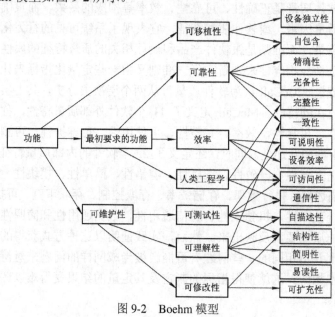

图 9-2　Boehm 模型

3. ISO9126 质量模型

1991 年,ISO 颁布了 ISO 9126—1991 标准《软件产品评价——质量特性及其使用指南》。我国也于 1996 年颁布了同样的软件产品质量评价标准 GB/T 16260—1996。ISO 9126 模型如图 9-3 所示。ISO 9126 模型定义了 6 个影响软件质量的质量特性,而每个质量特性又可通过若干子特性来测量,每个子特性在评价时要进行定义并实施若干度量。ISO 9126 质量模型使得软件最大限度地满足用户明确的和潜在的需求,且从用户、开发人员、管理者等各类人员的角度全方位地考虑软件质量。

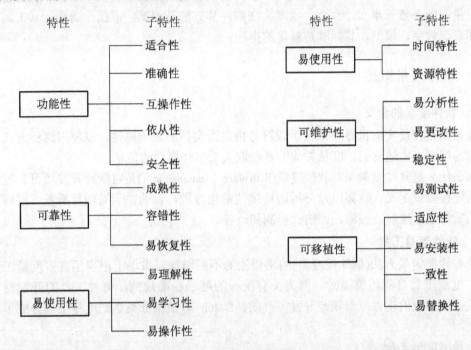

图 9-3 ISO 9126 模型

ISO 9126 质量模型主要从三个层次来分析,即内部质量、外部质量和使用质量,这三者之间都是互相影响、互相依赖的。其中内部质量和外部质量的六个特征,还可以再继续分成更多的子特征。这些子特征在软件作为计算机系统的一部分时会明显地表现出来,并且会成为内在的软件属性的结果。另一方面的使用质量主要有四点:有效性、生产率、安全性、满意度。这个模型中第一层(质量特性)和第二层(准则)关系非常清楚,没有像 McCall模型和 Boehm 模型的那种交叉关系。

下面是内部质量和外部质量给出的软件的六个质量特征:

(1) 功能性(Functionality):软件是否满足了客户功能要求;

(2) 可靠性(Reliability):软件是否能够一直在一个稳定的状态下满足可用性;

(3) 易使用性(Usability):衡量用户能够使用软件需要多大的努力;

(4) 效率(Efficiency):衡量软件正常运行需要耗费多少物理资源;

(5) 可维护性(Maintainability):衡量对已经完成的软件进行调整需要多大的努力;

(6) 可移植性(Portability):衡量软件是否能够方便地部署到不同的运行环境中。

9.2　软 件 度 量

没有软件度量，就不能从软件开发的暗箱中"跳将"出来。通过软件度量可以改进软件开发过程，促进项目成功，开发高质量的软件产品。度量取向是软件开发诸多事项的横断面，包括顾客满意度度量、质量度量、项目度量以及品牌资产度量、知识产权价值度量等。度量取向要依靠事实、数据、原理、法则，其方法是测试、审核、调查，其工具是统计、图表、数字、模型，其标准是量化的指标。

9.2.1　软件度量概述

1．软件度量的含义

度量是指在现实的世界中把数字或符号指定给实体的某一属性，以便用这种方式根据已明确的规则来描述它们。度量关注的是获取关于实体属性的信息。

那么什么是软件度量呢？软件度量(Software Measurement)是对软件开发项目、过程及其产品进行数据定义、收集以及分析的持续性量化过程，目的在于对项目质量、过程质量及产品质量进行理解、预测、评估、控制和改善。

2．软件度量工具

随着软件定量方法(如软件度量)的重要性的不断增加，市场上出现了许多度量工具。然而，度量工具目前还很混乱，因为没有统一的度量标准规范，每种工具的开发商家都是按照他们自己的软件度量规范开发工具的。Daich 等根据分类学把度量工具分成了以下几种：

- 通用度量工具。
- 小生境度量工具(Niche Metrics Tool)。
- 静态分析。
- 源代码静态分析。
- 规模度量。

9.2.2　软件度量目标

软件开发正在经受一场危机。费用超支(特别是在维护阶段的花费太大)、生产率低下以及质量不高等问题正困扰着它。简言之，软件开发经常处于失控状态。软件之所以失控是因为没有度量。Tom Demarco 曾经说过："没有度量就不能控制。"这种说法是正确的，但不完全。并不能说为了获得控制就必须进行度量。度量活动必须有明确的目标，因此决定着我们选择哪种属性和实体进行度量。这个目标与软件开发、使用时所涉及的人的层次有关。

以下主要从管理者和软件工程师两种角度来考虑，为了达到各种目标所要进行的度量工作。

1. 对管理者而言

(1) 需要度量软件开发过程中不同阶段的费用。例如：度量开发整个软件系统的费用(包括从需求分析阶段到发布之后的维护阶段)。必须清楚这个费用以决定在保证一定的利润的情况下软件的价格。

(2) 为了决定付给不同的开发小组的费用，需要度量不同小组职员的生产率。

(3) 为了对不同的项目进行比较、对将来的项目进行预测、建立基线以及设定合理的改进目标等，需要度量开发的产品的质量。

(4) 需要决定项目的度量目标。例如：应达到多大的测试覆盖率、系统最后的可靠性应有多大等。

(5) 为了找出是什么因素影响着费用和生产率，需要反复测试某一特定过程和资源的属性。

(6) 需要度量和估计不同软件工程方法和工具的效用，以便决定是否有必要把它们引入到公司中。

2. 对软件工程师而言

(1) 需要制定过程度量以监视不断演进的系统。这包括设计过程中的改动、在不同的回顾或测试阶段发现的错误等。

(2) 需使用严格的度量术语来指定对软件质量和性能的要求，以便使这些要求是可测试的。例如：系统必须"可靠"，可用如下的更具体的文字加以描述："平均错误时间必须大于 15 个 CPU 时间片。"

(3) 为了合格需要度量产品和过程的属性。例如：看一个产品是否合格要看产品的一些可度量的特性如 "β 测试阶段少于 20 个错误"，"每个模块的代码行不超过 100 行"，以及开发过程的一些属性，如 "单元测试必须覆盖 90% 以上的用例" 等。

(4) 需要度量当前已存在的产品和过程的属性以便预测将来的产品。例如：

* 通过度量软件规格说明书的大小来预测目标的大小。
* 通过度量设计文档的结构特性来预测将来要维护的 "盲点"。
* 通过度量测试阶段的软件的可靠性来预测软件今后操作、运行的可靠性。

研究上面列出的度量的目标和活动可以发现：软件度量的目标可大致概括为两类。

第一，我们使用度量来进行估计，这使得我们可以同步地跟踪一个特定的软件项目。

第二，我们应用度量来预测项目的一些重要的特性。但是，值得指出的是，我们不能过分夸大这些预测，因为它们并不是完全正确的。软件度量得到的也仅仅是预测而已。有些人甚至认为只要使用合适的模型和工具，所获得的预测可以精确到只需使用极少的其他度量(甚至根本就不用使用度量)。事实上，这种期望是不现实的。

9.2.3 软件度量维度

软件度量能够为项目管理者提供有关项目的各种重要信息，其实质是根据一定规则，将数字或符号赋予系统、构件、过程或者质量等实体的特定属性，即对实体属性的量化表示，从而能够清楚地理解该实体。软件度量贯穿整个软件开发生命周期，是软件开发过程中进行理解、预测、评估、控制和改善的重要载体。软件质量度量建立在度量数学理论基础之上。软件度量包括 3 个维度，即项目度量、产品度量和过程度量，如表9-2所示。

表9-2　度量维度表

度量维度	侧　重　点	具　体　内　容
项目度量	理解和控制当前项目的情况和状态	规模、成本、工作量、进度、生产力、风险、顾客满意度
产品度量	理解和控制当前产品的质量	产品的功能性、可靠性、易实用性、效率、可维护性、可移植性
过程度量	理解和控制当前情况和状态，对过程进行改进和预测	能力成熟度、管理、生命周期、生产率、缺陷植入率

9.2.4　软件度量的方法体系

1．项目度量

项目度量是针对软件开发项目的特定度量，目的在于度量项目规模、项目成本、项目进度、顾客满意度等，辅助项目管理进行项目控制。

2．规模度量

软件开发项目规模度量(size measurement)是估算软件项目工作量、编制成本预算、策划合理项目进度的基础。规模度量是决定软件项目成败的重要因素之一。一个好的规模度量模型可以解决这一问题。有效的软件规模度量是成功项目的核心要素；基于有效的软件规模度量可以策划合理的项目计划，合理的项目计划有助于有效地管理项目。规模度量的要点在于：由开发现场的项目成员进行估算；灵活运用实际开发作业数据；杜绝盲目迎合顾客需求的"交期逆推法"。

软件规模度量有助于软件开发团队准确把握开发时间、费用分布以及缺陷密度等。软件规模的估算方法有很多种，如：功能点分析(FPA，Function Points Analysis)、代码行(LOC，Lines Of Code)、德尔菲法(Delphi technique)、COCOMO 模型、特征点(feature point)、对象点(object point)、3D 功能点(3-D function points)、Bang 度量(DeMarco's bang metric)、模糊逻辑(fuzzy logic)、标准构件法(standard component)等，这些方法不断细化为更多具体的方法。

3．成本度量

软件开发成本度量主要指软件开发项目所需的财务性成本的估算。主要方法如下：

(1) 类比估算法。类比估算法通过比较已完成的类似项目系统来估算成本，适合评估一些与历史项目在应用领域、环境和复杂度方面相似的项目。其约束条件在于必须存在类似的具有可比性的软件开发系统，估算结果的精确度依赖于历史项目数据的完整性、准确度以及现行项目与历史项目的近似程度。

(2) 细分估算法。细分估算法将整个项目系统分解成若干个小系统，逐个估算成本，然后合计起来作为整个项目的估算成本。细分估算法通过逐渐细化的方式对每个小系统进行详细的估算，可能获得贴近实际的估算成本。其难点在于，难以把握各小系统整合为大系统的整合成本。

(3) 周期估算法。周期估算法按软件开发周期进行划分，估算各个阶段的成本，然后进行汇总合计。周期估算法基于软件工程理论对软件开发的各个阶段进行估算，很适合瀑布型软件开发方法，但是需要估算者对软件工程各个阶段的作业量和相互间的比例具有相当的了解。

4．顾客满意度度量

顾客满意是软件开发项目的主要目的之一，而顾客满意目标要得以实现，需要建立顾客满意度度量体系和指标对顾客满意度进行度量。顾客满意度指标(CSI, Customer Satisfaction Index)以研究顾客满意为基础，对顾客满意度加以界定和描述。项目顾客满意度度量的要点在于：确定各类信息、数据、资料来源的准确性、客观性、合理性、有效性，并以此建立产品、服务质量的衡量指标和标准。企业顾客满意度度量的标准会因为各企业的经营理念、经营战略、经营重点、价值取向、顾客满意度调查结果等因素而有所不同。比如：NEC 于 2002 年 12 月开始实施的 CSMP 活动的度量尺度包括共感性、诚实性、革新性、确实性和迅速性，其中，将共感性和诚实性作为客户满意活动的核心姿态，而将革新性、确实性和迅速性作为提供商品和服务中不可或缺的尺度。每个尺度包括两个要素，各要素包括两个项目，共计 5 大尺度、10 个要素和 20 个项目。例如，共感性这一尺度包括"了解顾客的期待"、"从顾客的立场考虑问题"这两个要素；"了解顾客的期待"这一要素又包括"不仅仅能胜任目前的工作还能意识到为顾客提供价值而专心投入"、"对顾客的期望不是囫囵吞枣而是根据顾客的立场和状况来思考'顾客到底需要什么'并加以应对"这两个项目。

美国专家斯蒂芬(Stephen H.Kan)在《软件质量工程的度量与模型》(Metrics and Models in Software Quality Engineering)中认为，企业的顾客满意度要素如表 9-3 所示。

表 9-3　客户满意度要素表

顾客满意度要素	顾客满意度要素的内容
技术解决方案	质量、可靠性、有效性、易用性、价格、安装、新技术
支持与维护	灵活性、易达性、产品知识
市场营销	解决方案、接触点、信息
管理	购买流程、请求手续、保证期限、注意事项
交付	准时、准确、交付后过程
企业形象	技术领导、财务稳定性、执行印象

作为企业的顾客满意度的基本构成单位，项目的顾客满意度会受到项目要素的影响，主要包括开发的软件产品、开发文档、项目进度以及交期、技术水平、沟通能力、运行维护等。具体而言，可以细分为如表 9-4 所示的度量要素，并根据这些要素进行度量。

表 9-4　客户满意度细分表

顾客满意度项目	顾客满意度度量要素
软件产品	功能性、可靠性、易用性、效率性、可维护性、可移植性
开发文档	文档的构成、质量、外观、图表以及索引、用语
项目进度以及交期	交期的根据、进度延迟情况下的应对、进展报告
技术水平	项目组的技术水平、提案能力及解决问题的能力
沟通能力	事件记录、式样确认、Q&A
运行维护	支持能力、问题发生时的应对速度、解决问题的能力

9.3　软件能力成熟度(CMM)模型

9.3.1　CMM 概述

1．CMM 起源

20 世纪 30 年代，经济学家 Walter Shewart 提出关于产品质量的分层控制原理。1979年，Crosby 提出了质量管理成熟度网格(矩阵：阶段×质量因素，横坐标是开发阶段，纵坐标是质量因素)，把 Shewart 的理论更加具体化了，描述了质量管理过程的五个进化阶段。卡内基-梅隆大学(CMU)软件工程研究所(SEI)的 Humphrey 等人综合了上述研究成果，将其引入软件领域，于 1987 年前后提出了最初的 CMM。

CMM 在应用中几经修改，初始版为 1.0 版，1993 年正式发布 1.1 版，即现行的版本。后曾广泛收集修改意见，试图提出 2.0 版，但一直未能正式发布，便提出了 CMMI 计划。CMM 是对软件开发组织或项目的软件过程能力进行评估的一个基本框架，是指导软件开发组织或项目的软件过程能力进行评估的一个基本框架，是指导软件开发组织或项目逐步改进其软件能力成熟度的一个分层框架。但是 CMM 只回答"做什么"，"如何做"还得由开发组织自己定。

CMM 的体系结构：CMM 分为五个成熟度等级，每个等级都有若干个关键过程域，以体现该等级的软件过程能力。每个关键过程域由一些关键实践来组成。关键实践按五个公共特征进行分类。每个关键过程域包含一组该关键过程域应达到的目标。关键过程域的目标是否已达到，取决于相关的关键实践是否都已得到实施。关键实践的内容主要包括：组织的基本方针和政策，各级领导(经理)职责，资源和经费保证，关键的先决条件和必备条件，必须采取的各种关键实践活动，对软件产品和软件过程的度量和分析活动，保证各项活动有效执行的检查、监督和验证措施。

2．CMM 发展

基于 CMM 成熟度模型，包括中小企业在内的软件企业如何进行软件过程改造，如何在具体项目中引入并实施 CMM 的标准成为人们关注的重点。CMM 的实施核心不在于软件的开发技术层面，而在于工程过程层面和工程管理层面。所谓工程过程层面，是指将工程开发的整个过程所涉及的相关议题作为过程学的体系来研究和执行。过程学本身既不同于通常所说的软件工程技术(如编码、操作系统等)，也不同于一般所言的工程管理学。软件过程对软件工程这一领域中所涉及的流程按其独特特性进行专门描述。事实上，任何企业在开发工程产品的实践中，都有开发过程产生，虽然很多企业并未对其进行记录或关注。按照工程过程学派的观点，没有正确的过程就不可能有正确的产品产生，因此对开发组织的过程需要规范和改进。

CMM 模式既可用于描述软件机构实际具备的能力成熟度水平，也可用于指明软件企业改进软件工程所需着力之处，它说明了努力的方向，又允许企业自己选择恰当的方式去达到这一目的。实施 CMM 的经验告诉软件工程人员，在软件项目开发中，更多的问题和错误来源于工程安排的次序、工程规划和工程管理，而不是技术上的"how to do"。软件工程的过程学不断分析和改善已有工程经验，拟定出尽可能完善的开发过程，并按开发生命周期确定重点环节加以管理，最终达到以量化数据来建立能力成熟度等级的目标。良好的工程过程保证了有序的开发实施，避免了以往开发人员被动救火的方式，并将个人主观因素影响减低至最小。开发人员的个人创造性从独立任意的发挥转移到如何创造性地运用和完善到工程过程上来。

作为一种模型，CMM 实际上是对软件机构工程过程的理论和数据的模拟，在对它的应用中，主要包括软件产品供应方和应用方两大类。

如有可能，企业在咨询机构或咨询师的协助下可以加快 CMM 体系引入的过程，但企业必须同时着力于培训自身理解工程过程的人才。较好的方法是在开发组织内部分项目形成 CMM 研讨小组，以促进开发组及开发人员之间的经验交流。显而易见，实施 CMM 的成效应根据机构自身特有的实际情况作判断，正确的实施应该从质和量两方面对过程的各环节发生作用。CMM 体系在中小企业的应用中并未要求逐字照章对应每一项核心过程域和核心实践来进行，机构可以用裁减的办法对其应用程度作修正，也可选用阐述的办法将某项具体的实施工作等同为特定的核心实施。根据 SEI 的研究数据，绝大多数软件项目的成功都遵循了下述的工程原则：

(1) 将软件生命周期划分为若干阶段并进行严格的计划，包括项目计划、里程碑计划、质量检测计划、维护计划等；

(2) 在开发过程中，分阶段进行复审和评估，以便尽早发现错误所在；

(3) 项目组成员应注重包括技术和流程在内的培训，提高人员素质；

(4) 软件过程的改进应是持续性的、不断调整的进程；

(5) 尽可能采用度量数据来描述过程中的每一环节，从而提高可预测性和可控制性；

(6) 对以往所有开发工作必须进行文档编写工作，积累经验以用于未来的开发之中；

(7) 如果项目允许，尽可能采纳较为先进的技术与工具。

3. CMM 与 ISO9000

国际标准化组织的质量管理标准 ISO9000 与 CMM 均可作为软件企业的过程改善框架。CMM 仅仅适用于软件行业，而 ISO9000 的适应面更广，但绝不是说 ISO9000 不适合软件企业。实际上 ISO9000：2000 版标准和 CMM 遵循共同的管理思想，ISO9000：2000 版(ISO9001)标准已经彻底解决 94 版的制造业痕迹较重、标准按要素描述难于在软件行业实施的问题。就目前软件企业实施 ISO9000 失败的原因来看，主要是未考虑软件行业特点和企业公司特点，盲目照搬其他行业和公司的模式，同时领导的重视程度和推行力度也不够。这些问题不解决，实施 CMM 同样会失败。

就内容来讲，ISO9001 不覆盖 CMM，也不完全覆盖 ISO9000。一般而言，通过 ISO9001 认证的企业可达到 CMM 2 级或略高的程度，通过 CMM 3 级的企业只要稍做补充，就可较容易地通过 ISO 9001 认证。

ISO9001 与 CMM 均可作为软件企业的过程改进框架，其不同之处是，前者是"泛用"，后者是"专用"。ISO 9001 标准面向合同环境，站在用户立场，要求对质量要素进行控制，规定了质量体系的最低标准。而 CMM 标准则强调软件开发过程的成熟度，即内部过程的不断改进和提高。在形式上，ISO 9001 审核只有"通过"和"不通过"两个结论，而 CMM 评定则是一个动态过程，软件组织在通过低级别评估后，可根据高级别的要求确定改进方案。

9.3.2　CMM 详解

1. CMM 等级

CMM 在各国的软件行业中产生了巨大的影响，成为了国际主流的行业标准。CMM 由低到高分成五个等级：初始级、可重复级、定义级、管理级和优化级。CMM 的五个级别从初始级到优化级各级别的软件过程越来越规范，越来越成熟。

1) 初始级

初始级的软件过程是未加定义的随意过程，项目的执行是随意甚至是混乱的。也许，有些企业制定了一些软件工程规范，但若这些规范未能覆盖基本的关键过程要求，且执行没有政策、资源等方面的保证，那么它仍然被视为初始级。

2) 可重复级

根据多年的经验和教训，人们总结出软件开发的首要问题不是技术问题而是管理问题。因此，第二级的焦点集中在软件管理过程上。一个可管理的过程是一个可重复的过程，一个可重复的过程则能逐渐进化和成熟。第二级的管理过程包括了需求管理、项目管理、质量管理、配置管理和子合同管理五个方面。其中项目管理分为计划过程和跟踪与监控过程两个过程。通过实施这些过程，从管理角度可以看到一个按计划执行的且阶段可控的软件开发过程。

关键过程域：

- 需求管理(Requirements Management)；
- 软件项目计划(Software Project Planning)；
- 软件项目跟踪和监督(Software Project Tracking and Oversight)；
- 软件分包合同管理(Software Subcontract Management)；
- 软件质量保证(Software Quality Assurance)；
- 软件配置管理(Software Configuration Management)。

3) 定义级

在第二级仅定义了管理的基本过程，而没有定义执行的步骤标准。在第三级则要求制定企业范围的工程化标准，而且无论是管理还是工程开发都需要一套文档化的标准，并将这些标准集成到企业软件开发标准过程中去。所有开发的项目需根据这个标准过程，剪裁出与项目适宜的过程，并执行这些过程。过程的剪裁不是随意的，在使用前需经过企业有关人员的批准。

关键过程域：

- 机构过程关注(Organization Process Focus)；
- 机构过程定义(Organization Process Definition)；
- 培训计划(Training Program)；
- 集成软件管理(Integrated Software Management)；

- 软件产品工程(Software Product Engineering)；
- 组间协调(Intergroup Coordination)；
- 对等审查(Peer Reviews)。

4) 管理级

第四级的管理是量化的管理。所有过程需建立相应的度量方式，所有产品的质量(包括阶段性过程产品和提交给用户的最终产品)需有明确的度量指标。这些度量应是详尽的，且可用于理解和控制软件过程和产品。量化控制将使软件开发真正变成为一种工业生产活动。

关键过程域：

- 定量过程管理(Quantitative Process Management)；
- 软件质量管理(Software Quality Management)。

5) 优化级

第五级的目标是达到一个持续改善的境界。所谓持续改善，是指可根据过程执行的反馈信息来改善下一步的执行过程，即优化执行步骤。如果一个企业达到了这一级，表明该企业能够根据实际的项目性质、技术等因素，不断调整软件生产过程以求达到最佳。

关键过程域：

- 缺陷预防(Defect Prevention)；
- 技术改变管理(Technology Change Management)；
- 过程改变管理(Process Change Management)。

2. CMM 内部结构

CMM 将每个成熟度级别分为多个关键过程域，将每个关键过程域划分为五个共同特征。共同特征包含关键实践，当这些关键实践得到实现时，就完成了该关键过程域的目标。CMM 结构如图 9-4 所示。

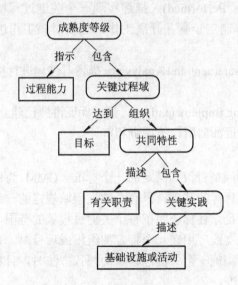

图 9-4　CMM 结构图

1) 关键过程域(KPA，Key Process Areas)

除第一级外，每一级都由多个关键过程域组成。关键过程域表明了机构进行软件过程改进时应着重强调的方面，并确定了达到某一成熟度级别应解决的问题。比如，处于第三级的软件机构，必须解决第二级和第三级中所有关键过程域的问题。每个关键过程域都确定了一系列的相关活动，是达到某一成熟度级别的需求，要达到某一成熟度级别，就必须完成该级(以及比它低的级别)上的所有关键过程域，并对其软件过程进行制度化控制。CMM没有完整地描述出开发和维护软件的所有过程领域，只是描述了对软件过程能力起关键作用的过程领域。CMM 共有 18 个关键过程域，分布在第二至第五个级别中。

2) 关键实践(KP，Key Practice)

每个关键过程域用关键实践的概念进行描述，关键实践是有效实施该关键过程域并加以制度化所必须开展的活动和必须具备的基础，不同成熟度级别中的关键过程域所要实施的具体实践不同。每个关键实践由单独的句子组成，后面常常附加更详细的描述信息，这些描述信息包括示例和关于该关键实践的详细描述，同时为关键实践提供了更详细的子实践以便解释关键实践的具体执行，相应地提供了相关示例、定义及其他实践。这些关键实践分别组成关键过程域的五个属性即五个共同特征。

3) 共同特征(Common Feature)

共同特征用来表明对某些关键过程域进行实施并加以制度化的有效性、可重复性和持续性。这五个特征分别是：执行约定、执行能力、实施活动、度量和分析、验证实施。

(1) 执行约定(Commitment to Perform)：描述一个组织在保证将过程建立起来并持续起作用方面所必须采取的行动。执行约定一般包含制定组织的方针和规定高级管理者的支持。

(2) 执行能力(Ability to Perform)：描述在软件过程中每个项目或整个组织必须达到的前提条件，一般与资源、组织机构和培训有关。

(3) 实施活动(Actives Performed)：描述实现一个关键过程域所必须执行的任务和步骤，应该包括建立计划和制定步骤并开展工作，还要对该工作进行跟踪以及必要时采取改进措施。

(4) 度量和分析(Measurement and Analysis)：描述对过程进行度量的基本规则，以确定、改进和控制过程的状态。

(5) 验证实施(Verifying Implementation)：描述保证遵照已建立的过程进行活动的措施，包括管理者和软件质量保证部门所作的评审和审计。

4) 目标(Goal)

目标是检查关键过程域是否得到满足的一个标准。CMM 为每个关键过程域规定了一组目标，关键实践是实现目标的基础，只有关键过程域规定的一系列目标得以实现才可确定此关键过程域已得到满足。目标表明了每个关键过程域的范围、界限和意图。在将某个关键过程域所规定的关键实践应用在一个特定的组织或项目时，目标能够判断这个应用是否合理。同样地，在评价实施一个关键过程域的替代方法时，目标也可用作判定替代方法能否满足关键过程域的标准。

9.4　软件质量保证

9.4.1　概述

　　软件质量保证是指建立一套有计划、有系统的方法，来向管理层保证拟定出的标准、步骤、实践和方法能够正确地被所有项目所采用。软件质量保证是由各项任务构成的，这些任务的参与者有两种人：软件开发人员和软件质量保证人员。前者负责技术工作，后者负责质量保证的计划、监督、记录、分析及报告工作。软件开发人员通过采用可靠的技术方法和措施、进行正式的技术评审、执行计划周密的软件测试来保证软件产品的质量。软件质量保证人员则辅助软件开发组得到高质量的最终产品。所以软件开发人员和软件质量保证人员都是保证软件质量的重要组成部分。软件质量保证体系的职责就是保证过程的执行，也就是保证生产线的正常执行。

1.　软件质量保证(SQA)概念

　　我们都知道一个项目的主要内容是成本、进度和质量。良好的项目管理就是综合三方面的因素，平衡三方面的目标，最终依照目标完成任务。项目的这三个方面是相互制约和影响的，有时对这三方面的平衡策略其至成为一个企业级的要求，决定了企业的行为。我们知道 IBM 的软件是以质量为最重要目标的，而微软的"足够好的软件"策略更是耳熟能详，这些质量目标其实立足于企业的战略目标。所以用于进行质量保证的 SQA 工作也应当立足于企业的战略目标，从这个角度思考 SQA，形成对 SQA 的理论认识。软件界已经达成共识：影响软件项目进度、成本、质量的因素主要是"人、过程、技术"。这三个因素中，人是第一位的。

　　所以依据以上理论总结出软件质量保证的定义为：软件质量保证是在软件开发过程中对软件质量计划的管理的系列活动。

2.　质量保证(QA)与质量控制(QC)

　　QA(Quality Assurance)：监控公司质量保证体系的运行状况，审计项目的实际执行情况和公司规范之间的差异，并出具改进建议和统计分析报告，对公司的质量保证体系的质量负责。QA 在软件企业中实际上就是 SQA，即软件质量保证。

　　QC(Quality Control)：对每一个阶段或者关键点的产出物(工件)进行检测，评估产出物是否符合预计的质量要求，对产出物的质量负责。QC 有时也被称为质量检验或质量检查。

　　对照上面的管理体系模型可知，QC 进行质量控制，向管理层反馈质量信息；QA 则确保 QC 按照过程进行质量控制活动，按照过程将检查结果向管理层汇报。这就是 QA 和 QC 工作的关系。在这样的分工原则下，QA 只要检查项目按照过程是否进行了某项活动、产出了某个产品；而 QC 来检查产品是否符合质量要求。

　　如果企业原来具有 QC 人员并且 QA 人员配备不足，可以先确定由 QC 兼任 QA 工作。但是只能是暂时的，应当具备独立的 QA 人员，因为 QC 工作也是要遵循过程要求的，也是要被审计的，这种混合情况，难以保证 QC 工作的过程质量。

3. SQA 活动

软件质量保证(SQA)是一种应用于整个软件过程的活动，它包含：

- 一种质量管理方法；
- 有效的软件工程技术(方法和工具)；
- 在整个软件过程中采用的正式技术评审；
- 一种多层次的测试策略；
- 对软件文档及其修改的控制；
- 保证软件遵从软件开发标准；
- 度量和报告机制。

SQA 与两种不同的参与者相关——做技术工作的软件工程师和负责质量保证的计划、监督、记录、分析及报告工作的 SQA 小组。

软件工程师通过采用可靠的技术和措施，进行正式的技术评审，执行计划周密的软件测试来考虑质量问题，并完成软件质量保证和质量控制活动。

SQA 小组的职责是辅助软件工程小组得到高质量的最终产品。SQA 小组应完成以下工作：

(1) 为项目准备 SQA 计划。该计划在制定项目、规定项目计划时确定，由所有感兴趣的相关部门评审。计划包括：

- 需要进行的审计和评审；
- 项目可采用的标准；
- 错误报告和跟踪的规程；
- 由 SQA 小组产生的文档；
- 向软件项目组提供的反馈数量。

(2) 参与开发项目的软件过程描述。评审过程描述以保证该过程与组织政策、内部软件标准、外界标准以及项目计划的其他部分相符。

(3) 评审各项软件工程活动，对其是否符合定义好的软件过程进行核实。记录、跟踪与执行过程的偏差。

(4) 审计指定的软件工作产品，对其是否符合事先定义好的需求进行核实。对产品进行评审，识别、记录和跟踪出现的偏差；对是否已经改正进行核实；定期将工作结果向项目管理者报告。

(5) 确保软件工作及产品中的偏差已记录在案，并根据预定的规程进行处理。

(6) 记录所有不符合的部分并报告给高级领导者。

范例

表 9-5 为 SQA 报告模板。

表9-5　SQA报告

SQA 状态报告 标示：SQA-年-月								
SQA 报告人					日　期			
审计活动								
开展日期	项目名称/SEPG	SQA 接口 人员	符合项数 (含条件)	不符合项数				
				项目组内		上报组织		
				可解 决数	已解 决数	上报 数	已解 决数	
总计								
SQA 活动结果分析								
审计次数	检查项总数	符合率	项目组内可解决的 不符合率	需上报才 能解决的 不符合率				
		%	%	%				

■ 符合项总数　　■ 项目内可解决的不符合项总数　　□ 需上报的不符合项总数

SQA 追踪结果					
项目组内			上报组织		
可解决总数	本月内解决数	解决率	不符合项总数	本月内解决数	解决率
		％ ·			％
附加图:			附加图:		

其 他 活 动	
阶段评估	
制订 SQA 计划	
不符合性问题的追踪	
日常事物	

共性问题分析及解决建议		
共同的不符合性问题	造成的原因	解决建议

上报的不符合性问题分析				
上报总数	已解决数	未解决数	延迟数	其他

当月 SQA 活动的度量		
SQA 审计活动花费的平均工作量	A：审计总工作量/(人 · 时)	
	B：SQA 审计活动次数/次	
	公式：审计平均工作量=A/B/(人 · 时/次)	
SQA 活动计划完成率	A：SQA 实际活动次数/次	
	B：计划的 SQA 活动/次	
	公式：计划完成率=A/B · 100％	

9.4.2　SQA 与软件测试的关系

软件测试和软件质量保证是软件质量工程的两个不同层面的工作。软件测试只是软件质量保证工作的一个重要环节。

软件测试是为使产品满足质量要求所采取的作业技术和活动，它包括检验、纠正和反馈。比如经软件测试发现不良品后将其剔除，然后将不良信息反馈给相关部门采取改善措施。因此软件测试的控制范围主要是在工厂内部，其目的是防止不合格品投入、转序、出厂，确保产品满足质量要求及只有合格品才能交付给客户。

软件质量保证是为满足顾客要求提供信任，即让顾客确信你提供的产品能满足他的要求。软件质量保证的目的不是为了保证产品质量，保证产品质量是软件测试的任务。

软件质量保证主要是提供信任，因此需要对从了解客户要求开始至售后服务的全过程进行管理。这就要求企业建立品管体系，制订相应的文件以规范各过程的活动并留下活动实施的证据，以便提供信任。软件测试和软件质量保证的主要区别是前者保证产品质量符合规定，后者建立体系并确保体系按要求运作，以提供内外部的信任。同时软件测试和软件质量保证又有相同点：软件测试和软件质量保证都要进行验证，如软件测试按标准检测产品就是验证产品是否符合规定要求，软件质量保证进行内审就是验证体系运作是否符合标准要求。

测试并非像大家平时认知的那样，不动脑，天天对着屏幕点鼠标，虽然做测试门槛不高，但真正能做好做精，更需要正确的方法和勤奋的学习。

软件测试人员平时主要是在一定时间内根据软件需求对开发完成的软件功能进行检测，并且能对项目研发过程中可能遇到的风险有预见性，及时提出，帮助团队优化。

检测的时候需要站在用户的角度，如果需求模糊，需要跟编写需求的人员沟通确保理解了需求；如果测试过程当中发现问题，提交给开发者修改后应再次测试，直到软件符合发布的标准，结束测试。

软件测试的关键在于能在有限的时间内将送测软件中影响软件使用的问题尽量都找到。如何才能高效地完成一次软件测试呢？有以下因素影响测试的效果：

(1) 编写需求的人对客户的真正需求理解错误，导致需求说明书与实际需求不符，这是最致命的，直接导致项目失败，所以在测试的第一步，就要求测试人员查看需求说明书，根据需求说明书写出对应的测试需求，一旦发现需求模糊或不合理，应尽早跟需求人员确认。如果条件允许的话，测试人员可以跟提出需求的人复述自己对需求的理解，如果一致，就可以按照理解的内容来进行测试了。当然，需求确定完成后还可能需要多次修改，这时测试人员需要注意，一方面做好更新记录，避免后期遗漏，一方面要注意更改需求对项目的风险，及时提出。

(2) 由于研发的流程可能是多种多样的，若是瀑布模型的，测试人员需要尽早从相关人员处拿到需求文档或开发文档，提前准备测试用例和测试数据。如果研发流程是开发和测试并行，测试人员也要尽量多参与、多了解开发进度，方便后期测试。

(3) 若有多个测试人员同时测试一个项目，则需要提前分配好工作，并且创建好测试需要用的公共文件夹、测试环境等，并且经常沟通，相互了解测试进度。

(4) 测试人员提交 Bug 时，对 Bug 的书写也需要注意，尽量用词准确、简洁，使开发人员通过看 Bug 能了解到这个问题是通过什么步骤操作以后出现什么样子的效果，测试报告中还可以写上建议的解决方案。

(5) 尽量从用户的角度来进行测试，模拟用户常用的操作场景，这样才能发现用户实际使用时可能会遇到的问题。

(6) 测试是否全面很难量化，可以根据排列功能的重要级别，把主要精力用在重要的模块、逻辑复杂的模块、改动频繁的模块上，这些都是容易产生错误的地方，将这些地方重点优先保证，可以极大地减少严重的 Bug 产生。

(7) 在开始测试软件之前，需要测试人员先想好测试的途径，如果边测边想，很难保证测试效果，只有先考虑好如何分解功能模块，每个模块如何测试，是否有测试工具能提高测试效率等，才能既快又准地完成测试任务。

(8) 完成测试后，最好能对这个项目进行总结分析，总结常见的问题分类、测试方法，为下一次的测试做积累。

习　题　

1. IEEE 是如何给软件质量定义的？
2. 试述软件测试质量模型。
3. 软件度量有哪三个维度？
4. 详述 CMM 五个等级。
5. 什么是软件质量保证？
6. QA 与 QC 的区别是什么？
7. 软件质量保证与软件测试的关系是什么？

第 10 章　软件测试管理

学习目标 ✎

- 了解测试过程管理的定义。
- 理解软件进行配置管理的必要性。
- 掌握缺陷管理的流程。

为确保测试工作的顺利进行，就要对其进行有效的管理。软件测试管理是一种活动，可以对各阶段的测试计划、测试案例、测试流程进行整理、跟踪，记录其结果，并将其结果反馈给系统的开发者和管理者；同时应将测试人员发现的错误立刻记录下来，生成问题报告并对之进行管理。所以采用软件测试管理方法可以为软件企业提供一个多阶段、逐步递进的实施方案。通过此管理方法，软件企业还可以用有限的时间和成本完成软件开发，确保软件产品的质量，进一步提高计算机软件在市场上的竞争能力。

10.1　测试过程管理

软件测试过程管理的目的是要对软件产品的整个测试流程进行控制和管理，提高软件开发机构的软件开发，尤其是软件产品测试的管理水平，灌输和强化企业的管理理念，确保软件开发机构开发产品的质量，进一步提高其市场竞争能力。

10.1.1　测试过程管理定义

测试过程是软件过程的组成部分，明确软件的生存周期，才能明确软件的测试过程。软件生存周期指软件从出现一个构思之日起，直到最后决定停止使用之时止，包括可行性与计划研究、需求分析、设计、实现、测试、运行与维护等阶段。软件过程是指开发和维护软件及相关产品(如项目计划、文档、代码、手册等)的一套行为、方法、实践及变换过程。软件过程是软件生存周期的框架。软件测试过程管理流程如图 10-1 所示。

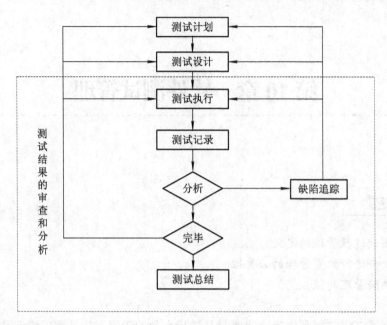

图 10-1　软件测试过程管理流程

10.1.2　测试计划阶段

现代软件测试过程管理的着眼点不仅在测试阶段，而贯穿软件生命周期的各个阶段。软件测试过程管理在生命周期的各个阶段的具体内容是不同的，但在每个阶段，测试任务的最终完成都要经过从计划、设计、执行到结果分析等一系列相同步骤，这构成软件测试的一个基本过程。通过软件测试过程管理我们要尽量达到测试成本最小化、测试流程和测试内容完备化、测试手段可行化和测试结果实用化的理想目标。

软件测试是软件工程中的一个子过程，为使软件测试工作系统化、工程化，必须合理地进行测试过程管理，包括签订第三方独立测试合同、制定测试计划、组织项目人员、建立项目环境、监控项目进展等。软件测试过程管理主要集中在软件测试项目启动、测试计划制定、测试用例设计、测试执行、测试结果审查和分析，以及如何开发或使用测试过程管理工具上。概括起来包括如下基本内容：

1. 测试项目启动

首先要组建测试小组，确定测试小组成员，一些成熟度比较高的公司如果已经设有软件测试部门对项目进行测试，就不需要临时组建了。然后测试小组成员要参加有关项目开发计划、系统分析和设计的会议，获得必要的需求规格说明书、系统详细设计文档，以及相关产品和技术知识的培训。

2. 测试计划制定

测试部门需要明确测试范围、测试策略和应用的测试技术，并对整体项目开发测试的风险、期限、所需相关资源等进行分析和估计。

3. 测试用例设计

测试经理需要制定测试的技术方案、设计测试用例、选择测试工具、编写测试脚本等。

测试用例设计要事先做好各项准备，才开始进行设计，最后编好的测试用例还要让其他部门审查。

4. 测试执行

部署相关的测试环境，准备测试数据，执行测试用例，对发现的软件缺陷进行报告、分析、跟踪等。测试执行没有很高的技术性，但是能否按照相应的流程进行测试，直接关系到测试的可靠性、客观性和准确性。

5. 测试结果的审查和分析

当测试执行结束后，对测试结果要进行整体或综合分析，以确定软件产品质量的当前状态，为产品的改进或发布提供数据和依据。从管理角度来讲，应做好测试结果的审查和分析，以及测试报告的编制。

测试计划是进行测试的指引，在需求活动一开始就要着手编写测试计划，随着开发过程的逐步展开而添加内容，就如软件测试模式里的"W"型模式一样。测试计划需要按国家标准或行业标准规定的格式和内容编写，但各个企业针对项目的特点，对标准的测试计划格式也有相应的补充。

测试计划要针对测试目的来规定测试的工作量、所需的各种资源和投入、人员角色的安排，预见可能出现的问题和风险，以指导测试的执行，最终实现测试的目标，保证软件产品的质量。测试计划是一个重要文档，因此在形成测试计划的过程中要对测试设计和测试用例进行检查，当发现错误和遗漏时能在开发过程的早期对测试计划进行必要的增加和修改，减少测试用例的错误。因此形成一份完整、准确和全面的测试计划需要经过计划、准备、检查、修改和迭代 5 个步骤。

1) 测试策略的制定

测试策略描述当前测试的目标和所采用的测试方法。这个目标不是上述测试计划的目标，而是针对某个应用软件系统或程序。具体的测试工作要达到的预期结果，包括在规定的时间内哪些测试内容要完成、软件产品的特性或质量要在哪些方面得到确认。测试策略还要描述测试不同阶段(单元测试、集成测试、系统测试、验收测试)的测试对象、范围和采用的技术以及每个阶段内所要进行的测试类型。在编制测试策略前，要确定测试策略项。测试策略包括：

* 是否需要使用测试工具，以及使用工具所占的比例，如 70%用工具自动测试，30%由手工测试。
* 各阶段测试停止标准。如满足各阶段测试的通过标准或 97%测试用例通过并且重要级别的缺陷全部解决就结束测试。
* 影响资源分配的特殊考虑，例如有些测试必须在周末进行，有些测试必须通过远程环境执行，有些测试需考虑与外部接口或硬件接口的连接。

2) 测试计划阶段划分

测试计划不可能一步完成，而是要经过计划可行性分析、起草、讨论、评审等不同阶段，才能将测试计划制定好。而且，不同的测试阶段(单元测试、集成测试、系统测试、验收测试)都要有具体的测试计划。

3) 测试计划的必备项

软件测试计划的内容主要包括：产品项目介绍、测试需求规格说明、测试策略说明、测试资源配置、时间安排、问题跟踪报告、测试计划的评审、结果等。除了产品基本情况、测试需求说明、测试策略等之外，测试计划的焦点主要集中在：

- 计划的目的：项目的范围和目标，各测试阶段的测试范围、技术约束和管理特点。
- 项目估算：使用的历史数据，使用的评估技术，工作量、成本、时间估算依据。
- 风险计划：测试可能存在的风险分析、识别，以及风险的回避、监控、管理。
- 日程：项目工作分解结构，并采用时限图、甘特图等方法制定时间/资源表。
- 项目资源：人员、硬件和软件等资源的组织和分配，人力资源是重点，日程安排是核心。

此外，可以对上述测试计划书的每项内容，制定一个具体实施的计划，对每个阶段的测试重点、范围、所采用的方法、测试用例设计、提交的内容等进行细化，供测试项目组的内部成员使用。对于一些重要的项目，会形成一系列的计划书，如测试范围/风险分析报告、测试标准工作计划、资源和培训计划、风险管理计划、测试实施计划、质量保证计划等。

10.1.3　测试设计阶段

当测试计划完成之后，测试过程就要进入软件测试设计和开发阶段。软件测试设计建立在软件测试计划说明文档的基础上，认真理解测试计划的测试大纲、测试内容及测试的通过准则，通过测试用例来完成测试内容与程序逻辑的转换，作为测试实施的依据，以实现所确定的测试目标。软件设计是将软件需求转换成为软件表示的过程，主要描绘出系统结构、详细的处理过程和数据库模式；软件测试设计则是将测试需求转换成测试用例的过程，它要描述测试环境、测试执行的范围、层次和用户的使用场景以及测试输入和预期的测试输出等。所以软件测试设计和开发是软件测试过程中一个技术深、要求高的关键阶段。

软件测试设计的内容主要有：

- 制定测试的技术方案，确认各个测试阶段要采用的测试技术、测试环境和平台，以及选择什么样的测试工具。系统测试中的安全性、可靠性、稳定性、有效性等的测试技术方案是这部分工作内容的重点。
- 设计测试用例，即根据产品需求分析、系统设计等规格说明书，在测试技术选择的方案基础上，设计具体的测试用例。
- 设计测试用例特定的集合，满足一些特定的测试目的和任务，即根据测试目标、测试用例的特性和属性来选择不同的测试用例，构成执行某个特定测试任务的测试用例集合，如基本测试用例组、专用测试用例组、性能测试用例组、其他测试用例组等。
- 测试环境的设计，即根据所选择的测试平台以及测试用例所要求的特定环境，进行服务器、网络等测试环境的设计。

10.1.4　测试执行阶段

当测试用例的设计和测试脚本的开发完成之后，就开始执行测试。测试的执行有手工测试和自动化测试之分。手工测试在合适的测试环境上，按照测试用例的条件、步骤要求，准备测试数据，对系统进行操作，比较实际结果和测试用例所描述的期望结果，以确定系统是否正常运行或正常表现；自动化测试通过测试工具，运行测试脚本，得到测试结果。

　　要对每个测试阶段(单元测试、集成测试、系统测试和验收测试)的结果进行分析，保证每个阶段的测试任务得到执行，并达到阶段性目标。

10.1.5　测试报告阶段

　　测试执行全部完成，并不意味着测试项目的结束。测试项目结束的阶段性标志是将测试报告或质量报告发出去后，得到测试经理或项目经理的认可。除了测试报告或质量报告的写作之外，还要对测试计划、测试设计和测试执行等进行检查、分析，完成项目的总结，编写《测试总结报告》。测试报告阶段通常包括以下活动：

　　● 审查测试全过程：在原来跟踪的基础上，要对测试项目进行全过程、全方位的审视，检查测试计划、测试用例是否得到执行，检查测试是否有漏洞。

　　● 对当前状态的审查：包括产品 Bug 和过程中没解决的各类问题。对产品目前存在的缺陷进行逐个的分析，了解对产品质量影响的程度，从而决定产品的测试能否告一段落。

　　● 结束标志：根据上述两项的审查进行评估，如果所有测试内容完成、测试的覆盖率达到要求以及产品质量达到已定义的标准，就可以对测试报告定稿，并发送出去。

　　● 项目总结：对项目中的问题进行分析，找出流程、技术或管理中所存在的问题根源，避免今后发生，并获得项目成功经验。

10.2　测试配置与进度管理

　　软件配置管理(SCM，Software Configuration Management)是一种标示、组织和控制修改的技术，目的是使错误降为最小并最有效地提高生产效率。软件配置管理应用于整个软件工程过程。我们知道，在软件建立时变更是不可避免的，而变更加剧了项目中软件开发者之间的混乱。SCM 活动的目标就是为了标示变更、控制变更、确保变更正确实现并向其他有关人员报告变更。

10.2.1　配置的必要性

　　在拥有了足够的资源和人力之后，我们能否认为软件测试工作可以很好地进行并且能够保证软件测试过程不会出现问题呢？也许我们认为只要需要的测试条件满足了，我们就可以圆满地完成测试工作了，其实这样的观点是错误的。软件测试工作是由人来进行的，因而首先要考虑到人的问题，一项工作只要有人的参与，就必须将人的因素考虑进去。测试人员对软件测试工作造成的负面影响在软件测试中是不可忽略的。软件是由人来编写实施的，但是软件开发又是一个极其容易产生错误的复杂过程，因此就注定了它不会是一个简单的过程。尽管程序员和软件工程师等为了完善软件而做出了巨大的努力和工作，但是软件错误仍然是不可避免的，这是软件自身的一种特性。我们所能做的就是尽量减少软件中的错误，争取做到使这些错误可以忽略不计，或者尽量不影响我们的正常使用。

给定了足够的资源之后，我们再进行软件测试工作，这时仍然不能认为没有问题了，还需要在软件测试时进行配置管理。在软件测试中缺少了测试的配置管理我们是做不好测试工作的。我们进行软件测试就是为了以最少的时间、最少的人力物力去尽可能多地发现软件中潜藏着的各种错误和缺陷。但是伴随着软件测试工作量的加大，软件企业仅仅投入更多的人力物力以及其他各种资源是不够的，他们还需要思考除此之外怎样才能更好地进行软件测试。

为了更好地进行软件测试，我们应该对测试人员、测试环境、生产环境进行配置管理。只有建立了完整的、合理的软件测试配置管理体系，软件测试工作才能更好地进行，更加完美地完成测试任务。如果在软件测试过程中缺少了测试配置管理，将会造成极其严重的后果。据我们实际调查了解到，在日常的软件研发工作中，每个软件企业都会或多或少地在软件测试时遇到一些问题，而这些问题的产生都是因为在测试过程中缺乏配置管理流程和工具。因为人员具有频繁的流动性，并且在组织的过程中会产生知识和财富的流失，再加上现代社会的激烈竞争，如果一个企业没有设计配置管理流程和使用必要的配置管理工具，就可能会因此而造成无可估量的损失，甚至导致整个软件项目的崩溃。因而作为一个软件企业，必须做到及时了解项目的进展状况，对项目进行管理，解决遇到的突发问题。软件工程思想发展到现在，经验告诉我们：如果在软件过程中能够越早地发现缺陷和风险，只要采取相应的措施，所要付出的代价就越小。缺乏配置管理流程的一个很明显之处就是测试过程中缺乏并发执行的手段，没有了配置管理的支持，软件过程中的并发执行将会变得十分困难。这时往往会造成修改过的 Bug 重复出现，或者几个人员进行相同的测试工作和进程，从而产生不必要的浪费。如果企业不能很清晰流畅地对整个软件测试过程进行管理，就会造成测试工作的不同步、不一致。在测试工作中需要测试人员完成的没有完成，而暂时不需要或者以后再完成的却首先完成了，这样会增加测试工作的复杂性和难度，因此我们需要在软件测试中进行配置管理。

10.2.2 配置测试内容

既然测试配置管理在软件测试中如此重要，那么企业该如何进行测试配置管理呢？我们首先简单谈谈软件测试的测试配置管理体系。它一般由两种方法构成，即应用过程方法和系统方法。也就是说在测试过程中，我们应该把测试管理单独作为一个系统去对待，识别并且管理组成这个系统的每个过程，从而实现在测试工作开始之初设定的目标。在此基础上，我们还要做到使这些过程在测试工作中能够协同作用，互相促进，最终使它们的总体作用更大。软件测试配置管理的主要目标是在设定的条件限制下，企业能够尽最大的努力去发现和排除软件缺陷。测试配置管理其实是包含在软件配置管理中的，是软件配置管理的子集。测试配置管理作用于软件测试的各个阶段，贯穿于整个测试过程之中。它的管理对象包括：测试方案、测试计划或者测试用例、测试工具、测试版本、测试环境以及测试结果等，它们构成了软件测试配置管理的全部内容。

1. 测试配置管理的目标和阶段

软件测试配置管理的目标：首先是在测试过程中控制和审计测试活动的变更；第二是

在测试过程中随着测试项目的里程碑，同步建立相应的基线；第三是在测试过程中记录并且跟踪测试活动过程中的变更请求；第四是在测试过程中针对相应的软件测试活动或者产品，测试人员应将它们标示为被标示和控制并且是可用的。软件测试配置管理的阶段：第一阶段为需求阶段，要进行客户需求调研和软件需求分析；第二阶段为设计阶段，要进行概要设计和详细设计工作；第三阶段为编码阶段，主要进行的工作是编码；第四个阶段是测试和试运行阶段，要进行单元测试、用户手册编写、集成测试、系统测试、安装培训、试运行和安装运行这些工作；第五阶段也就是最后一个阶段是正式运行及维护阶段，要做的是对产品进行发布和不断的维护。在软件测试的过程中会产生很多东西，比如测试的相关文档和测试各阶段的工作成果，包括测试计划文档、测试用例，还有自动化测试执行脚本和测试缺陷数据等。为了方便以后查阅和修改，我们应该将这些工作成果和文档保存起来。

2．测试配置管理的过程管理

了解了软件测试过程中配置管理的目标和阶段后，接下来就应该进行软件测试配置过程管理了。配置管理过程包括：

(1) 建立配置控制委员会。配置控制委员会(CCB，Configuration Control Board)应该要做到对项目的每个方面都有所了解，并且 CCB 这个团体不应该由选举产生，它的人员构成包括主席和顾问。在软件研发中每一个项目组都必须建立 CCB 作为变更权威。

(2) SCM 库的建立和使用。我们要求在每一个项目过程中都要维护一个软件配置管理库。在项目中企业通过使用配置管理工具(简称 VSS)，在配置管理服务器上建立和使用软件配置管理库。这些操作有助于在技术和管理这两个方面对所有的配置项进行控制，并且对它们的发布和有效性也能起到控制作用。同时还有很重要的一点就是应该对 SCM 库进行备份，这样做的目的是为了在发生意外或者风险时，能够作为保存灾难恢复备份的副本。

(3) 配置状态报告。配置状态报告是软件测试配置管理过程中的一项重要活动，在软件测试配置管理过程中，配置人员要管理和控制所有提交的产品，在有产品提交或者变更完成时，要经过相应的质量检查。此后，配置人员不但要将批准通过的配置项放入基线库中，而且还要记录配置项及其状态，编写配置状态说明和报告。通过配置人员的这些工作来确保所有应该了解情况的组或者个人能够及时知道相关的信息。

(4) 评审、审计和发布过程。为了保持 SCM 库中内容的完整性和质量，应该采取适当的质量保证活动来应对 SCM 库中各项的变更，以此来确保在基线发布之前能够执行审计活动。该活动包括基线审计、基线发布和产品构造。软件测试过程中的配置管理就是由这些构成的。该过程不但提供给了我们良好的理论知识和清醒的认知，还让我们清楚地了解到软件测试过程中应该进行的工作有哪些。要想研发出好的软件需要进行好的软件测试，而要想进行好的软件测试，就需要我们掌握软件测试过程中的配置管理，并且了解该怎么样去运用它。只有对其有了深入的了解之后我们才能更好地进行软件测试工作，运用科学而且标准的测试配置管理知识为软件质量提供保障。

3．测试配置管理的主要参与人员及其分工

仅仅清楚了配置管理的目标、阶段以及如何进行软件测试配置过程管理，还是不够的。我们还需要对软件测试配置管理中的角色进行分配和分工。唯有如此才能确保在软件的开发和维护中，我们能够使配置管理活动得到贯彻执行。因此在制定测试配置管理计划和开展测试配置管理之前，首先要确定配置管理活动的相关人员以及他们的职责和权限。下面我们来详细了解配置管理过程中主要的参与人员和他们的职责分工。

(1) 项目经理(PM，Project Manager)。项目经理作为整个软件开发以及整个软件维护活动的负责人，他的主要职责包括采纳软件测试配置控制委员会的建议，对配置管理的各项活动进行批准，并且在批准之后还要控制它们的进程。项目经理的具体工作职责如下：首先制定项目的组织结构以及配置管理策略；然后要批准和发布配置管理计划；接着要制定项目起始基线和软件开发工作里程碑；最后要接受并审阅配置控制委员会的报告。

(2) 配置控制委员会。该委员会的职责是对配置管理的各项具体活动进行指导和控制，并且为项目经理的决策提供建议。该委员会的具体工作职责如下：首先是要批准软件基线的建立以及配置项的标志；然后是制定访问控制策略；接着是建立、更改基线的设置以及审核变更申请；最后是根据配置管理员的报告决定相应的对策。

(3) 配置管理员(CMO，Configuration Management Officer)。根据制定的配置管理计划执行各项管理任务是配置管理员的职责。配置管理员要定期向 CCB 提交报告，同时还要列席 CCB 的例会，他的具体工作职责如下：第一，对软件配置管理工具进行日常管理与维护；第二，提交配置管理计划；第三，对各配置项进行管理与维护；第四，执行版本控制和变更控制方案；第五，完成配置审计并提交报告；第六，对开发人员进行相关的培训；第七，对开发过程中存在的问题加以识别并制定解决方案。

(4) 开发人员(Dev，Developer)。开发人员的职责是在了解了项目组织确定的配置管理计划和相关规定之后，按照配置管理工具的使用模型来完成开发任务。只有在清晰地了解了软件测试配置管理的概念、构成、原理和配置管理的人员及其分工之后，企业才能去灵活地应用它，在企业的软件测试过程中去严格地执行它。一个企业只要做好这一步，就一定能够做好软件测试工作，从而保证软件的质量，满足用户的需求。

10.2.3　测试进度管理

1．影响测试项目进度的因素

1) 人员、预算变更对进度的影响

有时某方面的人员不够到位，或者有多个项目的情况下某方面的人员中途被抽到其他项目或身兼多个项目，或在别的项目不能脱离无法投入本项目，会对进度造成影响。预算的变更会影响某些资源的变更，从而对进度造成影响。

2) 低估环境因素对进度的影响

企业高级项目主管和项目经理也经常低估用户环境、行业环境、组织环境、社会环境、经济环境，既有主观的原因，也有客观的原因。他们对项目环境了解程度不够，没有做好充分的准备，从而对进度造成影响。

3) 项目状态信息收集对进度的影响

由于项目经理的经验或素质原因，对项目状态信息收集不足，信息的及时性、准确性、完整性比较差，从而对进度造成影响。

4) 执行计划的严格程度对进度的影响

没有把计划作为项目过程行动的基础，而是把计划放在一边，比较随意去做，从而对进度造成影响。

5) 计划变更调整的及时性对进度的影响

计划的制定需要随着项目的进展进行不断细化、调整、修正、完善。计划变更调整不及时，会对进度造成影响。

2．项目进度控制的主要手段

从进度控制内容上看，进度控制主要表现在组织管理、技术管理和信息管理等方面。组织管理包括以下内容：

- 项目经理监督并控制项目进展情况。
- 进行项目分解，如按项目结构分，或按项目进展阶段分，或按合同结构分，并建立编码体系。
- 制定进度协调制度，确定协调会议时间、参加人员等。
- 对影响进度的干扰因素和潜在风险进行分析。
- 尽量利用历史数据，对以前完成过的项目进行类比分析，以确定质量和进度所存在的某种数量关系，来控制进度和管理质量。可以采用对进度管理计划添加质量参数的方法，也就是通过参数调整进度和质量的关系。
- 采用测试项目进度的度量方法：测试进度曲线法和缺陷跟踪曲线法。在进度压力之下，被压缩的时间通常是测试时间，这导致实际的进度随着时间的推移，与最初制定的计划相差越来越远。如果有了正式的度量方法，这种情况就可以避免，因为在其出现之前就有可能采取了行动。

范例

下面是一公司的进度管理计划模板，可参照此模块进行进度计划的安排。

一、计划概要

1．概要

在公司日常谈论一个 IT 项目开发的时候，时间是所提及的一件重要事情。大多数的项目都在还没有正式启动前，就有了一个规定的交付日期。对项目经理来说这是一件令人担心的事情，担心的是项目是否能够按时部署给客户，因此如何管理整体项目进度，如何控制调整任务安排则是项目经理必须考虑的。对于开发工程师来讲，非常关切的一点就是上级布置的任务是不是能够按时完成，因此任务是不是能够再细分，这一周的时间如何安排去做这个任务则是工程师必须考虑的。对于客户方来讲，他们最希望知道的是项目能否按时交付使用，并且进展到什么程度了，因此进度安排是他们要看的。

由此可见，要做成功一个项目并让客户满意，详细合理的进度计划安排是必不可少的。项目进度计划是指在拟定一个重大阶段的基础上，根据相应的工作量和工期要求，对各项工作的起止时间、相互衔接协调关系所拟定的进度计划，同时对完成各项工作所需的人力资源、固定资产和特殊准备做出具体安排。

2．目标

***进度管理计划就是在确保主要里程碑时间的前提下，对系统的设计阶段、开发阶段和测试阶段的各项作业进行时间和逻辑上的合理安排，以达到合理利用项目组资源、降低项目消耗成本和减少风险的目的。

设立进度管理计划的最终目的，旨在能够按时交付项目成果，提高客户的满意度，并在组内建立起一套专业管理的机制，使项目组能够高效运作。

3. 术语

用语名称	说明/解释
SJIC	
干系人	项目干系人又称为项目相关利益者
WBS	Work Breakdown Structure，工作分解结构

二、任务分解并排列

1. 制定总体 WBS

整体计划安排，里程碑，环境因素，范围基准，WBS 创建，准备组织过程资产。

2. 任务的分解

分解的程度，滚动式规划，分解活动清单，需求规格说明书，Gap 列表。

3. 排列活动顺序

将任务作为输入，确定依赖关系(任务间的以及外部依赖)及活动属性(制约因素，强制日期，特殊资源需求)。

三、估算时间和资源

1. 时间估算

里程碑，项目范围，自下而上的估算，类比估算，估算偏差处理，时间应急储备，风险登记。

2. 资源估算

团队环境因素，专家判断，资源需求评估，资源分配，资源应急储备，活动持续时间确定，风险登记。

四、制定进度计划(制定***项目周报)

(1) 项目组周报以"BI-SJIA-SERO-项目周报-*********"命名，其中*号分别表示了周报计划内容的有效起止时间。

(2) 打开 Excel 文档，会看见每一小组对应了一个 Sheet 页，第一页内容主要是做一个总结，并描述下周的整体计划。

(3) "上周重要工作总结"项中可以列举：任务完成情况，遇到的问题和困难，团队上周发生的重大事件，项目重大进展或者重大事故等，使团队上周的情况一目了然。"本周工作目标"项用以布置/安排这周工作计划，内容与之相同。

(4) "跟踪的课题"项列出本周待确定的问题。这里最重要的是对此课题需要依据自身判定，如果是临时性的问题或者影响面较小，那么下周工作时确定此项即可。如果影响面很大，例如影响了系统流程或者需求需要调整，那么在与组长及研发经理沟通后，可加入到《**项目课题》。

(5) "存在的风险"项需要识别出本周内项目可能产生的风险或者已经产生的风险，并根据影响面的大小、影响时间的长短、风险的性质和级别来判定是否正式加入到《风险登记册》。(注：加入风险登记册要谨慎行事，一般每周所谓的风险是指影响下周进度的事件，例如像人员离职请假、资源还没到位、组长出差等各种临时情况，根本不需要加入到风险登记册。团队或者个人就要想办法渡过临时难关，可报给研发经理或项目主管，协调资源帮助。)

(6) "本周任务活动清单"项用来列举团队本周要完成的任务。"活动简述"作为任务的标题，"工作包简述"作为对此项工作的详细说明。

五、进度监控(周报落实)

(1) 各组组长要在每周五下班前填写两份报表并提交：一是回填本周周报的任务完成情况；二是填好下周周报，做好下周的任务安排计划。

(2) 请注意在周报模板里经常会出现的"本周"特指周报文件名中日期指定的那一周，而一般在写周报时都是周五，也就是在当周安排下一周的计划，所以这里的本周是指当前周。

(3) 组长在回填本周周报时：

① 一定要一一调查组员的完成情况，标准就依据周报中"完成/输出标准"里定义的内容，最好能够有输出成果提交到 VSS。

② 根据实际情况分别更新"实际开始日期"、"实际开始完成日期"、"本周人时"、"活动状态"。

③ 经常会出现本周人时和之前定的估算人时不一致的情况，这是很常见的情况，只要此项活动在当前周完成即可。

④ "活动状态"项可更新为：已完成，未完成。请如实填写，如任务未完成可填写延期原因，比如识别的风险、产生的临时任务、一些技术或特殊方面的困难都可能造成延期。绝对要避免的是在某些活动延期后影响了下一步进展，这就要求组长在计划安排的时候提前识别出这些事项，好留有缓冲时间和备选方案，以使活动延期不会影响到进度推进。如真的发生了较大影响，可考虑的选项有：将任务并行、加班赶工、增加资源投放(也就是多派人)。

(4) 组长在填写下周周报时：

① 要考虑当前周任务的完成情况，如有延期最好能够在当前周解决，如果要在下周处理延期的任务，那么就要保证不影响整体计划的进度。

② 在计划时，任务的切分要有度，任务不能够超过 2~3 个工作日，如果超过请进一步切分。

③ 不论是谁处理一周的工作，任务并行是再常见不过的了。因此在排列计划开始日期和计划结束日期的时候，各个任务间时间上很可能有重叠，也给具体处理人灵活安排的空间，具体用了多少时间在工时上会有体现。

(5) 测试组的周报单独提交一份文档，命名为：BI-SJIA-SERO--项目周报-********-********.xls，测试组周报制定会依据研发的上周周报情况，因此希望各个组长能够为测试组提供更强的支持。

(6) 研发经理在周五或周末汇总各组报告(包括测试组)，进行整理后统一群发(发送给各组长、项目主管和总监)，因此请各组尽早提供周报，发晚的只好周一补进去。

(7) 研发经理在每周一上午定时更新 4 份周报(分别是研发周报与测试周报的上周完成情况和本周计划)至 VSS 项目管理库→SJIC 配置管理→进度管理→组内周报/测试组周报。

(8) 组长和开发工程师每周一应从以上路径查看新一周与上一周的周报情况，合理安排或调整计划任务。

(9) 每周一日财 QA 会跟进任务完成情况，希望各组配合做好项目的质量工作。QA 随后会群发 QA 周报给项目团队核心、PMO 和公司管理层，并更新 VSS。

10.3　测试缺陷管理

10.3.1　缺陷管理定义

世间万物都有着自己的生命历程，任何产品在生产过程中，从一开始创建，产品缺陷就会逐渐产生，并可能越来越多。若在产品生命周期过程中不建立缺陷检测制度，对已发现的缺陷不采取有效的控制措施，最终可能导致产品无法具有相应的使用功能。产品生命周期就会提前结束，产品的生产就是失败的。因此，必须建立一套完整的产品缺陷管理制度，针对具体的产品生产特征制定相应的缺陷检测、缺陷鉴定、缺陷处理、缺陷验收等一系列技术措施，不断避免或纠正产品缺陷，始终使产品在其生命周期中处于可控状态。

10.3.2 缺陷管理方法

1. 缺陷的检测

由检测人员在软件产品的开发过程中，按照本行业的质量要求及检测手段随时对软件的全部或某项设计功能进行检查，如果不能达到设计要求(可能要求在某一范围内认为是合格的)，则认定这一环节存在缺陷，缺陷生命周期开始。

2. 缺陷的鉴定

对部分产品的缺陷，由于检测人员还不能确定缺陷的全部相关信息，这时就应该组织缺陷的鉴定，通过采用专家评审、使用先进技术手段或设备等，得到缺陷的全部信息，为缺陷处理提供原始数据。

3. 缺陷的处理

生产人员从测试人员处得到缺陷信息后，就应根据缺陷所列内容结合产品的生产过程，检查缺陷可能出现在哪一个环节，应作如何改正，避免类似缺陷再度出现。已出现测试人员提出的缺陷的产品可否采用一定的方法予以纠正，并落实这些处理措施到生产过程中。

4. 缺陷的验收

生产人员将测试人员发现的缺陷处理完毕后，又反馈信息给测试人员，报告缺陷的处理情况，并请缺陷复测。测试人员根据以前的缺陷记录信息，对该缺陷再进行一次测试，如果测试结果在设计偏差范围内，则可认为该缺陷处理完毕，同时删除本产品的此条缺陷记录，该项缺陷的生命周期到此结束。若测试结果仍不在设计偏差范围内，则将当前检测的信息形成新的缺陷记录提供给生产人员要求处理。

10.3.3 缺陷管理流程

软件测试管理流程的一个核心内容就是对软件缺陷生命周期进行管理。软件缺陷生命周期控制方法是在软件缺陷生命周期内设置几种状态，测试员、程序员、管理者从每一个缺陷产生开始，通过对这几种状态的控制和转换，管理缺陷的整个生命历程，直至它走入终结状态。

1. 缺陷的生命状态

每一个软件缺陷都规定了 6 个生命状态：公开、修改、验证、关闭、取消、延后，它们的基本定义是：

公开：缺陷初试状态，测试员报告一个缺陷，缺陷生命周期开始；

修改：缺陷修改状态，程序员接收缺陷，正在修改中；

验证：缺陷验证状态，程序员修改完毕，等待测试员验证；

关闭：缺陷关闭状态，测试员确认缺陷被改正，将缺陷关闭；

取消：缺陷删除状态，测试员确认不是缺陷，将缺陷置为删除状态(不做物理删除)；

延后：缺陷延期状态，管理者确认缺陷需要延期修改或追踪，将缺陷置为延期状态。

上述公开、修改、验证，称为缺陷的活动态；取消、关闭、延后，称为缺陷的终结态。

2．缺陷生命状态的控制与转换

自测试员报告一个缺陷起，缺陷生命周期开始，即为公开。公开后，会有如下多个流程：

1) 公开→修改→验证→公开/关闭/取消

程序员接收公开的缺陷，修改中可将其置为修改，修改完毕可置为验证；测试员验证它的缺陷，确认修改结果正确，可将公开态置为关闭。如果确认不是缺陷，可将公开置为取消；确认修改结果不正确，可以将修改重新置为公开，要求程序员重新修改。

2) 公开→关闭/取消

当测试员发现自己误报或重报了缺陷，可直接将公开置为取消；当测试员发现一个缺陷由于其他缺陷的修改而随之消失，可直接将公开缺陷置为关闭。

3) 公开→延后

管理者确认缺陷需延期修改或追踪，可将公开缺陷置为延后；此外，终结态必要时可以重新打开：

(1) 在适当的时候，管理者可将延后改为公开，要求程序员修改；

(2) 在复查缺陷处理结果时，发现关闭或取消的处理有误，测试员可以将关闭或取消重新置为公开，要求程序员重新修改。

缺陷生命周期控制方法是测试员、程序员、管理者一起参与、协同测试的过程。缺陷状态不仅表示出缺陷被修改、终结的进程，同时还标明了测试员、程序员、管理者的职责。这种方法分工明确，责任到人，它使每一个管理者和测试员、程序员都明确：尽快终结缺陷，是他们共同奋斗的目标，而拖延时间，滞留缺陷是他们都不希望看到的，团队精神将他们紧紧地结合在一起，使他们能够相互促进、相互制约、团结协作，因此缺陷一旦发生，便进入测试员、程序员、管理者的严密监控之中，直至终结，这样即可保证在较短的时间内高效率地终结所有的缺陷，缩短软件测试的进程，提高软件质量，减少开发和维护成本。

10.3.4　如何加强缺陷处理(以 i-Test 为例)

要实现缺陷生命状态的控制与转换，使每个缺陷都能够被全程跟踪和管理，进而加快缺陷处理的速度，提高开发人员和管理人员对缺陷生命周期的控制能力，可采取以下措施：

(1) 采用 B/S 结构，可以将其安装在 Web 服务器上，项目有关人员可以在不同地点通过因特网(Internet)同时登录和使用，加强沟通和协作，加速信息传递，从而加快缺陷处理过程。

(2) 建立缺陷数据库、测试用例数据库、项目数据库、用户数据库，将测试过程中的各种活动进行协调一致的管理，促使整个测试过程有条不紊地进行，从而加快测试过程。

(3) 提供相应的自动化功能，可高效编写、查询和引用测试用例，可快速填写、修改和查询软件缺陷报告，并将缺陷报告与发现这个缺陷的测试用例链接，加速缺陷的修改、验证、追踪和回溯。

(4) 提供了高级经理、经理、测试员、程序员四种登录身份，以每一种身份登录，都可以利用状态查询、条件查询、全文检索快速得到所有缺陷的 6 种生命状态和缺陷柱状图、曲线图，明确当前缺陷的处理进程和个人的职责。

(5) 为每一个缺陷设置一个 ID 号，可详细记录缺陷的报告信息、修改信息、终结信息、缺陷状态变更信息、讨论信息以及图片，使每种登录身份的人员可以按照访问权限共享和使用这些信息。

(6) 设置软件缺陷的严重级别和优先级别，可以分清软件缺陷的轻重缓急，对于重要的软件缺陷，优先进行处理。

(7) 设置软件缺陷类型和错误类型，测试员报告软件缺陷类型能帮助程序员分析错误所在，程序员修改后分析错误原因，记录错误类型有利于问题的回溯和经验的积累。

(8) 可为每一个缺陷分配一对测试员和程序员，负责管理这个缺陷的生命过程，直至解决这个缺陷；而其他测试员、程序员、经理、高级经理可以参加任一缺陷的讨论，提出处理意见和方法。这种专人负责、全员参与的方式，可最大限度地发挥每一个人的智慧，使缺陷处理进程不至于被难题耽搁，提高缺陷处理的速度。

(9) 提供缺陷转交和重新分配的功能，程序员可以将自己不能处理的问题转交给其他程序员或经理，经理可以把转交来的缺陷重新分配给适当的程序员。而且，当项目新增人员或减员、测试员和程序员调换岗位时，系统都能迅速完成工作的转交，缺陷处理过程不会受到任何影响。

(10) 可以自动生成和打印测试进度统计表，包括测试用例运行的进度和软件缺陷终结的进度。高级经理可以同时监控多个项目的测试进度，经理、测试员、程序员可以看到本项目的测试进度和测试员、程序员的个人进度。

(11) 可以自动生成和打印测试用例表、缺陷一览表、遗留问题一览表、测试结果汇总表等关于测试的各种分析统计图表，使项目相关人员解除手工统计数据之苦，将更多的精力集中于智力性工作。高级经理和项目相关人员随时可以根据这些图表进行分析、判断，及时解决缺陷处理中的问题，争取尽快达到测试目标。

(12) 为程序员设置缺陷信箱，程序员只要留下 E-mail 地址，在测试员报告缺陷的同时 i-Test 就能自动往这个地址发送缺陷报告，这样即使程序员不在线也能及时收到缺陷报告，不至于耽搁缺陷的处理。

(13) 为经理、测试员、程序员提供事件查看列表，自项目开始至终，所有缺陷状态的转换信息、项目组内人员的调配信息可尽收眼底。

(14) 经理还可以上传测试需遵循的最新开发文档，如开发计划、测试计划、需求规格说明书、概要设计说明书、详细设计说明书等，并可上传项目信息公告，对测试过程实施具体的指导和监控。

范例

下面是某个系统的缺陷记录报告。

缺陷报告

关于缺陷级别的说明：

　　A 类——严重错误，包括由于程序所引起的死机、非法退出死循环导致数据库发生死锁、数据通信错误、严重的数值计算错误。

　　B 类——较严重错误，包括功能不符、数据流错误、程序接口错误、轻微的数值计算错误。

　　C 类——一般性错误，包括界面错误，打印内容、格式错误、简单的输入限制，未放在前台进行控制，删除操作未给提示。

　　D 类——较小的错误，包括辅助说明描述不清楚，显示格式不规范，长时间操作未给用户进度提示，提示窗口文字未采用行业术语，可输入区域和只读区域没有明显的区分标志，系统处理未优化。

　　E 类——测试建议(非缺陷)。

关于缺陷严重程度等级的说明：

　　一般而言，严重程度是指对产品的影响而言的，严重程度有比较明确的定义，一般也就四级：

　　1——非常严重缺陷，例如软件的意外退出甚至操作系统崩溃，造成数据丢失。

　　2——较严重缺陷，例如软件的某个菜单不起作用或者产生错误的结果。

　　3——软件一般缺陷，例如本地化软件的某些字符没有翻译或者翻译不准确。

　　4——软件界面的细微缺陷，例如某个控件没有对齐，某个标点符号丢失等。

测试用例标示号	测试用例名称	缺陷级别	缺陷描述	紧急程度
Test Case 001	注册用户模块	E		一般
Test Case 002	注册用户模块	C	用户名称和用户密码都为空格，还是可以注册，依然弹出"注册成功"界面！	较严重
Test Case 003	注册用户模块	C	用户名已经存在仍被添加了，没有提示"该用户名已被使用！"	较严重
Test Case 004	注册用户模块	E	系统没有对禁用的特殊符号"<、>、#"进行处理，仍可以注册成功	一般
Test Case 005	注册用户模块	C	对于同用户名的用户仍可以注册，没有对用户名进行校验	较严重
Test Case 006	登录用户模块	C	错误登录次数超限，账户没被锁定，安全性不高	较严重
Test Case 007	用户修改、删除	C	未提示信息"密码不能为空格"	较严重
Test Case 008	用户修改、删除	E	未提示信息"你输入的信息超长，系统已自动为你截断"	一般
Test Case 009	用户修改、删除	E	未提示信息"你的信息中包含了系统禁用的特殊字符，如<>，请修正！"	一般
Test Case 010	用户修改、删除	C	未提示"确定删除用户"	较严重
Test Case 011	新闻管理(修改新闻)	C	未提示"新闻文章标题已存在"	较严重
Test Case 012	系统设置模块	C	未提示"上传的附件中大小不能超过 5M"	较严重
Test Case 013	系统设置模块	C	未提示公司地址不能为空或不能超过所限字符	较严重
Test Case 014	系统设置模块	C	未提示公司网址不能为空或网络地址不正确	较严重
Test Case 015	系统设置模块	C	未提示公司 E-mail 地址不能为空或不正确	较严重

测试用例标示号	测试用例名称	缺陷级别	缺陷描述	紧急程度
Test Case 016	系统设置模块	C	未提示"公司简介不能为空"	较严重
Test Case 017	系统设置模块	C	未提示不能为空或超过限制	较严重
Test Case 018	产品管理(添加产品)	C	当"产品规格"为空时，系统没有提示"产品规格不能为空"	较严重
Test Case 019	产品管理(添加产品)	C	当"产品价格"为空时，系统没有提示"产品价格不能为空"。对产品价格的格式没有设置	较严重
Test Case 020	产品管理(管理产品)	C	当点击删除时，要弹出一个"确认删除"的窗口，再点击"确认"时，才进行删除	较严重

习　题　

1. 测试过程管理流程是什么？
2. 测试过程计划阶段包含哪些内容？
3. 测试过程设计阶段包含哪些内容？
4. 测试报告通常包括哪些活动？
5. 什么是软件质量保证？
6. 如何管理缺陷？
7. 试述缺陷一般生命周期。

int button_set (LPCSTR button, int state);

button_set 函数将按钮状态设置为 ON 或 OFF。

int close_session();

close_session 函数关闭所有打开的窗口并结束当前的 Bean 会话。在 Bean 模板中创建的此函数，出现在脚本的 vuser_end 部分中。

int edit_get_text (LPCSTR edit, char *out_string);

edit_get_text 函数返回在指定 edit 对象中，找到的所有文本。若要从特定块中读取文本，请使用 edit_get_block。

int edit_set (LPCSTR edit, LPCSTR text);

edit_set 函数使用指定的字符串设置 edit 对象的内容。该字符串将替换任何现有字符串。

int edit_set_insert_pos (LPCSTR edit, int row, int column);

edit_set_insert_pos 函数将光标放置，在 edit 对象内的指定位置。

int edit_set_selection (LPCSTR edit, int start_row, int start_column, int end_row, int end_column);

edit_set_selection 函数突出显示指定文本。

int edit_type (LPCSTR edit, LPCSTR text);

edit_type 函数将文本字符串输入到 edit 对象中。该文本字符串不会替换现有字符串；它替换的是位于当前光标位置的指定文本。

int init_session (char * host, char * user, char *password, char *BSE, char *Bshell_name, char* settings);

init_session 函数通过指定登录数据和配置，信息打开 Bean 连接。此函数向 Bean 服务器呈现包含在 Bean Configuration 部分中的信息。

int list_activate_item (LPCSTR list, LPCSTR item);

list_activate_item 函数双击列表中的项目。

int list_collapse_item (LPCSTR list, LPCSTR item);

list_collapse_item 函数隐藏展开的 TreeView 列表中的子项，例如文件夹中的各个文件。

int list_expand_item (LPCSTR list, LPCSTR item);

list_expand_item 函数显示展开的 TreeView 列表中所隐藏的子项，例如文件夹中的各个文件。

int list_get_selected (LPCSTR list, LPCSTR out_item, LPCSTR out_num);

list_get_selected 函数返回列表中选定的项目。它既查找标准列表，也查找多选项列表。

int list_select_item (LPCSTR list, LPCSTR item);

list_select_item 函数从列表中选择项目(在项目上执行一次鼠标单击)。项目可由其名称或数
　　字索引指定。索引被指定为一个字符串，并前置有字符 #。列表中的第一个项目编号
　　为 0。例如，列表中的第三个项目将表示为"#2"。

int menu_select_item (LPCSTR menu_item);

menu_select_item 函数根据菜单的逻辑名称和项目名称从菜单中选择项目。注意，菜单和
　　项目表示为单个字符串，并使用分号分隔。

int obj_get_info (LPCSTR object, LPCSTR property, char *out_value);

obj_get_info 函数检索指定属性的值，并将其存储在 out_value 中。

int obj_get_text (LPCSTR object, LPCSTR out_text);

obj_get_text 函数从指定的对象或对象区域中读取文本。

int obj_mouse_click (LPCSTR object, int x, int y, [mouse_button]);

obj_mouse_click 函数在对象内的指定坐标处单击鼠标。

int obj_mouse_dbl_click (LPCSTR object, int x, int y, [mouse_button]);

obj_mouse_dbl_click 函数在对象内的指定坐标处双击鼠标。

int obj_type (LPCSTR object, unsigned char keyboard_input, [unsigned char modifier]);

obj_type 函数指定将 keyboard_input 发送到的目标对象。

int obj_wait_info (LPCSTR object, LPCSTR property, LPCSTR value, UINT time);

obj_wait_info 函数等待对象属性达到指定值，然后继续测试运行。如果未达到指定值，则
　　函数将一直等到时间到期，然后再继续测试。

int scroll_drag_from_min (LPCSTR object, [int orientation], int position);

scroll_drag_from_min 函数将滚动屏移动到与最小位置相距指定距离的位置。

int scroll_line (LPCSTR scroll, [ScrollT orientation], int lines);

scroll_line 函数滚动指定行数。此函数可用于滚动栏和滑块对象。

int scroll_page (LPCSTR scroll, [ScrollT orientation], int pages);

scroll_page 函数将滚动屏移动指定页数。

void set_default_timeout (long time);

set_default_timeout 函数设置回放期间 Bean Vuser 函数的超时期间段。例如，当脚本执行
　　set_window 函数时，如果窗口在指定超时时间段内没有出现，则会生成错误。

void set_exception (LPCSTR title, long function);

set_exception 函数指定在发生异常时应执行的操作。应指定要调用以处理异常窗口的函数。

void set_think_time (USHORT start_range, USHORT end_range);

set_think_time 函数按指定脚本执行

int set_window (LPCSTR window [, int timeout]);

set_window 函数将输入定向到当前应用程序窗口并在 GUI 图中设置对象标示范围。

int start_session (LPCSTR session);

start_session 函数在 Bean 服务器上启动指定的会话。

int static_get_text (LPCSTR static_obj, LPCSTR out_string);

static_get_text 函数返回在指定静态 text 对象中找到的所有文本。

int tab_select_item (LPCSTR tab, LPCSTR item);

tab_select_item 函数选择一个选项卡项目。

int tbl_activate_cell (LPCSTR table, LPCSTR row, LPCSTR column);

tbl_activate_cell 函数在指定表单元格中按 Enter 键。如果指定了列名，LoadRunner 将直接从数据库中获取该名称。

int tbl_get_cell_data (LPCSTR table, LPCSTR row, LPCSTR column, LPCSTR out_text);

tbl_get_cell_data 函数根据单元格包含的数据类型获取表中指定单元格的内容。如果指定了列名，将从数据库自身(而非应用程序)中获取该名称。

int tbl_get_selected_cell (LPCSTR table, char *out_row, char *out_column);

tbl_get_selected_cell 函数检索焦点所在的表单元格的行号和列名。注意，列名取自数据库自身，而非应用程序。

int tbl_set_cell_data (LPCSTR table, LPCSTR row, LPCSTR column, LPCSTR data);

tbl_sat_cell_data 函数激活指定表单元格的缩放窗口。

int tbl_set_selected_cell (LPCSTR table, LPCSTR row, LPCSTR column);

tbl_set_selected_cell 函数将焦点设置到表中的指定单元格上。指定列名时，LoadRunner 将直接从数据库中获取该名称。

int tbl_set_selected_row (LPCSTR table, LPCSTR row);

tbl_set_selected_row 函数选择表中的指定行。

int tbl_set_selected_rows(LPCSTR table, LPCSTR from_row , LPCSTR to_row);

tbl_set_selected_rows 函数选择指定行范围。

int tbl_wait_selected_cell (LPCSTR table, char *row, char *column, UINT time);

tbl_wait_selected_cell 函数等待表单元格显示后，再继续脚本执行。

int toolbar_button_press (LPCSTR toolbar, LPCSTR button);

toolbar_button_press 函数激活工具栏中的按钮。

int type (LPCSTR keyboard_input);

type 函数描述发送给用于测试的应用程序的键盘输入。

int win_activate (LPCSTR window);

win_activate 函数通过向指定窗口授予焦点并将其升到显示器最上端，使其成为活动窗口(等价于单击窗口标题栏)。所有后续输入都将提交给此窗口。

int win_close (LPCSTR window);

win_close 函数关闭指定窗口。

int win_get_info (LPCSTR window, LPCSTR property, char *out_value);

win_get_info 函数检索指定属性的值并将其存储在 out_value 中。

int win_get_text (LPCSTR window, LPCSTR out_text);

win_get_text 函数从指定窗口或窗口区域读取文本。

int win_max (LPCSTR window);

win_max 函数将指定窗口最大化以充满整个屏幕。

int win_min (LPCSTR window);

win_min 函数将指定窗口最小化为图标。

int win_mouse_click (LPCSTR window, int x, int y, ButtonT button);

win_mouse_click 函数在选中窗口的指定坐标处执行鼠标单击操作。

int win_mouse_dbl_click (LPCSTR window, int x, int y, ButtonT button);

win_mouse_dbl_click 函数在选中窗口的指定坐标处执行鼠标双击操作。

int win_mouse_drag (LPCSTR window, int start_x, int start_y, int end_x, int end_y, ButtonTbutton);

win_mouse_drag 函数在窗口内执行鼠标拖动操作。注意，指定的坐标是相对于窗口(而非屏幕)的左上角。

int win_move (LPCSTR window, int x, int y);

win_move 函数将窗口移动到新的绝对位置。

int win_resize (LPCSTR window, int width, int height);

win_resize 函数更改窗口的大小。

int win_restore (LPCSTR window);

win_restore 函数将窗口从图标化或最大化状态还原为其原始大小。

int win_wait_info (LPCSTR window, LPCSTR property, LPCSTR value, UINT time);

win_wait_info 函数等待窗口属性达到指定值，然后继续测试运行。如果未达到指定值，则函数将一直等到时间到期，然后再继续测试。

int ctrx_obj_get_info(const char * window_name, long xpos, long ypos, eObjAttribute attribute,char *value, CTRX_LAST);

ctrx_<obj>_get_info 函数系列将属性的值分配给值缓冲区。ctrx_obj_get_info 是一般函数，它可以适用于任何由录制器所标识为对象的对象。

int ctrx_button_get_info(const char * window_name, long xpos, long ypos, eObjAttribute attribute, char *value, CTRX_LAST);

ctrx_<obj>_get_info 函数系列将属性的值分配给值缓冲区。ctrx_button_get_info 获取命令按钮的信息。

int ctrx_edit_get_info(const char * window_name, long xpos, long ypos, eObjAttribute attribute,char *value, CTRX_LAST);

ctrx_<obj>_get_info 函数系列将属性的值分配给值缓冲区。ctrx_edit_get_info 获取文本框的信息。

int ctrx_list_get_info(const char * window_name, long xpos, long ypos, eObjAttribute attribute,char *value, CTRX_LAST);

ctrx_<obj>_get_info 函数系列将属性的值分配给值缓冲区。ctrx_list_get_info 获取列表框的信息。

int ctrx_connect_server (char * server_name, char * user_name, char * password, char * domain);

ctrx_connect_server 将 Citrix 客户端连接到 Citrix 服务器。

int ctrx_disconnect_server (char * server_name);

ctrx_disconnect_server 断开客户端与 Citrix 服务器的连接。

int ctrx_nfuse_connect(char * url);

ctrx_nfuse_connect 使用 NFUSE 应用程序门户建立与 Citrix 服务器的连接。在定义 NFUSE 门户的个性化规范的 ICA 文件中找到的规范将从服务器上下载，在此之后建立连接。

int ctrx_get_text(char *window_name, long xpos, long ypos, long width, long height, char *filename, char * text_buffer, CTRX_LAST);

ctrx_get_text 将矩形中的文本分配到 text_buffer 中。随后，文本可被用于关联。

int ctrx_get_text_location(LPCSTR window_name, long *xpos, long *ypos, long *width, long*height, LPSTR text, long bMatchWholeWordOnly, LPCSTR filename, CTRX_LAST);

ctrx_get_text_location 在 xpos、ypos、width 和 height 指定区域中搜索指定文本。如果找到字符串，当函数返回后，xpos 和 ypos 即为找到文本的位置。如果未找到字符串，xpos 和 ypos 则为零。

int ctrx_get_waiting_time (long * time);

ctrx_get_waiting_time 从运行时设置中获取当前等待时间，或者通过 ctrx_set_waiting_time 设置的值。

int ctrx_get_window_name (LPSTR buffer);

使用 ctrx_get_window_name 检索当前获得焦点的窗口的名称。

int ctrx_get_window_position (LPSTR title, long *xpos, long *ypos, long *width, long *height);

使用 ctrx_get_window_position 检索标题名为 title 变量值的窗口的位置。如果 title 为 NULL，则函数将检索当前拥有焦点的窗口的位置。

int ctrx_list_select_item(char * window_name, long xpos, long ypos, char * item, CTRX_LAST);

ctrx_list_select_item 函数从列表中选择项目。它支持 ListBox 或 ComboBox 类的列表。

int ctrx_menu_select_item (char * window_name, char * menu_path, CTRX_LAST);

ctrx_menu_select_item 突出显示菜单中的项目，但不激活它。

int ctrx_mouse_click (long x_pos, long y_pos, long mouse_button, long key_modifier, char *window_name);

ctrx_mouse_click 等待窗口 window_name 出现，然后执行鼠标单击操作。

int ctrx_obj_mouse_click (const char * obj_desc, long x_pos, long y_pos, long mouse_button,

ctrx_obj_mouse_click 等待窗口 window_name 出现，然后执行鼠标单击操作。

int ctrx_mouse_double_click (long x_pos, long y_pos, long mouse_button, long key_modifier,char * window_name);

ctrx_mouse_double_click 等待窗口 window_name 出现，然后执行鼠标双击操作。

int ctrx_obj_mouse_double_click (const char * obj_desc, long x_pos, long y_pos, long mouse_button, long key_modifier, char * window_name);

ctrx_oBj_mouse_double_click 等待窗口 window_name 出现，然后执行鼠标双击操作。

int ctrx_mouse_down(long x_pos, long y_pos, long mouse_button, long key_modifier, char *window_name);

ctrx_mouse_down 等待窗口 window_name 出现，然后执行按下鼠标按键操作。

int ctrx_obj_mouse_down(const char * obj_desc, long x_pos, long y_pos, long mouse_button,long key_modifier, char * window_name);

ctrx_obj_mouse_down 等待窗口 window_name 出现，然后执行按下鼠标按键操作。

int ctrx_mouse_up(long x_pos, long y_pos, long mouse_button, long key_modifier, char * window_name);

ctrx_mouse_up 等待窗口 window_name 出现，然后在指定位置执行释放鼠标按键操作。

int ctrx_obj_mouse_up(const char * obj_desc, long x_pos, long y_pos, long mouse_button, long key_modifier, char * window_name);

ctrx_obj_mouse_up 等待窗口 window_name 出现，然后在指定位置执行释放鼠标按键操作。

int ctrx_set_window (char * window_name);

ctrx_set_window 是同步函数，它等待窗口出现，然后 Vuser 才在该窗口中模拟任何键盘或鼠标活动。

int ctrx_set_window_ex (char * window_name, long time);

ctrx_set_window_ex 是同步函数，它至多等待 time 秒，若窗口出现，Vuser 将在该窗口中模拟任何键盘或鼠标活动。

int ctrx_key (char * key, long int key_modifier);

ctrx_key 模拟用户在 Citrix 客户端中按下非字母数字键。

int ctrx_type (char * data);

函数 ctrx_type 模拟用户键入字母数字字符。

int ctrx_save_bitmap(long x_start, long y_start, long width, long height, const char * file_name);

ctrx_save_bitmap 将位图保存为文件。该文件将保存在 Vuser 结果日志目录中。

int ctrx_set_connect_opt (eConnectionOption option, char * value);

ctrx_set_connect_opt 在建立 Citrix 客户端与 Citrix 服务器的连接之前设置连接选项，然后执行与服务器的连接。

void ctrx_set_exception (char * window_title, long handler, [void *context]);

ctrx_set_exception 定义当异常事件发生时要执行的操作。此事件必须与名为 window_title 的窗口(通常为弹出式对话框)的外观相关联。当窗口出现时，将调用 handler 函数。

int ctrx_set_waiting_time (long time);

ctrx_set_waiting_time 更改同步函数，默认 60 秒的等待时间。

int ctrx_sync_on_bitmap (long x_start, long y_start, long width, long height, char * hash);

ctrx_sync_on_bitmap 是同步函数，它等待指定位图出现，然后再继续执行。

int ctrx_sync_on_bitmap_change (long x_start, long y_start, long width, long height, <extra_args>,CTRX_LAST);

ctrx_sync_on_bitmap_change 是同步函数，它等待指定位图改变，然后再继续执行。该函数通常用在窗口改变而窗口名称保持不变的情况下。如果窗口名称改变，则 ctrx_set_window 将被自动生成。

int ctrx_sync_on_obj_info (char * window_name, long xpos, long ypos, eObjAttribute attribute,char * value, <CTRX_LAST>);

ctrx_sync_on_obj_info 被调用时，执行将暂停，直到指定对象的属性具有指定的值。

int ctrx_sync_on_window (char * window_name, eWindowEvent event, long x_start, long y_start,long width, long height, char * filename, <CTRX_LAST>);

ctrx_sync_on_window 它等待窗口被创建或变为活动。

int ctrx_unset_window (char * window_name);

ctrx_unset_window 是同步函数，它等待窗口被关闭，然后脚本才继续执行。

int ctrx_wait_for_event (char * event);

ctrx_wait_for_event 是同步函数，它等待事件发生。

int ctrx_win_exist (char * window_name, long waiting_time);

如果窗口存在，ctrx_win_exist 返回 E_OK(零)。在 window_name 中可以使用通配符(*)。

void *memchr (const void *s, int c, size_t n);

有关 memchr 的详细信息，请参考 C 语言。

int memcmp (const void *s1, const void *s2, size_t n);

有关 memcmp 的详细信息，请参考 C 语言。

void *memcpy (void *dest, const void *src, size_t n);

memcpy 函数从 src 缓冲区中将 n 个字符复制到 dest 缓冲区。

void *memmove (void *dest, const void *src, size_t n);

函数 memmove(以及所有不返回 integer 类型的函数)必须明确在 Vugen 脚本中声明。

void *memset (void *buffer, int c, size_t n);

有关 memset 的详细信息，请参考 C 语言。

char *getenv (const char *varname);

有关 getenv 的详细信息，请参考 C 语言。

int putenv (const char *envstring);

有关 putenv 的详细信息，请参考 C 语言。

int system (const char *string);

有关 system 的详细信息，请参考 C 语言。

void *calloc (size_t num elems, size_t elem_size);

有关 calloc 的详细信息，请参考 C 语言。

void free (void *mem_address);

有关 free 的详细信息，请参考 C 语言。

void *malloc (size_t num_bytes);

有关 malloc 的详细信息，请参考 C 语言。

void *realloc(void *mem_address, size_t size);

有关 realloc 的详细信息，请参考 C 语言。

int abs (int n);

有关 abs 的详细信息，请参考 C 语言。

double cos (double x);

限制：cos 函数在 AIX 平台中无法使用。

double floor (double x);

函数 floor(以及所有不返回 int 值的函数)必须明确在 Vugen 脚本中声明。限制：此函数在 AIX 平台中无法使用。

int rand (void);

在调用 rand 前，请调用 srand 以播种伪随机数生成器。

double sin (double x);

限制：sin 函数在 AIX 平台中无法使用。

int srand (time);

在调用 rand 前，请调用 srand 以播种伪随机数生成器

int fclose (FILE *file_pointer);

有关 fclose 的详细信息，请参考 C 语言。

int feof (FILE *file_pointer);

请不要在脚本中包括操作系统头文件(例如，stdio.h)。但是，这样将导致某些类型(包括 feof 使用的 FILE 类型)未经定义。这时，请使用 long 替代 FILE 类型。

int ferror (FILE *file_pointer);

有关 ferror 的详细信息，请参考 C 语言。

int fgetc (FILE *file_pointer);

请不要在脚本中包括操作系统头文件(例如，stdio.h)。但是，这样会导致某些类型(包括 fgetc 使用的 FILE 类型)未经定义。这时，请使用 long 替代 FILE 类型。

char *fgets (char *string, int maxchar, FILE *file_pointer);

请不要在脚本中包括操作系统头文件(例如，stdio.h)。但是，这样会导致某些类型(包括 fgets 使用的 FILE 类型)未经定义。这时，请使用 long 替代 FILE 类型。

FILE *fopen (const char *filename, const char *access_mode);

通过将 t 或 b 字符添加到 fopen 的 access_mode 参数，此访问模式字符串将用于指定打开文件的方式(文本还是二进制)。

int fprintf (FILE *file_pointer, const char *format_string [, args]);

有关 fprintf 的详细信息，请参考 C 语言。

int fputc (int c, FILE *file_pointer);

请不要在脚本中包括操作系统头文件(例如，stdio.h)。但是，这样会导致某些类型(包括 fputc 使用的 FILE 类型)未经定义。这时，请使用 long 替代 FILE 类型。

size_t fread (void *buffer, size_t size, size_t count, FILE *file_pointer);

请不要在脚本中包括操作系统头文件(例如，stdio.h)。但是，这样会导致某些类型(包括 fread 使用的 FILE 类型)未经定义。这时，请使用 long 替代 FILE 类型。

int fscanf (FILE *file_pointer, const char *format string [, args]);

有关 fscanf 的详细信息，请参考 C 语言。

int fseek (FILE *file_pointer, long offset, int origin);

有关 fseek 的详细信息，请参考 C 语言。

size_t fwrite (const void *buffer, size_t size, size_t count, FILE *file_pointer);

请不要在脚本中包括操作系统头文件(例如, stdio.h)。但是, 这样会导致某些类型(包括 fwrite 使用的 FILE 类型)未经定义。这时, 请使用 long 替代 FILE 类型。

void rewind (FILE *file_pointer);

有关 rewind 的详细信息, 请参考 C 语言。

int sprintf (char *string, const char *format_string[, args]);

有关 sprintf 的详细信息, 请参考 C 语言。

int sscanf (const char *buffer, const char *format_string, args);

有关 sscanf 的详细信息, 请参考 C 语言。

int chdir (const char *path);

有关 chdir 的详细信息, 请参考 C 语言。

int chdrive (int drive);

chdrive 将当前工作驱动器更改为 drive(表示新驱动器的 integer 类型值)。例如, 1 = A、2 = B, 依此类推。

char *getcwd (char *path, int numchars);

有关 getcwd 的详细信息, 请参考 C 语言。

int getdrive (void);

getdrive 函数返回表示驱动器字母的 integer 类型值: 1 = A、2 = B, 依此类推。

int mkdir (const char *path);

有关 mkdir 的详细信息, 请参考 C 语言。

int remove (const char *path);

有关 remove 的详细信息, 请参考 C 语言。

int rmdir (const char *path);

有关 rmdir 的详细信息, 请参考 C 语言。

time_t time (time_t *timeptr);

根据系统时钟, time 函数返回从世界标准时间 1970 年 1 月 1 日子夜(00:00:00)作为开始所经过的秒数。返回值存储在 timeptr 所给出的位置。如果 timeptr 为 NULL, 则该值不会被存储。

char *ctime (const time_t *time);

在 Unix 下, ctime 不是线程级安全函数。所以, 请使用 ctime_r。

void ftime (struct _timeb *time1);

有关 ftime 的详细信息, 请参考 C 语言。

struct tm *localtime (const time_t *time);

在 Unix 下, localtime 不是线程级安全函数。所以, 请使用 localtime_r。

struct tm *gmtime (const time_t *time);

在 Unix 下, gmtime 不是线程级安全函数。所以, 请使用 gmtime_r。

char *asctime (const struct tm *time);

在 Unix 下, asctime 不是线程级安全函数。所以, 请使用 asctime_r。

double atof (const char *string);

通过停止在第一个非数字字符上, atof 只读取字符串的初始位置。函数 atof(以及所有不返回 integer 类型值的函数)必须明确在 Vugen 脚本中声明。

int atoi (const char *string);

通过停止在第一个非数字字符上，atoi 只读取字符串的初始位置。

long atol (const char *string);

通过停止在第一个非数字字符上，atol 只读取字符串的初始位置。函数 atol(以及所有不返回 integer 类型值的函数)必须明确在 Vugen 脚本中声明。

int itoa (int value, char *str, int radix);

itoa 将 value 的数字转换为以 radix 作为基数的字符串 str。通常，radix 是 10。

long strtol (const char *string, char **endptr, int radix);

通过停止在第一个非数字字符上，strtol 只扫描字符串的初始位置。所有前置空格都将被去除。endptr 指向停止扫描的字符。函数 strtol(以及所有不返回 integer 类型值的函数)必须明确在 Vugen 脚本中声明。

int tolower (int c);

有关 tolower 的详细信息，请参考 C 语言。

int toupper (int c);

有关 toupper 的详细信息，请参考 C 语言。

int isdigit (int c);

有关 isdigit 的详细信息，请参考 C 语言。

int isalpha (int c);

函数 isalpha 检查 c 的值是否处于 A-Z 或 a-z 的范围之内。

char *strcat (char *to, const char *from);

strcat 连接两个字符串。

char *strchr (const char *string, int c);

strchr 返回指向字符串中第一个匹配字符的指针。

int strcmp (const char *string1, const char *string2);

strcmp 比较 string1 和 string2 以确定字母排序的次序。

char *strcpy (char *dest, const char *source);

strcpy 将*source 指定的源字符串复制到以*dest 指定的目标字符串。

char *strdup (const char *string);

strdup 复制字符串的副本。

int stricmp (const char *string1, const char *string2);

stricmp 对两个字符串进行不区分大小写的比较。

size_t strlen (const char *string);

strlen 返回字符串的长度(以字节为单位)。

char *strlwr (char *string);

strlwr 将字符串转换为小写。

char *strncat (char *to_string, const char *from_string, size_t n);

strncat 将一个字符串的 n 个字符连接到另一字符串。

int strncmp (const char *string1, const char *string2, size_t n);

strncmp 比较两个字符串的前 n 个字符。

char *strncpy (char *dest, const char *source, size_t n);

strncpy 将源字符串的前 n 个字符复制到目标字符串。

int strnicmp (const char *string1, const char *string2, size_t num);

strnicmp 对两个字符串的 n 个字符进行不区分大小写的比较，以确定其字母排序的次序。

char *strrchr (const char *string, int c);

strrchr 查找一个字符串中的最后一个匹配字符。

char *strset(char *string1, int character);

strset 使用指定字符填充字符串。

size_t *strspn (const char *string, const char *skipset);

strspn 返回指定字符串中包含另一字符串起始字符的长度。

char *strstr (const char *string1, const char *string2);

strstr 返回一个字符串在另一字符串中第一次发生匹配的指针。

char *strtok (char *string, const char *delimiters);

strtok 从由指定的字符分隔的字符串中返回标记。注意，在 Vugen 文件中，需要明确声明
　　不返回 integer 类型值的 C 函数。

char *strupr (char *string);

strupr 将字符串转换为大写。

HRESULT lrc_CoCreateInstance(GUID * pClsid, IUnknown * pUnkOuter, unsigned long dwClsContext, GUID * riid, LPVOID * ppv, BOOL __CheckResult);

lrc_CoCreateInstance 函数在本地系统或为特定对象创建的默认主机中创建该对象的单个
　　未初始化实例并返回未知接口，该接口可用于获取其他接口。创建该实例后，VuGen 调
　　用 lrc_CoGetClassObject 以检索接口。如果 COM 对象位于远程计算机中，将使用
　　lrc_CreateInstanceEx 取代 lrc_CoCreateInstance。

HRESULT lrc_CreateInstanceEx(char *clsidStr, Iunknown *pUnk, DWORD dwClsCtx, ...);

lrc_CreateInstanceEx 函数在指定的远程计算机上创建未初始化的对象，并且可以返回任意
　　数量的请求接口。

void lrc_CoGetClassObject(REFCLSID rclsid, Long dwClsContext, COSERVERINFO * pServerInfo, REFIID riid, LPVOID * ppv);

lrc_CoGetClassObject 函数提取指定类的类工厂。

GUID lrc_GUID(const char *str);

lrc_GUID 函数返回命名对象(例如 COM 接口)的 GUID。VuGen 使用它检索标识符，该标
　　识符用于检索接口标识符和用于 COM 通信的 COM 对象的 PROGID。

GUID* lrc_GUID_by_ref(const char *str);

lrc_GUID_by_ref 函数返回指向命名对象(例如 COM 接口)的 GUID 的指针。VuGe 使用
　　它检索标识符，该标识符用于检索接口标识符和用于 COM 通信的 COM 对象的
　　PROGID。

VARIANT lrc_DispMethod(IDispatch * pDispatch, char *idName, unsigned long locale, ...);

lrc_DispMethod 函数使用 IDispatch:Invoke 方法调用接口的方法。lrc_DispMethod 调用将

wflags 设置为 DISPATCH_METHOD。

VARIANT lrc_DispMethod1(IDispatch * pDispatch, char *idName, unsigned long locale, ...);

lrc_DispMethod1 使用 IDispatch 接口调用(或获取)同名的方法(或属性)。lrc_DispMethod1 调用将 wflags 设置为 DISPATCH_METHOD 和 DISPATCH_PROPERTYGET。它可以用在方法与属性具有同一名称的情况下。

VARIANT lrc_DispPropertyGet(IDispatch * pDispatch, char *idName, unsigned long locale, ...);

lrc_DispPropertyGet 调用使用 IDispatch 接口获取属性并将 wflags 设置为 DISPATCH_PROPERTYGET。

void lrc_DispPropertyPut(IDispatch * pDispatch, char *idName, unsigned long locale, ...);

lrc_DispPropertyPut 使用 IDispatch 接口设置属性。该调用将设置 DISPATCH_ROPERTYPUT 标志。

void lrc_DispPropertyPutRef(IDispatch * pDispatch, char *idName, unsigned long locale, ...);

lrc_DispPropertyPutRef 使用 IDispatch 接口根据引用设置属性，并设置 DISPATCH_PROPERTYPUTREF 标志。

HRESULT lrc_CreateVBCollection(SAFEARRAY *items, _Collection pCollection);**

lrc_CreateVBCollection 函数创建填充安全数组值的 Visual Basic (VB)Collection 对象，并将集合接口指针返回到 pCollection 中。VB 集合是由 COM 实现为接口的变量 SafeArray。

IUnknown* lrc_CoObject_from_variant(VARIANT var);

lrc_CoObject_from_variant 函数从变量中提取 IUnknown 接口类型指针。

IDispatch* lrc_DispObject_from_variant(VARIANT var);

lrc_DispObject_from_variant 函数从变量中提取 IDispatch 接口类型指针。

IUnknown* lrc_CoObject_by_ref_from_variant(VARIANT var);

lrc_CoObject_by_ref_from_variant 函数从指向变量的指针中提取 IUnknown 接口类型指针。

IDispatch* lrc_DispObject_by_ref_from_variant(VARIANT var);

lrc_DispObject_by_ref_from_variant 函数从指向变量的指针中提取 IDispatch 接口类型指针。

int lrc_int(const char* str);

输入表示整数的字符串时，lrc_int 函数返回 integer 类型值。此参数可以是文字字符串、变量或参数。

int* lrc_int_by_ref(const char* str);

输入表示整数的字符串时，lrc_int_by_ref 函数返回指向 integer 类型值的指针。此参数可以是文字字符串、变量或参数。

int lrc_save_int(const char* name, int val);

lrc_save_int 函数将 integer 值保存在指定变量 name 下的字符串中，便于参数化。VuGen 将此函数生成为注释掉的调用。如果要将此值用作参数，可以更改 name 参数并取消调用的注释。

int lrc_save_int_by_ref(const char* name, int *val);

lrc_save_int_by_ref 函数将 integer 值保存在字符串中，并将 val 设置为指向该字符串。VuGen

将此函数生成为注释掉的调用。如果要将此值用作参数，可以更改 name 并取消调用的注释。

int lrc_get_bstr_length(BSTR str);

lrc_get_bstr_length 返回 BSTR 类型字符串的长度。BSTR 字符串可以包括 null。

BSTR lrc_get_bstr_sub(BSTR str, int size);

lrc_get_bstr_sub 从输入字符串 str 的开始处返回 size 个字符的子集。

int lrc_print_bstr(BSTR str);

lrc_print_bstr 将 BSTR 字符串输出到用于调试目的的标准输出上。

BSTR lrc_BSTR1 (const char* str, long len);

lrc_BSTR1 创建长度为 len 的 BSTR 字符串，它可以包括 null。

int lrc_save_BSTR1 (const char* name, BSTR str);

lrc_save_BSTR1 函数将 BSTR str 保存到字符串 name 中。

unsigned int lrc_uint(const char* str);

输入表示无符号整数的字符串时，lrc_uint 函数返回无符号整型值。

unsigned int* lrc_uint_by_ref(const char* str);

输入表示无符号整数的字符串时，lrc_uint_by_ref 函数返回指向无符号整型值的指针。

int lrc_save_uint(const char* name, unsigned int val);

lrc_save_uint 函数将无符号 integer 类型值保存在指定变量 name 下的字符串中，以便您将其用于参数化。VuGen 将此函数生成为注释掉的调用。如果要将此值用作参数，可以更改 name 参数并取消调用的注释。

int lrc_save_uint_by_ref(const char* name, unsigned int *val);

lrc_save_uint_by_ref 函数将无符号 integer 类型值保存在字符串中，并将 val 设置为指向该字符串。VuGen 将此函数生成为注释掉的调用。如果要将此值用作参数，可以更改 name 并取消调用的注释。

long lrc_long(const char* str);

输入表示 long 类型的字符串时，lrc_long 函数返回长整型值。

long* lrc_long_by_ref(const char* str);

输入表示 long 类型的字符串时，lrc_long_by_ref 函数返回指向长整型值的指针。

int lrc_save_long(const char* name, long val);

lrc_save_long 函数将长整型值保存在指定变量 name 下的字符串中，以便您可以将其用于参数化。VuGen 将此函数生成为注释掉的调用。如果要将此值用作参数，可以更改 name 并取消调用的注释。

int lrc_save_long_by_ref(const char* name, long *val);

lrc_save_long_by_ref 函数将长整型值保存在字符串中，并将 val 设置为指向该字符串。

unsigned long lrc_ulong(const char* str);

输入表示无符号 long 类型值的字符串时，lrc_ulong 函数返回无符号长整型值。

unsigned long* lrc_ulong_by_ref(const char* str);

输入表示无符号 long 类型值的字符串时，lrc_ulong_by_ref 函数返回指向无符号长整型值的指针。

int lrc_save_ulong(const char* name, unsigned long val);

lrc_save_ulong 函数将无符号长整型值保存在指定变量 name 下的字符串中，以便您可以将其用于参数化。VuGen 将此函数生成为注释掉的调用。如果要将此值用作参数，可以更改 name 并取消调用的注释。

int lrc_save_ulong_by_ref(const char* name, unsigned long *val);

lrc_save_ulong_by_ref 函数将无符号长整型值保存为字符串，并将 val 设置为指向该字符串。

short lrc_short(const char* str);

输入表示短整型值的字符串时，lrc_short 函数返回短整型值。

short* lrc_short_by_ref(const char* str);

输入表示短整型值的字符串时，lrc_short_by_ref 函数返回指向短整型值的指针。

int lrc_save_short(const char* name, short val);

lrc_save_short 函数将短整型值保存在指定变量 name 下的字符串中，以便您可以将其用于参数化。VuGen 将此函数生成为注释掉的调用。如果要将此值用作参数，可以更改 name 并取消调用的注释。

int lrc_save_short_by_ref(const char* name, short *val);

lrc_save_short_by_ref 函数将短整型值保存在字符串中，并将 val 设置为指向该字符串。

CY lrc_currency(const char* str);

输入表示货币值的字符串时，lrc_currency 函数返回货币值。

CY* lrc_currency_by_ref(const char* str);

输入表示货币值的字符串时，lrc_currency_by_ref 函数返回指向货币结构的指针。

int lrc_save_currency(const char* name, CY val);

lrc_save_currency 函数将货币 (CY) 值保存在指定变量 name 下的字符串中，以便您可以将其用于参数化。VuGen 将此函数生成为注释掉的调用。如果要将此值用作参数，可以更改 name 并取消调用的注释。

int lrc_save_currency_by_ref(const char* name, CY *val);

lrc_save_currency_by_ref 函数将由"val"指针引用的货币值保存到字符串参数中。

DATE lrc_date(const char* str);

输入表示 date 类型值的字符串时，lrc_date 函数返回 DATE 类型值。

DATE* lrc_date_by_ref(const char* str);

输入表示 date 类型值的字符串时，lrc_date_by_ref 函数返回指向 DATE 的指针。

int lrc_save_date(const char* name, DATE val);

lrc_save_date 函数将 date 类型值保存为字符串。VuGen 将此函数生成为注释掉的调用。如果要将此值用作参数，可以更改 name 并取消调用的注释。

int lrc_save_date_by_ref(const char* name, DATE *val);

lrc_save_date_by_ref 函数将 date 类型值保存为字符串。

VARIANT_BOOL lrc_bool(const char* str);

输入包含"true"或"false"的字符串时，lrc_bool 函数返回 Boolean 类型值。

VARIANT_BOOL* lrc_bool_by_ref(const char* str);

输入包含"true"或"false"的字符串时，lrc_bool_by_ref 函数返回指向 Boolean 类型值的指针。

int lrc_save_bool(const char* name, VARIANT_BOOL val);

lrc_save_bool 函数将 Boolean 类型值保存为字符串参数。VuGen 将此函数生成为注释掉的
调用。如果要将此值用作参数，可以更改 name 并取消调用的注释。

int lrc_save_bool_by_ref(const char* name, VARIANT_BOOL *val);

lrc_save_bool_by_ref 函数将 Boolean 类型值保存到字符串参数中。

unsigned short lrc_ushort(const char* str);

输入表示无符号短整型值的字符串时，lrc_ushort 函数返回无符号短整型值。

unsigned short* lrc_ushort_by_ref(const char* str);

输入表示无符号短整型值的字符串时，lrc_ushort_by_ref 函数返回指向无符号短整型值的
指针。

int lrc_save_ushort(const char* name, unsigned short val);

lrc_save_ushort 函数将无符号短整型值保存在参数中。

int lrc_save_ushort_by_ref(const char* name, unsigned short *val);

lrc_save_ushort_by_ref 函数将无符号短整型值保存到参数中。

float lrc_float(const char* str);

输入包含浮点数的字符串时，lrc_float 函数返回浮点数。

float* lrc_float_by_ref(const char* str);

输入包含浮点数的字符串时，lrc_float_by_ref 函数返回指向浮点数的指针。

int lrc_save_float(const char* name, float val);

lrc_save_float 函数将浮点类型值保存在字符串参数中。VuGen 将此函数生成为注释掉的调
用。如果要使用该参数，可以更改 name 并取消调用的注释。

int lrc_save_float_by_ref(const char* name, float *val);

lrc_save_float_by_ref 函数将浮点类型值保存在字符串参数中。

double lrc_double(const char* str);

输入包含 double 类型值的字符串时，lrc_double 函数返回 double 类型值。

double* lrc_double_by_ref(const char* str);

输入包含 double 类型值的字符串时，lrc_double_by_ref 函数返回指向 double 类型值的指针。

int lrc_save_double(const char* name, double val);

lrc_save_double 函数将双精度浮点类型值保存在字符串参数中。VuGen 将此函数生成为注
释掉的调用。如果要将此值用作参数，可以更改 name 并取消调用的注释。

int lrc_save_double_by_ref(const char* name, double *val);

lrc_save_double_by_ref 函数将双精度浮点类型值保存在字符串参数中。

DWORD lrc_dword(const char* str);

输入包含 dword 类型值的字符串时，lrc_dword 函数返回双字类型值。

int lrc_save_dword(const char* name, DWORD val);

lrc_save_dword 函数将双字类型值保存在字符串参数中。VuGen 将此函数生成为注释掉的
调用。如果要将此值用作参数，可以更改 name 并取消调用的注释。

BSTR lrc_BSTR(const char* str);

lrc_BSTR 函数将任何字符串转换为 BSTR。

int lrc_save_BSTR(const char* name, BSTR val);

lrc_save_BSTR 函数将 BSTR 值保存为字符串参数。VuGen 将此函数生成为注释掉的调用。如果要将此值用作参数，可以更改 name 并取消调用的注释。

BSTR lrc_ascii_BSTR(const char* str);

lrc_ascii_BSTR 函数将字符串转换为 ascii_BSTR。

BSTR* lrc_ascii_BSTR_by_ref(const char* str);

lrc_ascii_BSTR_by_ref 函数将字符串转换为 ascii_BSTR，并返回指向该 BSTR 的指针。

int lrc_Release_Object(const char* interface);

当不再使用 COM 对象时，lrc_Release_Object 函数释放该对象。释放对象后，对象的引用计数将减 1(例如，IUnknown_1 到 IUnknown_0)。

int lrc_save_ascii_BSTR(const char* name, BSTR val);

lrc_save_ascii_BSTR 函数将 ascii BSTR 保存到字符串参数中。VuGen 将此函数生成为注释掉的调用。

如果要将此值用作参数，可以更改 name 并取消调用的注释。

int lrc_save_ascii_BSTR_by_ref(const char* name, BSTR *val);

lrc_save_ascii_BSTR_by_ref 函数将 ascii BSTR 保存到字符串参数中。

int lrc_save_VARIANT(const char* name, VARIANT val);

lrc_save_VARIANT 函数将任何数据类型的值保存到字符串参数中。

int lrc_save_variant_<Type-Name>(const char* name, VARIANT val);

lrc_save_variant_<Type-Name>函数系列由 VuGen 生成，用于将指定的<Type-Name>变量保存为字符串参数。VuGen 将这些代码行生成为注释掉的调用。如果要将此值用作参数，可以更改 name 并取消调用的注释。

int lrc_save_variant_short(const char* name, VARIANT val);

lrc_save_variant_short 将 short 变量类型值保存到字符串参数中。

int lrc_save_variant_ushort(const char* name, VARIANT val);

lrc_save_variant_ushort 将无符号短整型变量类型值保存到字符串参数中。

int lrc_save_variant_char(const char* name, VARIANT val);

lrc_save_variant_char 将字符变量类型值保存到字符串参数中。

int lrc_save_variant_int(const char* name, VARIANT val);

lrc_save_variant_int 将 int 变量类型值保存到字符串参数中。

int lrc_save_variant_uint(const char* name, VARIANT val);

lrc_save_variant_uint 将无符号整型变量类型值到字符串参数中。

int lrc_save_variant_ulong(const char* name, VARIANT val);

lrc_save_variant_ulong 将无符号长整型变量类型值保存到字符串参数中。

int lrc_save_variant_BYTE(const char* name, VARIANT val);

lrc_save_variant_BYTE 将 BYTE 变量类型值保存到字符串参数中。

int lrc_save_variant_long(const char* name, VARIANT val);

lrc_save_variant_long 将 long 变量类型值保存到字符串参数中。

int lrc_save_variant_float(const char* name, VARIANT val);

lrc_save_variant_float 将 float 变量类型值保存到字符串参数中。

int lrc_save_variant_double(const char* name, VARIANT val);

lrc_save_variant_double 将 double 变量类型值保存到字符串参数中。

int lrc_save_variant_bool(const char* name, VARIANT val);

lrc_save_variant_bool 将 boolean 变量类型值保存到字符串参数中。

int lrc_save_variant_scode(const char* name, VARIANT val);

lrc_save_variant_scode 将 scode 变量类型值保存到字符串参数中。

int lrc_save_variant_currency(const char* name, VARIANT val);

lrc_save_variant_currency 将 currency 变量类型值保存到字符串参数中。

int lrc_save_variant_date(const char* name, VARIANT val);

lrc_save_variant_date 将 date 变量类型值保存到字符串参数中。

int lrc_save_variant_BSTR(const char* name, VARIANT val);

lrc_save_variant_bstr 将 bstr 变量类型值保存到字符串参数中。

int lrc_save_variant_<Type-Name>_by_ref(const char* name, VARIANT val);

lrc_save_variant_<Type-Name>_by_ref 函数系列由 VuGen 生成,以便将通过变量中的引用方式存储的、指定了<Type-Name>的变量保存为字符串参数。VuGen 将这些代码行生成为注释掉的调用。如果要将此值用作参数,可以更改 name 并取消调用的注释。

int lrc_save_variant_short_by_ref(const char* name, VARIANT val);

lrc_save_variant_short_by_ref 将通过变量中的引用方式存储的值保存为参数。

int lrc_save_variant_ushort_by_ref(const char* name, VARIANT val);

lrc_save_variant_ushort_by_ref 将通过变量中的引用方式存储的值保存为参数。

参 考 文 献

[1] 陈明. 软件测试技术. 北京：清华大学出版社，2011.

[2] 佟伟光. 软件测试. 北京：人民邮电出版社，2008.

[3] 李龙，李向函，冯海宁，等. 北京：机械工业出版社，2010.

[4] 杜庆峰. 高级软件测试技术. 北京：清华大学出版社，2011.

[5] 刘新生. 软件测试理论. 北京：中国计量出版社，2010.

[6] 王英龙，张伟，杨美红. 北京：清华大学出版社，2009.

[7] 薛德黔. 软件工程. 北京：科学出版社，2005.

[8] 雷剑文，陈振冲，李明树. CMM 软件过程的管理与改进. 北京：清华大学出版社，2002.

[9] (美)瓦茨·S·汉弗莱. 软件过程管理. 高书敬，顾铁成，胡寅，译. 北京：清华大学出版社，2003.

[10] 王长元，李晋惠. 软件工程. 西安：西安地图出版社，2003.

[11] 蔡建平. 软件测试大学教程. 北京：清华大学出版社，2009.

[12] (美)Myers G J，Badgett T，Sandler C. 软件测试的艺术. 3 版. 张晓明，黄琳，译. 北京：机械工业出版社，2012.

[13] 郁莲. 软件测试方法与实践. 北京：清华大学出版社，2008.

[14] http://www.chinatesting.cn.

[15] http://www.51testing.com.

[16] http://www.csdn.net.

[17] http://www.educity.cn.

[18] http://www.ltesting.net.